群体经济
成长智慧
共享蓝海

王飞 / 著

经济日报出版社

图书在版编目（CIP）数据

群体经济　成长智慧　共享蓝海 / 王飞著 . -- 北京：
经济日报出版社 , 2024.1
ISBN 978-7-5196-1280-1

Ⅰ.①群… Ⅱ.①王… Ⅲ.①思维方法－青年读物
Ⅳ.① B804-49

中国国家版本馆 CIP 数据核字 (2023) 第 057378 号

群体经济　成长智慧　共享蓝海

著　　者	王　飞
责任编辑	门　睿
责任校对	刘亚玲
出版发行	经济日报出版社
地　　址	北京市西城区白纸坊东街 2 号 A 座综合楼 710（邮政编码：100054）
电　　话	010-63567684（总编室）
	010-63584556（财经编辑部）
	010-63567687（企业与企业家史编辑部）
	010-63567683（经济与管理学术编辑部）
	010-63538621 63567692（发行部）
网　　址	www.edpbook.com.cn
E - mail	edpbook@126.com
经　　销	全国新华书店
印　　刷	三河市龙大印装有限公司
开　　本	710 毫米 × 1000 毫米 1/16
印　　张	19.75
字　　数	314 千字
版　　次	2024 年 1 月第一版
印　　次	2024 年 1 月第一次印刷
书　　号	ISBN 978-7-5196-1280-1
定　　价	88.00 元

谨以此书献给：
我挚爱的伟大的母亲刘国联。

并送给：
爱我们和助使我们成长的人；
以及为美好理想而奋进的人。

目录

番外篇：群体经济概论

思维跃升是承载新青年理想的翅膀

——知识资本量化和消费资本论是实践群体经济的重要途径

陈 瑜

在青年群体身上，我看到一个充满希望的时代。

人类社会文明的标志之一是对基层群体和青年人的关注。对社会弱势群体和新生群体所倾注的关爱是促使人类社会持续向前发展的原动力，知识资本量化和消费资本论就是从本质上解决这些问题的基础理论。

作为社会人口主体存在的基层群体和新生群体，他们构成了社会消费的主力军，更是市场经济中社会财富和企业利润的创造者。但是，多个世纪以来，他们在市场经济中的重要地位和巨大作用，连同他们的权益一起，一直被淡化、被边缘化，甚至被遗忘和缺失。这就是广大消费者依然处于"相对贫困"状态的根本原因。

溯本求源，要发现问题的本质，才能更好地去梳理和解决问题，客观地面对经济社会的现实，积极而充分地调动群体智慧，去缔造未来基于群体共建、共有、共享、共富的全民福利型经济社会。

在未来，承担社会经济活跃主体的一定是更有朝气的青年群体。他们是更富有知识和创造力的全新人类，是未来社会的主人。他们手中掌握的也一定是更有力量的知识型"生产工具"。这些"新生产工具"具有独特的再造经济社会格局的魅力，以知识为武器重组、重建新经济社会。

知识就是力量，知识改变命运，知识创造未来。

知识资本量化，给了新青年群体以最大的参与生产关系重建的武器，使得他们不再单纯依靠货币资本去参与社会生产，而创造性地以他们具有的知识和知识带来的创新力、创造力作为资本，并依照科学的量化方式，使得知识可以作为一种特殊的资本进入生产要素，进入生产关系的主要环节，给生产力带来质的提高，给新青年群体以更多参与社会财富创造和分配的机会。

消费资本化理论更是福泽全世界消费者的全新的经济理论，是人类社会经济发展观的一次重大革命。它以崭新的视角和思维模式，分析了消费同生产一样，是推动社会经济发展的动力。因此，作为社会生产流通末端的消费者，应该获得更多的权益。消费资本论的核心内容就是要将消费向生产领域和经营领域延伸。把消费者从产品链的末端以投资者的身份提升到前端，使得消费者在购买产品和服务的同时，既能分享企业成长的成果，也为企业发展注入新的动力。将消费作为一种资本，同货币资本、知识资本一样，成为企业和地方经济发展的直接动力，在一定程度上消除买卖双方的对立，让消费和投资有机结合，化解消费者和生产者之间的根本矛盾，从而使双方获益，达到消费者、生产者、经营者和全社会共赢的目的。

值得欣慰的是，王飞先生充分理解和消化了这两大理论的精髓，并将其创新地应用于事业当中。

王飞先生在带领青年群体进行实践的过程中，不断与社会、市场进行磨合，积极探索未来市场经济的发展规律，充分吸收了实践中获得的宝贵经验，并将其收获的经验进行了理论性总结，付诸于理论经验的发扬和传承。这是很好的行为，这种实干精神值得鼓励。

江山代有才人出，各领风骚数百年。

未来是属于新生青年群体的，他们是社会主义的接班人，也是在未来引领社会发展的主角。他们成长中的引领和思想上的塑造是极其重要的问题，容不得半点疏忽。

《群体经济 成长智慧 共享蓝海》这本书，就是王飞先生基于以上综合考虑而出版的著作。书中有他创新性的撰写架构，适合读者朋友们去增加阅读体验，它有助于青年群体和基层群体更快实现思想上的成长和跃升，进而带动更多实践性的行动，把改变自身处境和命运，通过更加行之有效的思想和行为联动起来，最终在未来社会的发展进化中占据更加主动的地位。

王飞先生是勇于创新并积极探寻未知的新青年，他身上有衔接时代的跨界思想，敢于突破自我认知，还能够将新认知付诸行动。在未来更加激荡的市场经济中，需要他这种更有韧性的创新、创业精神和兼爱的胸怀。

从初始的利他型事业的搭建，到传播成长正能量，王飞先生带给新青年群体和社会基层群体的一定是更加光明的成长道路。

相信在未来的道路上，你们能够走得更好、更远。

仅以此，附上我最美好的祝福。

陈瑜，《知识资本论》《消费资本论》《新编政治经济学》作者。

1963 年毕业于北京大学经济系，著名经济学家，多个地方政府、多家上市企业高级经济顾问。原就职于国家计划委员会、国务院经济体制改革委员会、国务院人才引进办公室，曾担任国家部委级报社的社长兼总编辑。核心研究理论为"消费资本论""知识资本量化"。

成长学习是触摸认知边界的开始

——做裂变式创业和非对称思维的实践者

宗 毅

2019 年 9 月的一次唐山之行，初识王飞先生。

在会后深入交流过程中发现，他思维活跃且有深度；听取了他对事业的展望后，我确认了一个认知：新一代的青年人，必将开启更有意义的人生。

就是在那次会面，听闻王飞先生要撰写这本《群体经济 成长智慧 共享蓝海》，那时的他刚开始架构提纲、构思题材，还未正式撰写。他咨询我著书写作有没有意义，不想徒增虚名，我回答他非常之有意义，无论是对自己、团队，还是读者，都是一次思想上的升华。

当我 2020 年 6 月再次来到唐山，在进行思维碰撞的同时，惊闻他已经将初稿撰写完毕，并进入润稿、完善的环节，我诧异于其真的将写作这件很苦的事情做了下来，可见他落地性和效率非同一般。会面期间，我们几人讨论了关于未来的各种可能，筹划着如何更有意思、有意义地开展事业，大家都酣畅淋漓地表达了创新性的意见。临别之余，他将书稿简介交到我的手中，在返程路上我快速地翻阅了一遍，内心甚是欣喜。

首先欣喜于他撰写的这本书，创新性地把一套新思维、新理论通过平述而渐进的方式生动表现，又始终围绕最初设定的内容，并在后续篇章中把这套成长认知思维系统地铺叙清晰，收尾的番外篇更是对思维理论进行了总结性升华，提出了具有宏大世界观的对未来社会经济进化发展的解读。作品整体结构清晰且新颖，循序渐进地展开思维成长世界的蓝图，对读者朋友们而言，这是很好的一种混合阅读的体验。

再有欣喜于他不但听取了我的建议，还认真地阅读了我的两本作品《裂变式创业》和《非对称思维》，将两本书的精华吸纳，成为他认知体系中的新元素，创新地应用和补充于自己的新思维成长理论体系。

　　裂变式创业，根据人性的利益趋向性，通过人民币投票的方法筛选出项目的负责人，并把项目裂变成公司独立运营，让人从"打工者"到"老板"的身份及工作态度实现蜕变。芬尼作为一个母公司、大平台，是所有裂变公司初期成长的土壤。芬尼品牌自创立直到今天，都是受益于裂变式模式的创新合伙人机制，它保证了我们企业内部的良性竞争活力。裂变式创业从本源制度设定上解决了企业人才流失的局面，让企业的内生动力像细胞组织那样根据成长发展需要进行自我裂变生长，促使芬尼产业集团进入生态化的良性循环，并推动我们走向了世界的大舞台。

　　非对称思维，是以认知差异化的不对称性去解读时代的新思维，是从人生赛道上选择非对称赛道的方法，这种主动选择改变思维的方法，换一个角度去寻找出路。

　　世界处于"非对称竞争"中，因为马太效应无所不在，强者恒强，弱者愈弱。同一个学校，同一个专业，同一个班级毕业的学生，一年后相差无几，五年后已经有所差距，十年后已经拉开了数倍甚至百倍的差距，这就是在非对称思维影响下的结果，选择比努力更重要。

　　每个迁徙的时代，都给那些有想法、有激情的年轻人以逆袭的机会，而要成功逆袭，就要先认识到机会的所在；以不变的、固守的、传统的思想去面对未来新事物，在起跑的伊始就已确定了失败的结果，时代总会慷慨地犒赏那些把握先机的前行者。

　　王飞先生的这本《群体经济 成长智慧 共享蓝海》，指引读者在时代变革的大机遇中，如何快速跃升思维，成为一个成熟而理性的追梦者，用全新的认知去面对不确定性，并用科学的方法去实现逆向划分时代财富的思维迭代，进入非对称思维的绝对意识高地，以跨界、降维的商业思维去构建未来事业版图，结合博爱、感恩和共创共享的发展思想去融合、拥抱未来的群体经济新世界。

　　青年人的成长之路是有一条捷径的，那就是从思维认知开始提升自己，用客观而科学的成长理念引导自己去快速实现思维的跃升，只有思维发生了根本性提升，才能带来快速而长效的行为习惯的变化，而行为习惯直接影响着一个人此生所能创造的价值和成就。

　　这本书给青年人带来一个人生的指南针，虽然它是无声的文字，但是其思想理念是鲜活而生动的，非常适合青年人和基层群体的读者去研读，以获得思维层级上的跃迁，掌握非对称思维的精髓，积极实现自我的成长与成功。

　　《群体经济　成长智慧　共享蓝海》中阐述的野蛮创变、打破重组、主导规则、颠覆逆袭、互助成长等内容，对读者朋友们来说，具有实践论和方法论的深刻意义，应该认真阅读及思考，结合读者自己的知识体系和事业方向，发展出适用于自我的成长路径，并灵活而执着地运用知识的强大力量，去努力开展革新性的未来事业。

　　希望这本关于思维成长的大作，带给你们更多的幸福和成长。

　　宗毅，广东芬尼电器有限公司创始人兼董事长，《裂变式创业》《非对称思维》作者。

　　湖畔大学一期学员，混沌大学广州分社社长，开创独特的裂变式创业模式，成为中欧商学院的经典案例和湖畔大学 1 号案例；打通了中国第一条贯穿南北的电动车充电之路；80 天纯电动汽车环球之旅中国队队长。

　　人生信条：一生一定要做一件很酷的事，对新鲜事物的好奇是此生最大的投资。

我们可以走得更远
—— 给中国新青年的一封信

亲爱的读者朋友们：

你们好，很高兴你们能翻开本书，让书籍架起我们友谊的桥梁。

我是本书的作者王飞，一个连续的创业者，也是一个对世界充满好奇并持续探索的梦想家。

在这本书里，我并不计划将所谓的成功与失败的经历以煽情和说教的姿态讲给大家，当然以我的年龄和资历也没有这样的资格去叙说。本书中，我仅想以自己多年的人生感悟和些许思考，给新青年群体的朋友们分享关于如何跃升思维并持续成长的一些粗陋之见。

青春是生命中一段最独特的时光，这个阶段的人该如何寻觅人生的精神导师，开好青春的篇章，带着青涩的理想走向美好的未来，是所有人都迷惘过的人生问题。我诚愿以自己几十年体味之感想，浓缩汇集成本书的核心所指，助力青年朋友们以更短的时间实现思维的跃升，建立完整的认知体系，寻找到自己的人生节奏，不要以过度的情怀和虚妄的梦想去追寻浮躁的目标。还冀望读者朋友们能尽快明白本就简单的人生道理：每个人都是自己的救世主，所有的成长都源于我们内心向前的渴望，人生路上经不起岁月的蹉跎与彷徨，不要浪费了青春还错失了方向。

从青春走来，多数人都是从失败和苦难中获得人生成长，却鲜有人从系统的知识、思维和智慧中获得真正的自我武装。甚至还有人天真地寄全部希望于贵人的知遇和伯乐的提携，不仅消磨了宝贵的青春时光，还被其当作免费劳动力；或以莽撞的激情投入本就注定了败局的虚幻梦想。这虽不全是青年人本身作为弱势群体的错误，但是也躲不开对自身缺乏知识储备、认知偏差、思维薄弱、激情导向的诟病。

青年群体该如何脱离传统思维的禁锢，在不依赖"贵人、伯乐、救世主思维"

下，实现自我思维跃升，建立认知体系，并引导人生逆袭，就是本书所撰写的初衷。

这本书是一袋满满的助力新青年群体实现自我引导、理性成长的精神食粮，也是一座让重焕年轻心态的中老年朋友搭建与青年人和子女实现沟通的桥梁，它能让父母与子女成为交心的朋友，解开对立的代际矛盾。

为了回避古板而教条的传统说教式书籍的撰写套路，我特意对书中的题材内容进行了创新架构，以增强读者朋友们的阅读体验。

本书开篇以平述的方式带入思维体系，让读者朋友们更容易产生阅读共鸣，同时将本书核心理论植入全书的分解当中；后续篇章由简入难地逐渐铺开实现思维跃升的建构方法，并在最后的番外篇"群体经济概论"部分做浓缩的理论总结，同时延伸了理论的想象空间。本书内容撰写以青年朋友们所熟知的语文课本般总分总的点题方式铺述，在文章类型和题材的组合上实现了创新融合，通过"平述的方式带入阅读感觉和思考"，加上"思维成长路径分析"，升华到"创新理论总结"的行文脉络，实现本书的核心诉求。

一切写作努力，皆是希望读者朋友们能够以相对轻松的阅读感受读完本书，并在阅读后获得思想及思维上的某些启悟。

与此同时，为了不成为理论的空想派，我们自己的团队也依照本书的思想脉络，提前开始了以全新理念为引导的新事业探索。虽知前路漫漫，但我们所有人内心都无比坚毅，这源于我们对美好未来所秉承的坚定信念。

在路上，我们时刻与青春为伴，以全新的思维导向和商业架构去践行对未来的理性梦想。有了相对科学的思想理念引导和破除万难的勤勉付出，我们也取得了很多令人鼓舞的阶段性成果，给身边践行理想的同路人带去了希望，也感染了更多人一同携手奋斗。

与青春为伍，我们可以走得更远。

时代赋予了新青年更多的希望，他们终将接过所有人的旗帜，勇敢地向未来的世界奔跑。虽然在行进的路上难免步履踉跄，但是他们拥有无敌的青春加持，必将破除上代人所胆怯的一切障碍，带着橡皮思维砥砺前行。

我们要给予青年群体更多理解和扶持，让他们更快获得认知升级，建立思维体系，促进他们互助成长的同时，拥有成熟地看待世界和热爱生活的人生态度，允许他们在成长和探索的路上有些许的不完美，鼓励他们对自我和对未来的信心，并以善意和温柔的行动，助力他们站在我们的肩膀上眺望未来的曙光。

作为重焕年轻心态的"新青年"朋友们，你们面对变幻莫测的未来时代，也要不畏艰难和险阻，积极主动地去拥抱时代的变化和机遇，改变固有思想，通过持续的学习、观察和实践，建立起强大的认知体系和思想世界，用更加理性的方式拥抱梦想，勇于做陈规的破坏者，去发挥蚂蚁精神和群体智慧的巨大能量，借助对事物规律和规则的灵活运用，忽略掉身边那些嘈杂的声音，坚定信念和信心，大刀阔斧地改造属于你们的新未来。

生命之于我们的意义，就是体验超越人类认知的历程。

希望本书能在大家心中播撒一颗善良的种子，使我们有机会携起手来共同前行，给予这颗种子更多阳光、雨露和成长空间，让它在爱的呵护中茁壮成长为枝繁叶茂的参天大树，带给世间以更多的荫福。

愿《群体经济 成长智慧 共享蓝海》这本书能成为各位读者朋友们前行路上的一点星光，让博爱、感恩的星火相传并成燎原之势。

作者：王 飞

2020.5.30 凌晨于唐山

第一章

成长智慧

新丛林故事

【章节核心】想象力是人类作为智慧生命创造一切奇迹的始源。逆向思维让一切事物有了不同的观察角度，并由此带来全然不同的思维世界。

新丛林故事作为本书的开篇，是想解放大家的思想，开启想象力的盒子。

想象力是人类作为智慧生命，区别于其他动物的最重要的意识构成。人类祖先用了几百万年进化出大脑的本能反应并编组进基因，却用了不到万年时间就强化出代表思想诞生的大脑新皮层——前额叶皮层，并发展出标志人类文明启航的文字；依靠有文字记载的文明，人类如同开了挂的游戏角色，依靠智慧和想象力突飞猛进地改造和发展着我们的生存环境。

时至今日，超凡的想象力依然是杰出人类必有的思想特征之一。

在老的丛林故事之中，百兽之王享有着丛林中一切的荣耀与资源，并以孤傲雄姿凌驾于丛林之巅，丛林中的禽兽们等级森严地恪守在自己特定的生存空间，从肉食动物、杂食动物到草食动物，无一不在呈现稳定的丛林动物世界的金字塔结构，而金字塔又全然依附于托起整个生态系统的丛林植物大世界。

今天，不妨让我们进行一次逆向的想象力，展开一幅新的丛林故事画卷，整个叙事方式和观察角度都跟着一起改变。

新的丛林故事中，高耸入云的桉树犹如雄猛的卫士般耸立在整个丛林生态世界的顶端，笔挺树干之上的团状树冠像空中的堡垒，其内还生存着许多高空飞禽，在树冠下面则是更加繁茂的中层生态植物，承托着丛林主要的林间动物和飞禽，而在中层生态植物的冠幅之下则是近地植物，如小型乔木、灌木、杂草、苔藓等，其间活跃着丛林中绝大多数的动物、昆虫和微生物群落。

饱食后的豺狼虎豹踏过丛林落叶，巡视着丛林王国。丛林成员偏居一隅，各自安生。沙沙风声拂过的绿叶努力地与阳光、雨露交换着丛林的给养，并把劳动成果沉淀给枝干、果实。枝叶背后的昆虫啃食着绿叶、果实与寄生微生物，灵巧的小鸟栖在荡漾的枝头，犀利地看着蠕动的昆虫准备饱食一餐，小鹿、野兔、山鸡、猴子等也在丛林中各自寻觅着可口的食物。这些丛林成员活动之处，留下来包裹种子的排泄物，微生物群落得以滋生繁衍，迅速分解着丛林更基础的养分构成，并在其上萌发出新的植物生命。

丛林就这样依附于植物大世界，周而复始，生生不息。

以丛林观察者的新视角来看，在丛林之中最基础性存在和支撑整个系统建立的是丛林的中低层级植物、昆虫和微生物群落，而构成丛林其他成员的大型植物、动物等都是丛林宏观生态调节官的存在，并不直接反映和决定丛林生态样式。丛林基础构成部分的稳定性，决定了依附其上的其余系统的客观存在性。因此，保障丛林基础动植物系统和微生态系统健康、稳定、和谐地共生，是决定丛林整个生态系统良性发展的根本。

通过丛林故事，我们要全面开启逆向想象力，现在让我们通过前额叶皮层的另一个重要功能"精密逻辑运算能力"，结合我们身处的生存环境、时代特征，去分析隐含在丛林故事中的新思维路径，梳理出核心所指，就像我们学习语文课本时总结中心思想，更清晰明了地带领读者朋友们寻找能够引起我们思维重塑的基因！

新丛林故事带来的逆向思考应该是持续的。

老丛林故事中多强调自然界生物的适者生存、弱肉强食的规律法则，而丛林法则中的自然属性由于受大自然规律的影响，并不被社会所关注，反而是强调弱肉强食的社会属性得到了人类社会的推崇，导致人类文明发展多历经聚群、竞争、联盟等过程。

新丛林故事概念中的基础构成部分，就类似于我们社会中的基层大众群体，他们是最广大而有力的供养型群体，要想以自身条件去挑战跨越阶层的存在是毫无优势和胜算的。因此，只能用群体化的共享经济组织办法，以共建、共富、共享市场组织模式，实现底层游戏规则和分配模式的革命性改写，执行全新且公平高效的再分配方案，实现基层新生群体的共同逆变和替代，彻底颠覆和革新阻碍了传统市场经济活力的大而不倒的拦路者，让代表未来希望的庞大的青年阶层群体加快登上历史舞台。

植物视角的思考者

【章节核心】独立思考，是基层群体逆袭路上的一盏明灯，它虽不能让我们马上到达成功彼岸，却给我们照亮了前往彼岸的方向，让我们不至于迷失在前进的途中，使我们执着地拨开迷雾，清晰而坚定地直达目标。

植物，在人类眼中是那样特殊而又渺小的存在。

因为需要氧气和食物，我们依赖植物；因为它们弱小得不能表达自我，人类又肆意地践踏着植物。

身在社会基层的群体，因为自我局限性，往往成为被反复收割的"韭菜"。

作为基层群体，反观自我，我们难道没有抗争的表达吗？

有的，而且非常主动和无奈。我们一边愤懑地面对拥有暴利财富的阶层，一边又给自己喝下幻想的毒鸡汤；时刻在表达对不公平的抗争，却又沉浸在对财富、权力的渴望。

基层群体不但容易缺乏独立思考和深度逻辑思维的能力，还容易给身处弱势位置的自己寻找自洽的理由，掉入"贫穷的陷阱"。

这种自洽，不是自由选择的结果，是迫于现实的妥协。

有能力选择平凡和被迫平凡是完全不同的概念，不要再自我安慰。

改变有方法，行动有计划。作为大众群体的我们可以从底层逻辑上实现自我命运的救赎，拥有自由选择的权利，实现真正的幸福人生。

学会独立思考是基础成长路径。

有人一定会争辩，谁不会思考啊？我们又不是植物人。

大家反思一下，你真的会思考吗？你会拥有第三视角的独立思考吗？你会不掺杂个人情感和经验主义的理性独立思考吗？

恐怕，未必吧。

作为拥有智慧的物种，在面对各种问题的时候，大脑的基础本能会自然选择从利己角度做出潜意识的判定，趋利避害地思考我们面对的一切，这必然导致经验主义和狭隘思想的演化结果。

一百多年前的法国著名社会心理学家古斯塔夫·勒庞在其伟大著作《乌合之众·大众心理研究》中，清晰而精确地对群体心理进行了无情的、真实的描述。文中说，群体中的智力开始泯灭，丧失自我意识和独立思考能力下降。

群体的感情是冲动的、极端的、偏执的，群体的思维是简单而初级的。大众群体渴望强者和英雄，拥有天然而盲目的从众心理。

作为基层群体中重要组成部分的青年群体，在其完善自我知识体系的过程中，尤其容易受到鼓动和洗脑，而被所谓社会成功者带入思想的误区。一旦青年群体进行追逐丧失自我判断的莽撞行动，必然会迎来悲惨的挫折。

不过，对大众心理抱失望态度的勒庞，在他的书中也为青年群体指出了一条智慧的路径。他在讨论教育的本质的章节中写道："在我们的生活中，能够帮助我们走向成功的条件是判断力，是经验，是开拓精神和个性！而这些优良品质，偏偏是不能从死啃书本中得来的。"同时还写道，"向人灌输大量肤浅的知识，不出差错地背诵大量教科书，是绝对不可能提高人的智力水平的。"

勒庞还准确地说："在年轻人的心目中，那种在学校中形成的幻想与美梦，在严酷的现实面前，彻底地破灭了。这种强烈的欺骗感、强烈的失望感，是一个心理素质不完备的青年人绝对难以承受的。"

那么，在基层群体追求逆袭的过程中，什么最重要？

我可以负责任地告诉你，拥有独立思考的能力最重要。

这让我想起了著名的法国雕塑家奥古斯特·罗丹的名作《思想者》，它是几乎与勒庞同时代的思想解放斗士，为法国阶级斗争下的贫困群体发声呐喊，恒久地赞美着会思考和有思想的人类。

拥有自主意识与独立思想的人，无一不与潜意识做着持久的对峙。

独立思考，是基层群体逆袭路上的一盏明灯，它虽不能让我们马上到达成功的彼岸，却给我们照亮了前往彼岸的方向，让我们在行进的路上不至于迷失，使我们执着地拨开迷雾，清晰而坚定地直达目标。

植物是弱小的，但为了生存，它们可以向下扎进无尽的黑暗去蓄积能量，又怀揣希望，开放胸怀，向上与阳光进行最大的拥抱。

作为智慧生命体的我们，难道还没有主动去改变自我的魄力吗？

我们都是小植物

【章节核心】不管是丛林中的植物，还是社会中的人类，任何生命的成长都是一个从弱小到强大的漫长过程。不能由于自身弱小而妄自菲薄。我们应该看到自己身上独有的特质，并强化和发挥好我们差异化的特质。为改变做量变蓄力，为跃升做质变准备。

面对更高的天空，我们都是努力生长的小植物。

虽然我们暂时屈于基层群体，但是不能由于自身弱小而妄自菲薄，我们应该看到自己身上独有的特质，并强化和发挥好我们差异化的特质，在拼搏向上的时候利用它的潜质，用尽全力去实现逆变。

在社会里，如同柔弱植物的我们，面对复杂而苛刻的环境，和未卜的前途，需要拿出异于常人的坚韧态度，突破自我束缚，为改变做量变蓄力，为跃升做质变准备。

在历史长河中，我们坚定："王侯将相，宁有种乎！"

在当代社会中，我们秉承："数风流人物，还看今朝。"

在未来发展中，我们自信："如欲平治天下，当今之世，舍我其谁也？"

小植物为了生存会拥抱冰冷的岩石，为了空间会借力参天大树；哪怕丛林环境变了，它们也会寻找到最适合自己的生命姿态，让自己的生命更具张力，让自己的生存技能更加丰富，让自己的适应力更加兼容。学会改变自己的同时，携手汇集更多弱小的力量，这才是理性自我判定该有的选择。

对自我现状的清醒认知，才是我们开始成熟的表现。

我们不能改变自己的出身和流逝的过去，但是我们可以改变当下的生活态度，积极地筹划未来。

凡事预则立，不预则废。

面对的学习、生活和工作，青年朋友们可以制订像马拉松冠军那样的分解计划。大学生群体可以设定大学四年的总目标计划，并分解为以月和学期为单位的小计划，同时增加社会性接触，尽力去以成熟的成年人态度思考自己的人生道路和方向；初入社会的青年朋友可以设定三年的总目标计划，也分解为以月和季度为单位的小计划，并增加储蓄和理财习惯，对持续学习做连续性投入，接触更多同业先锋朋友，凝练思维，提升专业素养，同时还要大量接触跨界知识，丰富自我的知识体系，实现复合型人才的基础累积。

在未来的生活中，强烈建议各位青年朋友建立两三个持之以恒的爱好，并贯穿在自己的全部学习、生活和工作当中，这样我们在努力的途中才不会过分委屈自己，才能让自己愉快而积极地拥抱改变，才能塑造一个健全的自我和健康的身心，按照自我意志去坚定实现自己设定的目标。

不管是丛林中的植物，还是社会中的人类，任何生命的成长都是一个从弱小到强大的漫长过程。

只要大家进行过成熟而理性的自我剖析，对自我现状进行过认真的 SWOT 分析般的解析，将自己以客体的视角进行过客观而全面的审视，真正而完整的了解了本我、自我和超我，并能时刻观照到自己的情绪，那么我坚信你一定会找到快速成长和迭代的方法。

在这个过程中，你只需要做到足够耐心。毕竟在这个略显浮躁的社会，延迟享受很折磨人，但它也是真正成就伟大自己的必选之路。

让我担心的是，你的自律。

自律和散漫这对性格完全相反的兄弟一直伴随在我们身边，时刻不停地影响着我们的生活，作者面对它们，也得做好强大的心理建设。时至今日，也没有什么好的成功办法束缚散漫，但是，我们不能放弃尝试和坚持，因为，自律确实是成功的必要品质。

我们都是柔软的小植物，让我们从此刻开始逆变。

要坚信，种子萌发后，没有什么是不可能的。

青年群体的新机遇

【章节核心】机遇，蕴含着观察、协作、革新、推翻、再造的基本过程。新机遇要求我们用全新的视角和思维去理解和贯串。

青年群体在任何时代都是拥有极大创造力的人。

那么，为什么本节标题给青年群体的机遇加上一个"新"字？

这是因为我们面对的时代已经完全不同了，必须用发展和包容的态度看待这个时代中的青年群体所要面对的机遇，他们掌握的知识和行事路径已经极大改变，甚至是前所未有的改变，他们面对的也同样是全新的机遇。

机遇在不同时代出现都有其规律性。

比如，社会进步带来的大环境机遇。在社会发展的不同阶段，会出现非常具有规律性和逻辑性的机遇。改革开放带了持续的窗口期红利，让第一代勇于实干和有胆魄的人，通过实业和贸易流通拥有了殷实的财富基础；让后代勇于拥抱市场改革和互联网创新的人们，通过商业模式重构和人口红利实现了财富自由。

现在，我们处于深化改革开放的重要时期，国家鼓励进行新产业、新经济、新模式的探索，鼓励分享经济，鼓励知识产权保护，鼓励创新、创业、创造。

你可能要问，那我们这代人的新机遇在哪里？

我可以告诉你，就在你拥有新思想架构后所面对的未来世界里。

青年阶层的基层群体，可以拥有的是充实而系统的知识和对新生事物最敏锐而深刻的理解。可以用我们融合的知识，积极去创新组织架构和产品供给模式；作为未来市场经济的主角和主力消费群体，我们更加了解这些时刻变化的新时代需求，可以借供给侧结构性改革刚刚进入探索初期，传统企业还没有找到感觉和改革的方向，尽快为新老群体合作搭建一座桥梁，掌握供给侧结构性改革的不同环节、不同技术、不同模式、不同架构的协同性话语权，创造拥有自主知识产权和路径创新的相关技术，改革和重构新时代企业发展中的新老依存关系，帮助传统企业转型或是颠覆传统企业，给未来的我们和市场经济带来全新的真正的活力。

新青年群体代表什么？

代表他们会用很多传统企业和中老年群体完全不懂而迅猛的方式，甚至看似倒行逆施无厘头的方式，进行创新创业实践。在这无数次的创新创业实践的过程中，无意间就瓦解了传统企业的商业模式和产品服务形式。而这种被消亡的传统企业甚至没做错任何事情，用腾讯公司创始人马化腾的话说："有时候你什么都没有做错，就错在你太老了。"

主动让贤还是被迫下课，这是传统企业必然面对的时代选择。

但是根据人类文明的进化史，任何一个朝代更迭和文明进化都是带着硝烟的，老的阶层一定不甘于主动放弃支配权，新的拥有磅礴生命力的阶层必然要对老化的东西进行摧枯拉朽的颠覆。

机遇，更多蕴含着观察、协作、革新、推翻、再造的基本过程。

青年群体，面对机遇不能等待，需要主动出击，运用我们储备的新知识和创造力去碰撞机遇，寻找新机遇的突破点，对老的供需关系、服务关系、产品关系、组织关系等进行打散重组、架构新商业模式，实现对游戏规则的再造，不依存于传统企业的商业路径，用完全不同和创新化的解决方案实现市场和产业的重构和再造。

就像我们不了解祖辈和父辈的心路轨迹一样，他们也不了解我们这一代青年群体的心路轨迹，这就是时代给青年群体的最大机遇。这种新机遇最大的隐喻就是他们已经看不懂未来，也必将失去未来，而青年群体本身就代表未来，代表未来的各种可能。

面对未来，我们只需要做好一件事，那就是：用最扎实的准备和最饱满的热情，寻觅这种生命更迭和时代发展送给我们的最大的礼物。

新时代给青年人的新机遇就在五彩斑斓的当下。

改变从思想开始

【章节核心】阶层跃升有四个关键环节：思想再造，自我重塑，发现规律，主导规则。而一切改变，无一不是从思想先开始的。

作为时代的宠儿，未来世界的接班人，青年群体该如何迎接更加辉煌而多变的世界？如何为自己和家人、事业攫取更大的机遇和自由？

只有改变，从思想开始的改变。

撒切尔夫人说，当心你的思想，因为它们会变成你的语言；当心你的语言，因为它们会变成你的行动；当心你的行动，因为它们会变成你的习惯；当心你的习惯，因为它们会变成你的性格；当心你的性格，它会变成你的命运。

丛林法则告诉我们，动物类物种是弱肉强食、阶层分明且不可逾越的；本书提出来的群体经济的理论告诉我们，植物类物种则是可以嫁接改良、取长补短、加速进化的，还能够实现物种强化和阶层跃升。

阶层跃升有四个关键环节：思想再造，自我重塑，发现规律，主导规则。

首先，我们谈谈思想再造。

思想的微妙改变，比较磨人。

对我们长年累月形成的思维惯性进行调整，是非常具有挑战性的。但是思维惯性直接影响着我们生活、学习、工作的基本导向，只有先对思维惯性进行调整，进而影响新思想的形成，并通过新思想对思维惯性进行持续的影响和改造，才能形成有助于我们跃升的逻辑，进而与过去落后的阶层固化思想进行告别，最终让我们站在新阶层的思想维度上进行思考。

所以，思想再造是改变的基础，是一切改变的源头。

其次，让我们再聊一聊自我重塑。

重塑意味着自我剖析，舍弃鄙陋，重建优势。这需要对自我有一定的批判性，要站在第三视角对自我进行审视，客观而科学地了解真实的自我。

这个过程，一定会伴随纠结、不舍、抗拒和接纳等艰苦环节。

但这也是实现自我跃升的关键落地环节。

不能对自我有清晰而理性的认知，就不足以让自己变得更加优秀，也必然不能驾驭跃升后所面对的更多高阶的机遇和挑战。

自我重塑和资产重组具有很大的相似性。

当一个大企业进入滞胀期，面对流动性障碍的时候，最佳的自救方案就是资产重组。通过对企业资产分布状态进行理性分析，结合会计审计、资产评估、市场反馈、产品及服务的 SWOT 分析，对存量资产和增量资产等综合考量，对企业的人、财、物等资源重新组合，剥离不良资产，重组优良资产，转换企业发展方向，强化企业竞争力，盘活并激发企业的未来活力。

这个过程是不是对我们个人的自我重塑也有很大的启发意义？

《周易·系辞下》智慧地告诉我们，人类的生存法则就是"穷则变，变则通，通则久"。只有不断改变、重塑自我，灵活调整，开启智慧，持之以恒，才能真正实现竞争和生存。

最后，发现规律和主导规则这两个关键点，我们会在第四章和第五章进行讲解，这里就先不做赘述。

下面以作者为例，分享两个关于改变的爱情小故事。

我出生于乡村，通过大学之路进入城市。虽然我自认为从小就懂事、孝顺且还算有点素质，但是身上不免仍存在很多因基础素质教育缺失和受到小市民主义思想影响而养成的坏习惯。在我的成长环境中，也没有人告诉我这些习惯的弊病。在基本道德框架内，我悠然自得地活着，直到遇到我生命的另一半——一个从上海学成归来在三线城市任教的大学老师，实现从直男逆袭追到心仪女神，才让我的思想才开始发生改变。

记得那是我们刚确定关系不久，两个人驾车去郊区考察项目，我随手将用过的湿巾扔出车窗。她立刻喊我靠边停车，下车往后走了几十米，捡起了我扔掉的湿巾，坐回车里后，她抿嘴看着我，拿着脏湿巾的手在我眼前晃了两下，并没有说什么，可她的行动已经对我的素质完成了洗礼；从那以后，我再也没有随手扔过任何垃圾，而是把垃圾装在衣服兜里或是临时放在车上。

她没有用苛责直触我的自尊，而是用行动告诉我一个更值得人去遵守和尊重的行为，一个无须监督的自律行为。这样的变化还包括不再随地吐痰、乱扔瓶罐、乱弹烟灰、大声喧哗和学会礼让女士、长辈等；甚至为了改变我抖腿的恶习，她每次看见了都会无声地拿两根手指压住我的大腿。短短几个月的时间，我改掉了自己二十多年的坏习惯，从内到外地重新塑造了自我。

这种从思想重塑到行为、习惯的改变很不容易坚持，但是无可争议，这种改变不光对外是一种善意，对自我更是能够受益终身。

第二个小故事，是关于持续学习和考研之路。

我本科学习的专业是美术学和艺术设计，在应届那年曾经参加过一次研究生考试，熟悉艺术考研的人都知道，英语和数学对于我们是死穴，好在考试取消了数学，但是英语仍然如同大山一般横在我心里不可逾越。我记得那次考研英语只得了 27 分，导致我此后几年都完全没有信心面对考研和深造。

认识她以后，她执着地坚持学习、考研和考博的态度，让我自叹弗如。为了不让我们以后学历相差太大，缺少共同语言，她不断鼓励和敦促我学习，并美其名曰陪学、陪考。于是下班见面后，她坚持复习六千个英文单词，我就坚持复习四千个英文单词。在我不知情的情况下，她报名研究生考试的时候也偷偷给我报了名。就这样，我们携手学习，陪她走过了三年三次的研究生考试，最终她进了录取名单。在我刚松一口气，以为陪学、陪考已经结束了的第四年，她又偷偷帮我报了名。从乡村奋斗出来的我，当时不舍得浪费 200 元的报名费，于是就在她多次鼓励之下，我第五次走进了考场，认真对待每一场考试，坚决不提前下考场，但我仍然是抱着失望的心等待考试结果。

两三个月后，她催促我查看早就公布的考研成绩。连年的英语失利让我对考研成绩缺乏信心，记得以前的英语成绩是 27 分、18 分、29 分，现在门槛是 40 分左右，那我还有什么希望啊？当我应付差事般登录在线查分系统并点开个人考研成绩的那一刻，一度怀疑自己看错了，诧异地转头对她说："亲爱的，我好像过线了。"

我的考研总成绩是 312 分，国家线是 310 分，其中英语成绩是 37 分，国家线是 32 分。

幸运之神再一次眷顾了接受改变、力争上游、永不放弃的我。

作为学弟，我们选择了共同的研究生导师，相伴走过了成为同学的两年。这改变了我的人生，让我从学识和思维上跃升到了更高的层面。

此后，不管遇到什么样的人生境遇，我都要学会去积极面对，从不懈怠，并用最执着的努力和最真诚的态度去回应，让改变成为我的基因，让不断上升成为我的习惯。

蓝海与群体创富

【章节核心】群体创富是具有共产主义基因的先进的群体共享经济思维，是让一群人抱团先跨进未来的蓝海，积极推动个体创富到群体创富的转变，达到精神和物质的极大丰富，实现群体的按需分配，先行触摸到未来社会的边缘，并延伸影响和带动更多的群体组织朝向共同创富的目标迈进，这也是利他、利众思维的最终表现。

蓝海，是所有以营利为目的的组织追求的完美市场。

随着社会的极大进步，经济的极大发展，蓝海却越来越难以寻觅，只有拥有本质颠覆、革新技术的新组织才能创造伟大的蓝海。

在海洋文明时期，每发现一个新大陆，就能带来掠夺性的蓝海财富；在蒸汽文明时期，拥有革命性的蒸汽机，就能带来工业化量产的蓝海财富；在内燃机文明时代，拥有强大的化石能源，就能控制绝对的世界财富。

时至今日，在以化石能源为基础，不断探索新能源，移动互联网、大数据、物联网、人工智能等大发展的新文明时代，拥有革命性技术和全新生产关系的组织，也必将统领未来庞大的蓝海财富。面对这样复杂多变而资源割据的时代，蚂蚁般渺小的基层群体，如何才能在满足基本生存的前提下，去寻觅属于我们的那片蓝海呢？

这是一个具有挑战性和敏感性的话题。

蓝海存在于对未来社会和未来经济进行过全新建构的领域，是可以获得持续性发展和生态化发展的和谐产业，更是具有公益性基因的商业思维，最后带来无限趋于共同富裕目标的未来新世界。

对蓝海的建构，就必然会面对解构、重组原有的传统的一切事物，当然也会触及既得利益集团的各种垄断，这是一种巨大的挑战。依靠基层群体仅有的分散化资源和微薄力量，我们自然无法与既得利益集团相抗衡，甚至连挑衅的机会都不会存在。

那是不是就没有任何机会实现自我突破和阶层跃升了呢？

当然不是。

任何组织都不是无懈可击的，我们可以通过底层逻辑去挖掘既得利益集团的边缘弱点和其无法覆盖的领域，来换取我们的夹缝生存机会，并实现局部性突破，进而再实现逐步瓦解和替代。

既得利益集团的顽疾是有共性的，如组织失控性膨胀、永恒的利益最大化、不可避免的间接垄断性、决策机制的冗长、组织内的贫富分化、财富的过度集中、对上下游产业链的压榨、对市场和竞争者的压制和对新生组织的同化和绞杀等，这都是其可突破的点。

当然，我们不可能对其实现全面颠覆，毕竟任何变局都始于星星之火，只要我们清楚该用什么火种去引爆核能般的革新。

那这个火种是什么？就是对抗性能量的释放。

既得利益集团为了化解对抗性，会不断抛出微小的市场生存空间，一方面安抚潮涌般的小对手，另一方面寻找对抗的关键对手予以分解、同化，并向国家和民众表现自己非垄断组织的形象，巩固无孔不入的实质垄断帝国。

拥有这种垄断潜质的企业，对国家市场经济活力来说是巨大的阻碍。它们不但干预了市场，还可能绞杀了创新、改革的种子，让市场经济出现资源的过度聚集，影响市场经济的整体流动性。

垄断性企业会自我革新，彻底消除对抗性吗？

不可能。因为这意味着对市场失去支配力和对既得利益的放弃。

我们作为基层群体，对抗性是基因的存在。

而实现蓝海和群体创富的首要环节，就是掌握底层架构，依靠社会主义特色市场经济的特殊性和发展观，实现对市场经济活动中游戏规则的创新，从基础上创新架构群体共享经济的商业新模式，将知识资本进行量化和分配，重组生产关系和分配制度。

还有的朋友可能会跟着说，群体创富是大锅饭，大锅饭吃不得，只能一起挨饿一起穷。

我告诉大家，群体创富、共同富裕没有什么不可能，在人类社会物质财富的大量积累、文明加速发展和进化的过程中，以及精神文明获得了空前的发展，后续只需要进行分配制度的优化而已。

原来大锅饭的基础是极度落后的生产方式和严重失衡的教育缺失。现在，依靠现代化的生产方式和拥有知识武器的基层群体，完全可以实现对自我命运和价值的最大化体现。中国的优秀企业华为公司就是很好的例子，以工会持股99%的全员所有制，释放了巨大的组织创造力，从而成长为世界最伟大的公司之一，并以一己之力对抗美国政治与资本的举国打压，充分体现了民族未来希望的群体共享经济之伟大。

因此，要想实现基层群体的阶层跃升，只有用群体经济的底层架构模式，凝聚群体的智慧和力量，将知识资本进行量化，杜绝分配制度一刀切，创造群体共享经济新主体，消解既得利益集团的垄断，重建基于群体利益的蓝海经济。

所以，我们进入蓝海的唯一方法，就是从我做起，用知识武装自己，用技术和新生产关系作子弹，瞄准前进路上的障碍，夺回属于群体的权益。

当然，道路绝不是一帆风顺的，也必然面临革新进程的反复。

蓝海是我们每一个人的梦想，蓝海也是通向未来的群体共享经济。

群体共享经济的议题实在过于庞大和专业，在番外篇我们会单独就群体共享经济细分做相对健全的论述。

在这里，我们仅做简化讨论。

在本书中，群体共享经济的基本含义本文指的是未来市场经济活动主体必然价值规律向非价值规律和社会责任规律逐步转化，代表群体性利益的市场经济组织会逐渐占据主要体量，并在持续的进化中逐渐成为社会责任的主要承载者，是通过一定的价值规律创造来实现群体性权益升级的过渡经济形式，是共产主义经济的萌芽和生长阶段，也是主动地由个体创富到群体创富，先富带后富的社会资产大迁移，是以非占有和非利益为组织前提的共建、共有、共享、共富经济模式。

群体共享经济，是以我国社会主义政治经济学为基础，是代表更广大人民利益的必然发生的未来经济图景，是对共产主义全民所有制的探索性尝试，是社会文明发展的必然结果。

我国现在基本完成了社会主义初级阶段的任务，正在深化改革开放、优化市场经济体制、实现供给侧结构性改革的伟大道路上跨步迈进，我们不但实现了弯道超车，还在努力实现换道超车。

2017年10月18日，习近平总书记在党的十九大报告中强调，中国特色社会主义进入新时代，我国社会主要矛盾已经转化为人民日益增长的美好生活需要和不平衡不充分的发展之间的矛盾。

改革开放初期，让一部分人一部分地区先富起来，以带动和帮助落后地区，先富带后富，逐步实现共同富裕，是我国坚持的市场经济基本指导方向。

时至今日，一部分地区和一部分人先富起来了，物质也得到了极大丰富，但是，相对落后的生产方式和过剩产能，以及思维固化的广大传统企业和企业领导人，仍然是市场经济的构成主体。

此外，21世纪初在我国粗暴式发展了近二十年的房地产和互联网经济大潮也进入了相对的瓶颈期，由于市场支配权和资本能动性过度地向房地产和互联网企业聚拢，催生了具有巨大行业垄断性的企业集团，对市场生态和产业发展造成了越来越多的衍生影响，创新活力匮乏，市场流动性差，企业群体性迷失方向，转型困难等，已成为当前经济的普遍现象，加上大基建和地产行业对资源性产业的过度依赖，导致资源性产业过度开采带来的资源匮乏，交织形成了特殊的时代经济困局。

群体共享经济，就是要站在更高的思想维度上，对青年群体未来会面对的新型市场经济制度和运作法则做思想参照。群体创富是具有共产主义基因的先进的群体共享经济思维，群体共享经济不是让一部分人先富起来，而是让一群人抱团先跨进未来的蓝海，实现精神和物质的极大丰富，实现群体的按需分配，为跟随其后的群体蹚出一条宽广而光明的大道。并在更多群体触达共同富裕目标后，逐渐让分散的群体凝练成一个真正的大家庭，将和谐和博爱作为整个人类社会的福祉。

在没有先进分配制度和理性思想做基础引导的创业大潮中，资本的造富故事过度透支了青年人的梦想，让广大热血青年在不具备基础能力的前提下，如敢死队一般裸奔着在单纯的财富梦想和改变命运的假象中葬身，这是对青年群体极不负责任的鼓动。于是，我们看到，全国的孵化器沦为房地产企业过剩商业消解的招商工具，聚集了无数毫无价值的空壳公司，孵化器成为形式主义的填充载体。甚至，用一个微信群聚拢客户、收集资料，经过线下打印，再委托同城快递配送，就号称实现了科技创新，并以创新科技企业的名头宣传，这是多么可笑的错误理念和误导行为啊！

目前，思考应该如何改变这一浮夸的现状，是对青年群体负责任的开始。

作为企业家，应该放低姿态，以创业者的身份与青年人互动，与他们进行真正平等的交流，而不是作为老板和领导高高在上的审视；作为高校孵化器的老师，应该以合伙人的身份和角度与青年人畅谈，而不是作为毫无创新创业经验的老师和指导者；作为各创新园区的职能部门，应该以服务者的态度与青年群体交流，而不是作为领导单纯地追求政绩。

傲慢与偏见是伴随人类社会文明诞生的人性卑劣面的产物，并时刻影响着人类戴着有色眼镜对所有事物及问题所作出的非客观、非理性的反应。未来在实现群体化创富的道路上，傲慢与偏见会持续制约着群体性的和谐。而抛弃我们思想中根深蒂固的傲慢与偏见，是一道拷问着我们内心的难题，这与我们客观地解读世界、持续地成长有莫大的关系。

也许，这正是我作为感性基因的连续创业者痛苦的根源。

不过，我坚信，从青年人身上能看到改变的希望和力量。

新协同生态链

【章节核心】新协同生态链的打造一定是依赖于底层核心知识的，知识资本的量化决定了新的协同生态关系的稳定性存在，而能对新生态组织有最好适应性的就是更加年轻化的青年群体。任何时代，知识都代表最大的创造力。

一般来讲，生态型组织泛指体量和规模十分巨大的企业和集团。

这样健全而复杂的组织机构，加上依靠完整的管理体系自行运转的企业机制，让庞大的组织机构如生命网络般呈现，并能实现协同生存和发展。

在国内，这样的企业案例比较多，如阿里系、腾讯系、百度系、小米系等，这些都是头部代表，其延伸触角也是十分庞大而全面的。由于生态型企业庞大的市场占有率和用户基础，我们身边的每一个人都知晓它们的存在。其实，纵观国内整体行业中生态型企业的现状，还是相对比较欠缺和落后的，只是我们被头部聚集和放大效应迷惑了。

前面几节内容讲到了企业集团在底层架构上的先天性缺陷，也为青年朋友们分析了这种垄断型企业自身发展的约束性。它们的生态型架构建立在更广泛的地位巩固和控制需要上，对基层群体的革命性的创新创造是一种兼容的战略政策，它们不可能主动选择放弃既得利益和地位。

有的朋友会说，你说它们不会放弃既得利益，那怎么解释裸捐？

我们共同来分析一下，裸捐和放弃既得利益到底是否冲突。

裸捐指的仅仅是货币财富，而既得利益不但体现在货币财富上，还体现在对生态系统的控制和导向上，以及对市场间接的支配权和影响力。

捐赠货币财富不会影响其在行业内的绝对地位，反而会放大其形象影响力和美誉度，并促使更多货币财富的诞生。但是，他们若失去对市场的支配权，后果就另当别论了，那可能意味着他们会丧失一切，彻底出局。

现有生态型机构的协同生态链是满足自我发展的产物，是有核心大脑的和中心保护的。

我们要讨论的新的协同生态链，它基于开放式结构，是群体经济的具体呈现，是去中心化的真正协同组织，从底层逻辑和商业架构上来说，是全新的事物。

在市场总和相对稳定的前提下，我们现在无法再创造更多新的市场；市场跟股票一样，也是一个零和游戏。在产业产能空前过剩、增长乏力、转型困难的大前提下，拥有市场支配力的平台型企业组织对原有市场进行了供需重组，盘活了部分愿意割肉和妥协的供应链企业，也让这些苟延残喘的企业对平台产生了过度依赖，丧失了企业的主要利润和创新活力；垄断性平台挥舞着市场支配权的大棒，裹挟着依生在平台上的孱弱企业，向着资本市场一次次冲击，依靠市场需求的过度集中释放，换来了无尽的财富和更多的市场渗透。

垄断性生态链组织对市场和资本的吸血行为，极大压制了市场的公平竞争机制和创新创造活力。

这还不是最坏的演化。

随着人工智能和智造业的技术深化和推广应用，新产业结构和产品服务形式、生产组织关系等都将面临全面洗牌。原来依存在垄断性平台上的各大企业必将面对更加残酷的改造和洗礼，被深化植入互生组织，失去更多的市场话语权和竞争力，生态组织的头部聚集效应会从实体上完成彻底的垄断。

而对纷至沓来的底层青年群体，不拥有任何基础资源的他们，在未来拥有的生存空间就会更加微小，创新创业的能动性也就更差。

因此，打造脱离原有竞争机制的新生存法则、新组织方法、新生态协同关系就显得尤为必要。

面对固化下来的市场割据，新青年群体只有通过对自有资源和优势的再造，实现颠覆性重组，才能用全新的市场游戏规则逆袭。

我们先来区分一个概念，基层群体和青年群体。

基层群体涵括部分青年群体，青年群体是基层群体中最有改变基因的代表；基层群体无法实现整体突破和跃升，青年群体具有巨大的可改造性和跃升空间；基层群体不掌握自我改变的工具，青年群体拥有实现自我改变的工具。

那么，青年群体实现自我改变的核心工具是什么？

答案是：知识和沉淀。

新协同生态链的打造一定是依赖于核心知识的，知识资本的量化程度决定了新的协同生态关系的稳定性存在。

任何时代，知识都代表主要的创造力。

知识是人类文明的方向，是人类认知和探索实践的结果，也是客观世界验证为真的规律；知识让我们掌握技术，发现本质，了解世界，拥有方向。

青年群体要学会以知识作为武器，在观察、认知、探索和实践中发现规律，并提炼基本规律，实现对新规律和新规则的创建。还要认识到知识也是一种资本，对知识资本进行量化后，赋能到群体共享经济新组织架构中的创新、创业、创造，就能够实现更加巨大的创造力。

知识资本包括了哪些内容，如何实现群体共享经济的基本架构？

知识资本包括：专利、商标、著作、科研、实验、新技术、新材料、新算法、新理论、新架构、新设计、新应用等诸多方面。

群体经济的基本架构就是将以上知识资本进行综合应用，在共享经济思想理论下成立不同组织，实现知识资本的量化和共享，并通过更公平的分配机制将创造出来的成果、价值和资产进行群体化分配，最终实现群体性胜利和阶层跃升。

不要担心经验问题，任何经验都是通过实践积累出来的，尤其是对新生事物和具有先进性的创新组织，经验往往是一张制约发展和遏制突破的网。

我很赞同《罗辑思维》的主讲人罗振宇老师的一句话，大意是：不懂年轻人，你应该感觉恐惧。无论我们如何不理解新生代，年轻人永远代表着未来，世界终将会交到他们手里。

面对工业时代思维的父辈人，除了尊重，我们难以跨越认知的鸿沟；不仅是代际上的问题，还涉及更深层次的时代观念和成长背景，我们怎么可能沟通明白呢？怎么可能让他们相信我们是靠谱的呢？

这种跨代的不信任感是不容易消除的，这源于生命的养成过程。

就像祖辈看我们的父辈觉得不靠谱，父辈看青年群体也觉得不靠谱。事实是什么？每一代人都有他们独立的历史使命，他们都自立生存得很好，并且都承担起了家庭和社会的责任，也都成了社会和市场的主角。

所以，作为青年群体，没有什么可畏惧的。

哪怕熬，我们都能把时代和未来拿到手里。

未来智慧

【章节核心】成长智慧、未来智慧的基本内涵：所有的丛林植物，交织互生，协同进化。越高大、高级的物种，生存地位越脆弱；越渺小、低级的物种，生存空间和数量越庞大，其普适性和可进化程度越好，且在未来具有更大进化发展可能。

在本章的最后一节，让我们来汇总聊一下未来智慧的基本概义。

先阐明，成长智慧、未来智慧就是群体经济的概括呈现和抽象描述。

斗转星移，时代变迁，蒙昧初醒，延续千年的生存法则一直是基于动物属性：弱肉强食，成王败寇，食物链阶梯，新老统治阶级更替。

在传统层面上的丛林层级结构中，底层生物要想实现层级跃升极为困难，甚至毫无希望。越来越固化的社会阶层让头部资源无限聚集，马太效应在目前地球上的所有国家及市场中实现全面渗透，贫富差距和两级分化日益拉大，并在短时期内无解。

如果，我们仍然通过原有的思维路径去挑战所面对的生存环境，不但推动恶性内卷，成功几乎成为幻想。惯性发展下去，80%的社会群体阶层，甚至更多，都只能成为被施舍和压榨的韭菜，被一茬又一茬地反复收割，同时还得对资产阶层给予的恩惠套路和机械般的工作报以感恩的微笑。

市场经济中的阶层划分已经越来越呈现定型和固化的特征。

要想打破这一魔咒，只能运用我们伟大的共产主义革命思想，最大限度地实现群体共享经济的市场主导地位，构建人类群体共享发展的命运共同体。

物竞天择是强调社会属性的动物生存法则。

在这套规则下，强者位置已定，从根本上就固化了阶层，让我们无法突破自身局限，就像现在的超级垄断集团、家族企业、富二代等，他们所拥有的社会资源、财富基础、教育资源、竞争机会等，都是基层群体根本无法触及的。当然，这种现象也会有极少数的意外因素，如破产和触犯法律等，在这里我们不做无谓的争论。

当今社会，在面对无力抗衡的巨大的既得利益集团，唯一能击溃对方的就是脱离其熟知的底层逻辑和生存法则，用绝对创新性、创造性、革命性的新生存法则去助力可以实现逆变的新青年群体，在对方不理解、不支持、不改变、不跟随、不帮助的冷酷对峙下，主动去实现新老阶层的更迭。

基于成长思维的未来智慧就是群体经济的概括呈现和抽象描述，下述之未来智慧的核心是自然属性的植物生存法则，是依存共生的群体智慧。

基本内涵： 所有的丛林植物，交织互生，协同进化。

越高大、高级的物种，生存地位越脆弱；越渺小、低级的物种，生存空间和数量越庞大，其普适性和可进化程度越好，且在未来具有更大进化和发展的可能。主动推动这种转化是实现快速迭代和进化的关键，既代表着先进性思维、有效性选择，也是事物焕发新生命活力的根本。

生存迭代的主要路径：

第一，老的死去成为肥料和基础，新的出生，成为必然主宰。

第二，老的不肯死去，苟延残喘，新的迅速逆生，摧枯拉朽。

第三，过渡混生，老的为新的提供早期依生基础，换取新的成长后的空间和资源，以实现混生存续，最终新生依然成为主宰。

发展观念： 新老更替是社会进步的唯一通路。

基本准则： 主动而坚定地实现新老更替。

历史观念： 人类的前进路径只有老的死去、新的出生；除了历史本身，面对更替，任何回头都是保守和妥协。

价值观念： 求得人类协同发展、共同富裕，群体利益最大化。

第二章

野蛮创变

传统思维的死局

【章节核心】传统思维的死局是可以预见的，不因他们的挣扎而改变。这种暮年思维，本身就具有严重的末日英雄色彩。

爱因斯坦说："持续不断地用同样的方法做同一件事情，但是期望获得不同的结果，这就是荒谬。"传统思维的行事逻辑大抵如此。

思维这个词，本来是一个十分抽象的意识概念，它对于人类的意识层面来说，只是一种脑意识活动的过程。

具体到现实的人类活动，因为不同角度，人赋予了思维不同的延展和理解，就产生了符合生产力发展和阻碍生产力发展的两种思维。那我们也就暂且落俗地阐述一下新老思维，探讨内容仅限于本书所需。

传统思维，在这里指的是固守经验主义，对新生事物持有对立态度，对未来和不确定性理解为悲观和拒绝的人所持有的思维方式；在具体的行为方式上，也泛指保守派思想和机会主义者。

传统思维，是对逝去的、不可挽回的、失败了的过去，以及对过去的成功、辉煌和拥有等，仍然抱有深陷、懊恼、自责、留恋、幻想、回味等心态和行为，是已经老去了的、过去式的思维。

所以，传统思维也可以创新地被称呼为"过去式思维"。

尤其是，在当今社会巨大进步，市场经济改革的伟大时代背景下，仍然沉浸在过去的辉煌与失败中，对发展和进步持有怀疑和抗拒态度，把自我能力缺失和企业落伍掉队归结为营商大环境下行和产业政策的问题，把对个人和企业未来成长的不可控情绪，表达为对过去野蛮而粗放发展的追忆。

这种暮年思维，本身就具有严重的末日英雄色彩。

每每此刻，我辈青年不禁想问：廉颇老矣，尚能饭否？

英雄老矣，奈何仍在市场的大舞台上惆怅。

这是拥有传统思维的往日英雄的悲哀，他们本人和其所创立的企业非但没有超脱个人英雄主义的思维禁锢，还将个人的能动性盲目地表达在人生和企业上，整个团队和企业都表现出了严重老化和脱离现实的保守派思想和行动。他们没有从英雄思维转变为智者思维，没有把成长为英雄的经验、眼光、魄力、行动等优秀品质传承、发扬给更有未来的新人和团队。这不能完全怪他们思想狭隘，这也是人性本质的必然选择，毕竟绝大多数人对自己所掌控的精彩人生和成功事业都会呈现出难以割舍的情怀，也难以对跟随的团队和接班人实现完全的信任和委托。

不难理解，中国传统企业都是带有创始人色彩的企业。

创始人打下的江山和财富只属于个人家族和小部分人。在这种传统思维局限下，难道还要奢望员工以主人翁的心态对待公司和企业吗？这很可笑，对于连吃穿住行都成问题的人，你还要他们以主人翁的姿态玩命为你个人奋斗，这难道不是虚伪的利己主义者吗？

传统企业要明白，现在早已不是奴隶制和封建制社会了，虽然市场经济表现出了资本性的特征，但是企业也不能真把自己当成资本家。在以中国特色社会主义为基础的市场经济中，这样的企业离被推翻和颠覆还远吗？

我们所有人都会惧怕，对失去的恐惧，对未来不确定性的恐惧。传统思维者更不容易突破这个门槛。

这是因为，传统思维是受老化群体的阶层思维特性限制和老旧时代文化背景禁锢的，不是与时俱进的发展思维。哪怕传统思维者有过对变革的尝试和对新事物的妥协，那也只是迫于生存压力做出的困兽之斗。

我们无法用和平的方式让他们接受改变，这会让他们感到恐惧。新思维的生产方式、组织架构、渠道方法、管理工具、市场平台、分配制度等意味着要让他们先自我革命，他们当然会拒绝这种自杀式的、不可预见的、不可控的革新，他们认为这会要了自己的命。

对他们而言，与其面对主动革新的大概率死亡，还不如保持温水煮青蛙般的现状，毕竟这种慢性死亡是一个过程，而不是改革后的一败涂地。

所以，我们不能要求拥有传统思维的企业家朋友都拥有自我改革的勇气，毕竟不是每个创始人都有腾讯公司那样用自己新生的微信去颠覆自己稳固的QQ帝国的魄力，但是马化腾先生不也说过了嘛，假如不是腾讯发明了微信，那后果真的不敢想象，可能腾讯就退出历史舞台了，因为放弃创新和改革，他们错过的可能不仅仅是一个软件，更可能是一个时代。

传统思维的死局是可以预见的，不因他们的挣扎而改变。

这是传统思维的基因决定的，深入其骨髓。

传统企业和传统产业如果不能从底层基因上对自己进行理性而精准的改革，其命运必定是走向衰落和死亡。这就像丛林中的苍鹰，若想获得新生，只能对求变中的自己更狠一些，否则被动面对的将会是代表更强生命力的新主宰对自己的残酷淘汰。

那么，传统思维有生机吗？

有生机，受传统思维影响不深的青年群体有改变的生机；思维已经固化的中老年群体的创变生机很渺茫，但也不是绝对。这都不是我所担忧的，因为那是历史必然，是传统思维必然被创新思维颠覆者淘汰的前奏曲，是历史大潮留给前浪的一线希望而已。

我真正担忧的是，夹杂在传统思维和新思维之间的那群青年群体，那些代表无限可能的底层青年群体和青年接班人群体。

我担心，这种传统的老思维会通过泥沙俱下的伪经验传承、负面社会影响和扭曲的家庭教育，无分别地禁锢本该拥有全新思想、更大机遇、创新和创造力的新生代青年群体。

这种担心并不是空穴来风，在我接触的众多青年朋友中，就有两个很有代表性的现实例子，我简单讲给大家，冀望青年朋友们以此为戒。

第一个例子，是底层青年群体中的一位"95后"小伙伴的故事。

这个小伙伴是我的小师弟，从农村来到大城市求学，由于其脑子聪明灵活，加上年轻能吃苦，在大学期间就挣到了十几万元钱，这是很了不起的。

如果就这样发展下去，这将会又是一个青年创业逆袭的故事。

奈何，还是受限于基层群体的思维禁锢和传统思维的影响，此后的发展出现了巨大的反转。少年得志和小成功，让这个青年人过早地接触了跨阶层的社会群体和跨代的所谓的社会前辈，导致他对自我能力和发展定位出现误判，滋生了很多不良习惯：超前消费和超能力消费、物质攀比享受、面子工程、好高骛远等，并沾染了诸多社会习气，学会了请客、送礼、走关系、混社会。

甚至，受到老辈传统生意人的鼓动，想筹集大量非自有资金投资经营没落的转型限产的夕阳产业，好在他向我请教问题和进行融资的时候，我给他理性分析了此产业的巨大风险，以及他对此夕阳产业模糊而失真的渠道理解，在其中止投资后，经过几个月的观察，正如我当初所判，避免了投资失败。此后，他并未吸取教训，好高骛远的行事风格愈发明显，四处筹资以投机心理进入了更差的灰色领域，并在失利后开始消极生活，昼伏夜出，自暴自弃。蛰伏了半年左右，经过深刻反思，在朋友鼓励下，才重整旗鼓，慢慢走出低谷。

第二个例子，是一位"90后"超级富二代接班人朋友的故事。

这位朋友严格说是我一位企业家朋友的儿子，家境殷实，基础雄厚。他父亲是较早富裕起来的那批人，集团产业涉足矿产、地产、汽贸、金融等多个领域，在所在城市具有一定影响和地位，由于年龄等问题，逐渐交班给后代。

这也应该是一个好的开始，但最终还是受限于传统思维、家族环境和教育缺失等因素，导致其二代接班人出现了巨大的隐患。

比如，他父亲知道自身文化程度不高，强制要求后代学习文化知识并背诵古人圣训，可悲的是其子仅流于表面文章；见到商界朋友后不但没有晚辈应具有的谦恭，反而摆出一副成功企业家的骄傲姿态与大家夸夸其谈，引经据典，身边鱼龙混杂的商界朋友碍于面子，也是一味虚假地赞扬和奉承，自己全然不知这等行为何等粗陋而狭隘。

还有一些更大的问题，他从小生长的环境复杂和粗放，导致其接手家族企业后，不但没有做出创新和改革，反而变本加厉地延续了家族企业中传统的营商惯性，到处拉帮结派，吃喝玩耍，弄虚作假，套取信任，发展民融等，越来越恶劣的行为非但没有让他意识到涉法风险，反而成为炫耀的资本。并多次在企业家聚会中标榜说自己从来不与低层次的人和比自己差的人交朋友。多么可笑的孩子，这不但让人质疑其智商，更让人担忧其接班后所掌控的集团企业未来的发展。

如果，在这样传统思维影响下的青年群体，继续受到糟粕思想的侵蚀，仍然没有正向的价值观进行引导，那么这批特殊青年群体的未来将会是多么可悲；而拥有这样可怕传统思维的青年群体对未来社会和市场经济带来的是更持久的毒害，还会滋生更多的负面能量和衍生影响。

新思维的大生机

【章节核心】新老更替是社会进步的唯一通路。只有新思维才有生机，才能代表未来和希望，对传统思维的幻想，只会阻碍新思维前进的步伐。

"新"字在甲骨文释义中指用斧子砍伐木材，《说文解字》中解释为"取木也"，同"薪"。这是古人造字的智慧，我很喜欢这个单字的含义。

"新"字告诉我们，没有什么是不劳而获的，通过勤劳的付出，用斧头去砍伐赖以生计的木材，自用之余再拿去卖掉，获得薪酬。

"新"字在组词里面多代表了希望、变化、生机、付出、收获、吉祥等含义，也意味着对过去的放下和对未来的承接。青年一词相对来说也含有新的旁义，作为更有希望和未来的青年群体，更应该以新思维加持自我。

面对复杂多变的市场和未来的巨大不可预知性，只有用发展的、动态的新思维方式才能创造性地应对。新生代青年群体在出生的那一刻，就受到了快餐文化的多重洗礼，并接触了庞杂的新生事物和碎片知识，同时徜徉在信息的海洋；在进入社会后，受限于生存和现实，开始向生活低下了头，不但失去了激情和未来的方向，还迷失在嘈杂、物质的世界中。

每当看到丢失了灵魂和理想的青年人，我的内心都无比悲痛。

诚然，基层群体不拥有竞争优势，也不具备公平的竞争起点，甚至生活在城市夹缝中的人们看不到奋斗的希望。但是，这并不是我们选择逃避和沉沦的理由，青年群体拥有的其实也很多，比如青春、时间、成长空间和更大的可能性，只是在前进的路上忘掉了最初的梦想，也忽视了生命力的张性。

新思维就是通向自我改变的第二个重要因素。

我们在第一章里面说过了改变从思想开始，思想是改变的基础和原始推动力，新思维是改变的组织论和方法论。

新思维的形成依赖于我们对原有知识体系、经验积累、认知方法等的深度而本质的独立思考，是不依赖于外界影响而独立存在于头脑中的成熟的指导思想。我们掌握了代表改变的新思想和新思维，就能在生活和工作中给予自己更全面、独到、理性而富有创新性的引导，并能在此过程中更多地发现、发掘机会和机遇，用新思维去实现对新生事物的把握。

对于传统思维而言，新思维是富有跳跃性、创造性和能动性的融合，是对透过现象直达本质的一种认知开悟。在面对花花世界、芸芸万物的时候，能够指导我们坚定地冲出迷雾，发现方向，改变自我。

纵观人类社会的发展历史，所有记载的对社会进步产生过推动作用的历史人物，无一不是用新思维的视角和对背景时代的透彻解读，来实现其志向，进而为人类社会的进步和发展注入新的推动力。

例如，通过先秦的商鞅对不符合社会发展的旧法的变革，我们不难发现新思维带来的能动性，拥有先进思想的商鞅对保守派旧贵族的法古、复古的倒退思想的改造和严酷革命，让秦国为统一大业奠定了坚实的政治基础，其全新思维的变法主张也影响了中国上千年。

再如，改革开放后涌现出的诸多创新、改革的企业家：鲁冠球、张瑞敏、柳传志、任正非、李书福、马云、马化腾、李彦宏、雷军等，哪一位不是用适应时代发展的新思维理论框架去实现对传统思维的重组和洗礼？如果当今时代的商业翘楚不再是代表先进思想的革新者，那在不远的未来，迎接他们的必将是新的颠覆者。

任是如此，这一代商业翘楚的巨大商业帝国，也时刻面临着来自新思维青年创业者的挑战，因为时代的发展不是匀速的，而是在疯狂加速中。拥有颠覆性新思维的新生代创业者，在以前辈们完全想象不到的方式、速度和创造力变革着现有的市场格局，在商业大佬们惊愕的同时，催生着更适合新生代青年群体生存的游戏规则。在他们眼里，这些前辈们代表着传统思维和过去式。老辈的开创者最明智的选择就是奉献自己的肩膀，主动让这些新生群体踩上去，把未来更远的路让给更有希望的青年人去走。

前面也阐述过，新老更替是社会进步的唯一通路。

我们不能寄希望于传统思维对新生思维的妥协和协同，那是拥有传统思维者延续生存的狡猾手段，最终我们还是要分出一个主宰。

只有新思维才有生机，这是无可辩驳的事实。

任何对传统思维的幻想，只会阻碍新思维前进的步伐。

拥有新思维的新生代群体，应该坚定地用新思维做指导去完成自己的历史使命，就是继承性地颠覆前者，为新生群体开路。

新思维基于新生代群体的价值需求、成长环境、时代背景和对未来的预判，他们的思维方式和行事方法必然与传统思维者完全迥异。当然，在前进和探索的过程中，他们也会遇到坎坷和羁绊，但是，那是他们在成长路上必然面对的锤炼，他们只会比前人起来得更快，跑得更远。

本节最后，分享一个身边的基于新思想的好例子。

我一位做矿产和煤炭起家的朋友，身价不菲，早年经历了所有传统企业发展的路径。在日益严酷的营商环境和行业前景下，这位朋友开始思考二代交班的事宜。经过与其子的深入沟通，达成了如下默契：

1.这位朋友留存 5000 万元养老，维持晚年生活。

2.将所有企业和矿产折合近 2 亿元的资金留给后代经营。

3.他不再干涉企业经营，由后代自负盈亏。

不久，其"85 后"的儿子从国外学成归来。经过一两年的过渡和磨合，其子接手家族企业，并开始对集团企业和相关业务进行全面的梳理和整合。

与此同时，他儿子还拥有独特眼光和创新思维，成立了海归俱乐部和青年创业协会，将本城市曾出国留学和热衷创业的青年群体组织在一起，搭建思想交流的平台，定期开展联谊活动，熟悉彼此间业务和专长，发掘机会和储备人才。

随后，其子走访和考察了诸多上下游企业协作链和国内的主要科研机构，并重组了企业核心业务，不久，公布了集团新的业务板块，主攻环保技术和产业升级改造。这一举措，革了朋友原本传统业务的根，让原企业粗放式、高污染、低附加值的矿业和煤炭板块实现根本性转型。

不到三年时间，改革后的集团企业各板块业务陆续进入稳步增长期。其子前瞻性的布局和前沿技术的引进和持续研发，在满足了本企业生产和改造的同时，还为上下游产业链提供了高附加值的环保技术解决方案和环保设备，并通过海归俱乐部的诸多成员的家族企业实现了联合投资及产业转型，为资源型城市的企业转型和发展之路，开拓性地探索出了一条光明大道。

现在，其家族企业正在筹备上市，也进入了更加阳光和透明的管理和良性循环。由于其年轻化、高学历的管理团队和健全的财务体系，以及高科技板块带来的丰厚业绩回报，预计很快会登陆资本市场。

这就是新老思维的完美交接，也是不太多见的转型成功的家族企业，这不仅需要老一辈传统企业家具有很大的魄力，也需要青年接班人拥有较为扎实的新知识和新思维，融合过人的胸怀和格局，才能实现家族产业革新重生。

故事过后，更多青年群体在不具备这样雄厚的创业条件和资源储备的前提下，如何通过不同的路径和方法，实现曲线救国，这是一个更考验我们的问题。

破解"奶头乐理论"的魔咒

【章节核心】只要毁掉你的自律，你就会乖乖地把自己的时间和生命献给可以让自己发泄、沉沦、满足等构织成的奶嘴魔咒里。

这一节的内容与一个在国际会议中提出的有巨大分歧的理论——"奶头乐理论"（Tittytainment）有关，此理论故事的通俗版本描述如下：

1995 年，美国旧金山举行了一个集合全球 500 多名经济与政界精英的会议，聚集了全球的热点人物。

精英们一致认为，全球化会造成一个重大问题——贫富悬殊。

这个世界上，将有 20% 的人占据 80% 的资源，而 80% 的人会被"边缘化"。届时，有可能会发生马克思在一百多年前所著述的你死我活的阶级冲突。日微系统的老板格基（John Gage）表示，届时将是一个"要么吃人、要么被吃"（To lunch or be lunch）的世界。

美国前总统吉米·卡特的国家安全顾问、世界著名战略问题专家布热津斯基就是"奶头战略"的提出者。

布热津斯基给出了他的答案，谁也没有能力改变未来的"二八现象"，消耗"边缘人"的精力，解除其不满情绪的办法只有一个，便是推出一个全新的战略——"奶头战略"（Tittytainment），即在 80% 的人嘴中塞一个"奶嘴"。他指出要使这 80% 被边缘化的人口安分守己，实现 20% 的资产阶层高枕无忧，就得采取温情、麻醉、低成本、半满足的办法消除他们的不满，并为他们找到情绪的出口。

"奶嘴"的主要实现形式有两种：

一种是发泄性娱乐，比如，开放色情行业，鼓励暴力网络游戏，鼓动口水战，推动暴力美学的赛事。

一种是满足性节目，比如，拍摄大量的肥皂剧和偶像剧，大量报道明星丑闻，播放很多真人秀等大众娱乐节目。

这样一来，这些令人陶醉的消遣娱乐及充满感官刺激的虚拟产品就会堆满人们的日常生活，最终达到占用人们大量闲散时间的目的，让其在不知不觉中丧失思考和抗争的能力。

此时，只需要给那些被边缘化的人一口饭，一份工作，虚其心实其腹，他们便会沉浸在"无尽的快乐"当中，无心挑战现有精英阶层的统治，这就是所谓的二八法则矛盾现状的解决办法。

不需要任何的"动脑"，只需要为一众边缘人营造出一个无数次幻想的情景，或厌恶唾弃，或梦寐以求，让群体进入集体失智……

只要能够让底层的民众宣泄情绪，迷醉心灵，就达成了"奶头乐理论"的目标。在排空情绪之后，他们又将安分守己地工作，社会将持续繁荣、稳固。在快乐因子多巴胺的持续刺激和诱惑下，基层大众渐渐地适应了这种"娱乐至死"的生存状态，闲暇时间被娱乐充斥，独立的思考者越来越成为一种奢侈的存在，到最后，连拥有知识和思想的人都不敢尝试去突破禁锢！

基于此思想，作者推荐一部不错的法国科幻电影《虚拟革命》。

电影的基础逻辑是基于"奶头乐理论"和缸中大脑悖论。故事大意是：2047年的巴黎，随着科技革命的到来，超级垄断的虚拟游戏公司利用深度沉浸式的可穿戴游戏设备，实现了超真实的联网游戏场景，虚拟世界已经真实到难以区分真伪。进入游戏的人会获得空前的各类幻想的满足感，可以体验不同的人生，并会拥有完美的体验记忆。世界上有75%的人沉迷其中无法自拔，对他们来说，待在残酷的现实世界中已没有任何意义。人们将所有的时间都花在网上，以至于生活状态和环境变得非常糟糕和破败，游戏者要么变得肥胖，要么营养不良，人类的平均寿命更是迅速缩减到了40岁。偌大的城市，高楼耸立，却几乎成了一个空城。现实中有些边缘人组织起来对抗有着阴暗计划的游戏公司，试图将大部分底层人类从虚拟游戏中拯救出来，与此同时，游戏公司利用无处不在的物联网和可穿戴设备追踪和追杀这些试图挣扎的边缘人……

电影其他情节作者就不剧透了，感兴趣的朋友们可以去看一看，作者认为，这是对基层群体的人思考未来之路的好启示。

据说，鱼类的记忆力只有7秒，但是加拿大的微软公司的研究报告称，到2013年，普通人对事物的注意力已经下降到了8秒钟。一个接一个新的即时满足的刺激点，让人们只会专注于眼前的兴奋，进而忽略和丧失了深层次的独立思考。

财经作家吴晓波先生，曾经就对这个"奶头乐理论"进行过探讨，并延伸思考到当今的时代和社会。他在其文章和节目中曾说："奶头乐理论看上去很冷酷，却又距离现实很近。布热津斯基逝世了，但二十年前旧金山会议中讨论的话题还在延续，未来社会的发展恐怕也脱不出二八法则。"

吴晓波先生还说，今天的社会有两个新特点：

一是阶层开始出现固化，基层年轻人向上的空间似乎变得越来越小；

二是由于互联网的普及，资讯的收集越发方便、快捷，一切知识看起来似乎唾手可得，但反而让很多人失去了独立思考的机会，那种突破自我、不断创新的社会精神也将渐渐消失。

吴晓波先生的担忧不无道理，我们现在的生存现状无一不印证着每一个"奶头乐理论"预判中的场景。

作为困兽之争，虽然青年群体暂时没有能力改变现状，但是代表更大可塑性的青年人可以改变自己，让我们的嘴巴不被布热津斯基说的香甜"奶嘴"塞住，让我们宝贵的时间不被发泄性、满足性的游戏和娱乐塞满，让自己在这个无比喧嚣的世界中保持相对清醒的头脑和思考的能力。

普林斯顿大学心理学博士亚当·奥尔特写了一本关于心理学的书，叫作《欲罢不能》。他用异常清醒而睿智的"行为上瘾"观点阐述了我们所面对的多变时代，戳穿了这些迷惑众生的东西背后的阴谋诡计，并从六个方面来帮我们分析这些连续陷阱，分别是设定诱人的目标、提供不可抗拒的积极反馈、让人毫不费力就感觉到进步、给予逐渐升级的挑战、营造未完成带来的紧张感、增加令人痴迷的社会互动。

1. 设定诱人的目标。

给你一个虚幻的梦想，从而激励你去挑战。

比如，游戏一定要通关，朋友圈的步数一定要排第一，必须要看完所有更新的视频，戳掉手机软件上所有的红点等。

2. 提供不可抗拒的积极反馈。

以朋友圈的点赞功能为例，点赞本身所代表的含义就是我关注着你，我看了你的信息，并很有兴趣了解你。这种被众人瞩目的错觉让人得到了虚假而膨胀的反馈鼓励，促使人接二连三地发出更多信息。故而不难理解，几乎所有的社交平台都会提供点赞功能，因为你似乎正在被世界关注，所以你需要在这方面做得更好。通常来说，一个人只要被连续点赞和鼓励，他就什么事都干得出来，看看现今混乱而浮夸的直播乱象和网红现象，你就会明白一切。

3. 让人毫不费力就感觉到进步。

比如，在吃鸡等网络游戏中会有很多边缘人陪你玩，你可以酣畅淋漓地杀死他们，在那一瞬间你会产生一种无所不能的优越感和错觉。

现在，主流的互联网产品就是要把用户变得更愚蠢，因此，拍摄各类照片和视频也不再需要复杂的专业编辑技能，平台就可以提供现成的模板，用户只需要用简单动作模仿和对口型，就可以完成一个无脑的所谓作品，再加上前面讲的积极反馈的社交信息，就会错误地觉得自己是一个被埋没了的天才。

4. 给予逐渐升级的挑战。

最早应用这个心理来做生意的是各种 VIP 会员卡。比如，你通过消费会拥有银卡、金卡、白金卡等，这种分级会让你不断去挑战更高的级别。

后来，在各种游戏中，也都会有各种勋章或级别激励，刺激你去尝试更高的挑战。如果对客户设置一个无区分的级别，那客户马上就会流失。

5. 营造未完成带来的紧张感。

实现结果是人类大脑连线需要"闭合"的渴望,这种渴望在心理学里叫作"蔡格尼克效应"。这个效应的要点是，当一个人着手一件事情的时候，会产生出一套倾向于实现的紧张系统，完成任务就意味着解决紧张系统，而如果任务没有完成，紧张状态将持续保持，并会产生焦虑。

6. 增加令人痴迷的社会互动。

为了不让你感到孤独，连玩游戏都有专职的异性陪玩，并能获得对其的支配；为了不让闭塞而边缘化的你宅在家看电影时感觉孤寂，便诞生了弹幕互动，如此遮挡画面、干扰观赏的存在，仅仅是为了让你此刻感觉到有无数网友与你同屏；朋友圈的信息也会时时刻刻提醒你，如果再不更新和互动，你就会失去关注。人是社会性动物，每个人都迫切地渴望知道他人对自己的看法。如果看法是正向的，就会更投入，以求赢得更多正向的看法；如果看法是负面的，也会更投入，因为要证明他们的看法是错的。

这六大行为上瘾的因素可以说是当下互联网产品设计的秘笈，从产品原型、故事设定的角度来说无可厚非，但是从使用者的角度来说，这些充满心机的产品和服务正在毁掉你的人生。

在"行为上瘾"的时代，我们中大多数人至少有一种"行为上瘾"：无时无刻不盯着手机，不断刷朋友圈，通宵追剧，昏天黑日打游戏，频繁查看互动信息，追逐碎片知识，将创新创业标签化……

而那些生产和设计高科技产品及服务的人，却遵守着这样一个规则——自己绝不能上瘾。乔布斯的孩子从未用过 iPad，游戏设计师对"魔兽世界"避之不及，数量惊人的硅谷巨头们根本不让自己的孩子靠近电子设备……

这是因为：上瘾行为带来短期的快乐，却会破坏长期的幸福。

智能手机抢夺我们的时间，危害线下真实人际关系的质量。

电子游戏让千万人沉迷其中，失去了正常交流和学习、上升的能力。

可穿戴设备让很多人运动上瘾，出现了运动过量的伤害和数据攀比。

无处不在的高科技结合大数据分析、人物画像、跟踪推送等，让泛娱乐、物欲主义、利益至上、软色情、软暴力变得难以回避。

让用户上瘾就是快餐文化和情绪宣泄为出口的互联网各大平台研究的主要课题，所以当你玩着游戏，刷着朋友圈，看着多平台短视频的时候，背后有成千上万的团队正在费尽心思让这些产品更具有黏性。他们挖掘人性弱点，击破你的薄弱意志，让你欲罢不能地痛并快乐着。他们的最终目的只有一个：毁掉你的自律。

只要毁掉了你的自律，你就会乖乖地把自己的时间和生命献给这些东西；当然，你同时也会心甘情愿地奉上自己的金钱。

知晓这一切之后，你又会如何规划时间和安排未来呢？

蛰伏期的能量积累

【章节核心】蛰伏期是能量积累和量变叠加的过程，也是质变的必要充分条件。学习是蛰伏期最快提升自己的捷径，阅读也就成为最好的修养。

写到这里，正值 2020 年新冠疫情大暴发，全国进行了大规模的封城，甚至在联防联控措施的实施下，进行了街道和社区级别的防控和防疫，交通、贸易、生活似乎戛然而止。全国人民笼罩在惊恐而紧张的气息之下，但全国上下，齐心协力地与新冠疫情做着严酷的斗争。

这次疫情，让十几亿人瞬间被迫进入蛰伏期。全世界的多数国家也在其后的两个月内进入整体性的大停摆，政治、经济、生活、流动都近乎停滞，国外各种此前掩饰积压的社会问题接连在大慌乱中暴露无遗。

作者也蜗居在家，开始了蛰伏期的撰写工作。

得益于养成的阅读习惯，作者挨过了苦闷的封闭期。春节前从大学图书馆借出的十几本书，在封闭的两个多月时间内基本阅读完毕，还从网上订购了十多本书，用以丰富自己作为文科艺术生所缺乏的理科类知识。比如，对《宇宙简史》《时间简史》《人类简史》《世界简史》《哲学简史》等宏观系统知识的学习，以及对《存在之轻》《宇宙本源》《相对论》《相变论》《哲学与宗教》《完美理论》《量子力学》《生物学》《植物学》等专业理论著作的补充性学习，同时还在线查阅了大量植物学和量子物理、相变理论、超导理论、科幻著作和影视作品等诸多素材。这些蛰伏期的知识储备工作，为原计划中的开篇科幻故事部分的写作积累了大量物理学、哲学、生物学、植物学等硬核知识，进而把《群体经济 成长智慧 共享蓝海》《蓝叶战争》《心声集》和《暖巢》这四部书籍梳理出了相对完整的理论逻辑脉络，这就是一种蛰伏期的能量积累。

蛰伏期，就像蝶蛹的蜕变期，需要被幽禁在狭小的空间里对原来的躯体进行本质的细胞级整体改造，为脱离地面爬行做最彻底的塑身。当蝴蝶破茧重生，飞舞在蓝天、山涧和草原的那一刻，就是对蛰伏期能量蓄积的最好奖励。

蛰伏期，也像种子的萌发期，在最黑暗无助的地下，头顶着厚厚的土壤和砂石，负重千百倍于自己的压力，孤独且坚韧地汲取着四周的水分和营养，将稚嫩的须芽扎入更深更广的地下，并奋力冲破封印种子的阻力，最终挤破最后一层压力，破土而出。接受阳光、雨露的滋养和洗礼，拥抱光明和宽广的生存空间，长成茁壮的小草或参天大树。

蛰伏期是能量积累和量变叠加的过程，也是质变的必要充分条件。

人的青年时期和人生低谷就属于蛰伏期。在蛰伏期里，任何人都要受到源自内心的磨炼和蜕变，这时会对自己进行反复的思考、否定和认识、再肯定的纠结过程。如果能在人生的蛰伏期对自我建立清晰而理性的认知，对目前个人所处的环境、知识积累、资源积累、未来期望等有相对客观的了解，在未来的路上会走得更加稳健，也能在实践的路上少犯错误。

在人生低谷的蛰伏期，会伴随彷徨、孤寂、失落、无助、挣扎、迷茫、悲观等复杂的心绪，面对这些压抑的负能量，作者不建议用逃避式的"阿Q精神"

麻痹自己，更值得推荐的是身心锻炼、思考学习、自我认知。

首先，我们说一说蛰伏期的身心锻炼。

处于人生低谷的蛰伏期时，绝大部分人会被负面情绪所笼罩，并且这种长期压抑的负面情绪会通过精神意识传达给身体，造成更多负面的身体反应，如嗜睡、嗜酒、暴躁、暴饮暴食、不修边幅、消极懒散、生活规律失常等，进而又通过身体反作用于精神，加重负面情绪。所以，当我们处于这种状态的时候，要先保证在身心健康上不能跌入谷底，规律的锻炼能给大脑潜意识传递积极的信号和战斗力，要通过规律而持续的锻炼给处于低谷的精神以坚强支撑，相信我们能够减轻淤积在心中的负面情绪。

其次，我们谈一谈蛰伏期的思考学习。

思考是除了使用工具之外人类区别于动物的第二核心特征，动物也是具有学习能力的，所以思考是比学习更高级的思维意识形态。比学习更深一层的能力就是学习后的独立思考，思考会让学习后获得的知识更加融入自己原有的知识体系，在形成健全的自我认知体系的同时可以客观而理性地指导我们的生活和工作，带领我们走出人生低谷的蛰伏期。

学习是最快提升的捷径，阅读是最好的修养。我们很难想象一个丧失学习能力的人会保持成功，也更难想象一个热爱学习的人会永远失败。

最后，我们分析一下蛰伏期的自我认知。

一个人成熟的标志就是对自我有客观而清晰的认知。

自我认知是对自我的深刻、真实、理性的观察和评价，是对自身拥有的知识、资源和实力的客观衡量。

在面对生活和工作的时候，只有对自我有了准确认知，才能理性地指导自己去做各种事情，任何夸大和藐视自己能力的人都会犯下不同的错误。如果一个人不能够正确地认识自我，看不到自我拥有的优点，觉得什么都不如别人，就会产生自卑感，进而丧失信心，导致做事畏缩不前；相反，一个人过高地估计自己，就会骄傲自大，盲目乐观，导致生活和工作出现更大的失误。

因此，我们要恰当、客观地认知自己，克服不切实际而错误的自我认知。能够全面、真实地评价、认识自己，实现自我调节和适应环境，在生活和工作中寻找到适合的定位和角色，就会逐渐强化自我的思想体系，并建立完善的人格。这样才能自由、自信地展现最精彩的自己。

除了野蛮生长，我们别无选择

【章节核心】作为光着脚丫的奔跑者，我们除了相信、提炼自己，野蛮生长之外，真的别无他法。我们应该为野蛮生长、艰苦磨砺带来的老茧感到自豪，那代表我们会更有力量去从容面对这个世界。

处于社会基层的青年人，被收割似乎成了躲不开的命运。

作为社会大多数的基础阶层的青年人，受限于阶层的思维方式、行动路径、发展基础和周边资源等综合因素，很难从原有生存环境中跳跃出去，这也就导致二八法则的界限越发固化和凸显。

但是，又有谁愿做被收割的悲情韭菜呢？

跨越阶层，一直就是人类社会发展中基层群体奋斗的目标。

从封建社会中社会底层发出的"王侯将相宁有种乎"，到资本主义社会中无产阶级与资产阶级的残酷对抗，再到当今全球化带来的时代机遇与惨烈竞争，都不过是不同国家、不同社会的人们力争实现自身更高利益和价值的体现，也就是跨越本阶层攀登食物链顶峰。

说到阶层，必然躲不开对"公平"二字的讨论。

由于出发角度不同，关于公平的讨论不可能出现一致的答案。就作者理解的公平所言，除了时间在相对时空内呈现相对性公平，世间其他的人和事大多都是不公平的，甚至刚才说的时间在非平坦的宇宙时空褶皱中也是分布不均匀的，更何况渺小的人类世界。

趋于公平的路径只有两条：一条是基于制度的被动性公平，另一条是源于自我奋斗的主动性公平。

被动性公平，是通过社会主义国家基本制度来实现的，它能在绝对数量上实现社会分配制度的公平，保障绝大部分人民的福祉。幸运的是，我们就处在这样的社会，只是我们需要一个全社会成员共同奋斗的过程，来逐步实现和走向更加公平的共产主义。

主动性公平，是处于当前的社会阶段所能选择的最佳方式。虽然所有人的起点不同，但好在我们还拥有上升的路径和机会，也能通过奋斗获得不同的进步。如果以自我为参照，我们在奋斗路上前进的每一步，都是伟大的跨越自我阶层的阶段胜利。

有的青年朋友可能会提出异议：手无寸铁，拿什么抗争命运？

诚然，我们出身于不同地域和家庭环境，受到的基础教育和成年后面临的工作和生活环境也千差万别，我们手里对抗命运的工具寥寥可数。但是，这些都不是自我放弃和丧失斗志的借口。虽然我们没有占据优势的起点，但是我们仍然有很多方法去提升自己。

假如，人生是一场网络游戏，我们所有人进入游戏伊始都是同样的等级，只是少数人是人民币玩家，他们可以在很初级的时候就拥有更加绚烂的装饰性道具和用钱买来的别人炼制好的装备，大多数时候他们只是拿来主义的享受者，不拥有创造者和实干派的经验和经历。当然，人民币玩家看起来更逍遥和绚丽，但是，他们也是被培养的高级韭菜，是更高级的游戏开发者通过游戏规则设定的狩猎场中的真正猎物。作为大多数的普通玩家，因为不具有任何优势的先决条件，除了野蛮生长别无他法。普通玩家只能通过一步步的努力，亲手打造各种适合自己的装备，获得相应的奋斗奖励，并通过游戏规则寻找更多的成长空间，去做设备交易，买卖战利品，为人民币玩家提供服务等，在有一定基础等级之后成立游戏内的社团和帮派，通过团队合作来强化和扩大群体的生存空间，最终也站在满级的成员队伍里，游刃有余地应对所有竞争。

这样说来，人生何尝不是一场游戏，不同的是人生不能重来。所以，我们要认真地磨炼能力和意志，坚强对抗严酷的人生关卡。

在人生的这场全息游戏中，我们不能奢望，也不应该幻想那些不实用的人民币玩家的装备，比如，超越自身能力购买奢侈品和高端电子产品等来满足自己的虚荣心，其实那些东西没有任何实用功能，不过是孔雀的尾巴，用以吸引配偶的工具。超出能力部分的东西，只是在为自己虚荣的自卑心理买单。如果真正建立起了自己的知识体系和自信，那么这些泡沫般的渲染显然是多余的。

奋斗的路上，我们只需要武装好自己的大脑，擦亮自己的眼睛，忽略耳旁嘈杂的声音，用坚定的步伐稳步前进，在前进的路上解决各种生存问题。

只有奋进中的磨炼才能让我们获得成长。

我们不能抱怨父母的贫穷和平凡，也不能挑剔出生地的落后和闭塞，更不能因此产生哪怕一丝的憎恶与悲观。如果把这一切当成你的财富，就会发现你比别人多经历了不同的人生风景，这会让你更明确地知道自己奋斗的方向，也会在历经人生百味后让你的人生更加完整。

因此，作为光着脚丫的奔跑者，我们除了相信、提炼自己，野蛮生长之外，真的别无他法。我们应该为野蛮生长、艰苦磨砺带来的老茧感到自豪，那代表我们会更有力量去从容面对这个世界。

创变是根本出路

【章节核心】持续性地变化和变革必将是未来长期存在的社会现象。创变就意味着更多知识、技术、产业的融合、跨界、重组，这些变化都会对我们自身具有的能力提出更加苛刻而具体的考验。

在未来，创变对于任何领域、行业、从业者都是一个持续性的问题。创变本就没有确定性的释义，在本文中，我们把创变分解为创新、创造、变革、变通，这八个字浓缩了创变的主要含义。

持续性地变化和变革必将是未来长期存在的社会现象。

这种巨大的变化和变革必然会带来社会结构、经济环境、生产流程、组织方式、角色定位等综合因素的快速迭代和更替，作为生产力和生产要素最重要环节的人类，也一定会随着变化和变革呈现极大的角色切换和重新定位，生产关系进化带来的组织关系、生产流程的变化，也会传导给生产者和消费者，并用新的通路重新塑造这一切。

当人类用传统的生产方式不能继续为社会带来新增财富的时候，那就是制约了生产力的发展，就代表人类所主导的生产力给生产关系带来了发展限制，因此，就会有更具生命力和发展前途的创新生产关系迭代落后的生产关系。这是人类社会加速发展的必然结果，是不以个人意志为转移的社会进化的结果。

而制约未来经济发展的绝大多数企业和人群，就是不具有创变思维的传统企业和保守派企业家。我们很难相信听着收音机、看着电视成长起来的老辈人能够心甘情愿地向晚辈虚心学习，并去理解眼前这个连青年人都会迷失的科技大变革时代。一代人有一代人的使命，一代人有一代人的担当，更多时候，青年人应该主动接过老一辈同志手里的大旗，将创新、创造、变革的新鲜血液带入传统企业，而不是看着他们举着手中的大旗将企业带入泥潭和深渊。

如果青年人没有创变思维，那他们加入企业和组织后，就会代表落后的制约因素，代表从思想到行为上的落伍，代表应被淘汰的群体，也就必然没有出路，在不远的未来也会被社会逐渐无情抛弃，成为新时代的寄生群体。

创变思维，不是说我们必须懂得一切应对知识，而是说要深刻明白这个社会和大环境在以加速度发展和前进，原有的思维体系已经跟不上这种变化的速度了，我们需要掌握一种新的变化中的思维，能够将我们看到的、了解的、掌握的知识和资源进行创造性的重构，赋予其新生命。在未来的市场经济根本不缺乏物质供给，甚至还会产能过剩的环境下，能够创新性地提供不同的产品和服务，以满足更加具体和多样化的消费需求，让产品和服务变得具有普适性和针对性，才能带来全新的生机。

创变就意味着更多知识、技术、产业的融合、跨界、重组，这些变化都会对我们自身具有的能力提出更加苛刻而具体的考验。

未来的青年群体必然是拥有一专多能的复合型人才，在这种基础上，对自己专业内的知识还必须有非常深刻和独特的理解，这样才能在理解原有存在关系的前提下提出创新性的架构。

现在全世界的学术对量子力学有一个基本认知，即不确定性原理。我们所面对的世界和宇宙是不确定性的，世界中的任何事物的存在和发展都是不确定性的。虽然我们在丢失一些核心要素的时候，可以在宏观上预估某些事物发展的轨迹，但是当我们深入到事物的本质和微观世界的时候，就无法预估任何一种变化。面对这一切不确定性，我们能做的就是用不确定性的方法去对待不确定性的变化，并用创变思维去适应这种变化。

创变带给人的感觉特别像解构主义。

从 19 世纪末，尼采喊出"上帝死了"，要求重估一切价值，并对传统和现代中存在的单元、结构、秩序、形而上、思维、习惯、标准、原则等加以质疑和批判性地继承；解构主义用分解的观念，强化打碎、叠加、重组，抛弃确定性。创变和解构主义这二者的思想精髓如出一辙，都是对确定性、决定论的无情颠覆，用不确定性去迎接变化，以运动和变化的思维去思考更加多变的未来社会。

伯乐与千里马的时代悖论

【章节核心】能够封闭一个人上升通路的只有他自己，在当今超高兼容性的信息时代，怀才不遇是一个伪命题，真正的天才是掩盖不住其光芒的。

唐代著名文学家韩愈的《马说》，其文如下：

世有伯乐，然后有千里马。千里马常有，而伯乐不常有。故虽有名马，祇辱于奴隶人之手，骈死于槽枥之间，不以千里称也。

马之千里者，一食或尽粟一石。食马者不知其能千里而食也。是马也，虽有千里之能，食不饱，力不足，才美不外见，且欲与常马等不可得，安求其能千里也？

策之不以其道，食之不能尽其材，鸣之而不能通其意，执策而临之，曰："天下无马！"呜呼！其真无马邪？其真不知马也！

相信很多读者朋友都读到过这篇千古佳文，其含义这里不再重新普及，不明了的可自查之。

作者在本节所讨论的时代悖论话题并非是对韩愈古文的反对与菲薄，而是讨论在不同的时代背景下所呈现的相异的人才观。

读者朋友们应该辩证地看待这篇古文，不能以此自诩怀才不遇、天妒英才、惆怅满心、抱怨时运，因为这都无济于事。

《马说》时代悖论的第一点：世间先有伯乐，然后有千里马，千里马常有，伯乐不常有。

这句话的时代背景是在唐朝封建社会的政治体制下，以君主和统治阶级的政治需求取士，而这种政治体制下的伯乐多为权贵阶级，他们在很大程度上决定了人才的命运走向；再加上人才是有针对性、封闭式的靶向学习，在丧失统治阶级选才任用的机会后，很难在社会上取得其他方面的伟大成就，文人多以农、工、商为下品，不齿与市井之流共处之。因此，其才学适用性止于科举制度，多数怀才不遇其伯乐的穷书生就必然会成为一无是处的千里马。

而现代社会的开放式教育，以基础文化、自然、科学等知识为基础，以兴趣、爱好、特长等为自由选择方向，人才的学习和发展曲线是多向性、开放式的。而且，在现代社会中，人才的学习是持续性的积累过程，不断在丰富和补充自有的知识体系，所以人才的适用性就变得异常宽泛。在现代社会，自媒体、大数据、直播、万物互联等多重科技工具都可以自由地为人所用，一个人若真的有才华，不可能一直被埋没，这就好像青年作家韩寒在《三重门》里说的："怀才如怀孕，时间久了总能看出来。"如果真的是天才，那是任何东西都压不住的，任何阻力都不可能遮盖一个天才的光芒，就像作曲家贝多芬，失去听力的他依然创作出了诸多世界名曲：《第七交响曲》《第九交响曲欢乐颂》《第三钢琴协奏曲》《战争交响曲》《庄严弥撒曲》等。

《马说》时代悖论的第二点：即使有千里马，也只能屈从于仆役，和普通的马并列死在马厩里，不能以千里马著称。

依然是时代背景的迥异，封建社会中，确实存在人才晋级的选拔问题，以及安身立命的环境恶化的问题，导致良莠不分、劣币驱逐良币的现象经常发生，让人才处于最卑微、无助的底层社会，受尽各阶层的冷遇。

但是，时代变化了，当今社会中就业、创业、自由职业等生存方式异常灵活和丰富，不存在人才在一棵树上吊死的绝对性，如果说人才需要环境对他精心呵护、关爱备至、优化对待，那么这种温室花朵一般的人才多半也是"废柴"。一个连环境适应性都不具备的所谓人才，怎么可能提前获得特殊的优待，那岂不是对更多"潜龙"的不公平？人人都声称怀才不遇、环境不公，又有谁真正为了自己的命运翻盘和才华展露而付出过异于常人的努力和求索呢？只能说这样自命不凡的人才多属于顾影自怜、虚有其志罢了。

《马说》时代悖论的第三点：喂马的人不懂得要根据它的食量而多加饲料来喂养它。这样的马即使有日行千里的能力，却吃不饱，力气不足，它的才能和好的素质也就不能表现出来。想要和普通的马一样尚且办不到，又怎么能要求它日行千里呢？鞭策它，却不按照正确的方法喂养它，又不足以使它充分发挥自己的才能；听它嘶叫，却不能通晓它的意思。

这个论断在古代的封建社会还能勉强成立。依然是那个时代的政治制度和社会环境导致的埋没人才的现象，整体封建社会的分配制度和官绅阶级对政治和经济的垄断，导致人才需要依靠其供养和赏识才能够生存于社会，并在更久的时间后才能实现其价值，甚至是没有价值体现。而脱离具体社会背景的声讨，就会变成毫无意义的穷酸书生的牢骚。

时至今日，能够封闭一个人上升通路的只有他自己，在当今超高兼容性的信息时代，怀才不遇是一个伪命题，真正的天才是掩盖不住其光芒的。如果一个人完全受到环境的制约而不能表达自己的优秀，那或许说明这个人还不够优秀。没有外界对个人综合能力的磨砺，这个人就不可能拥有和驾驭更多资源，轻而易举获得的成就也一定会在日后毁在自己手里。如果人才的成长都必须依赖良好的环境和物质基础，就更容易将一个人的意志和努力导向功利主义。

伯乐与千里马的人才与境遇的问题，应该是需要用跨越时代背景的分析方法去区别看待的，甚至在不久的未来，对人才和境遇这个问题的讨论，也会进化成完全不同的概念。

时代进步在加速，人才观念的进步应该更快才能适应其变化。

本节最后，我更愿意用另一篇先哲的古文来抒发我们在未来社会应该具有的人生态度，那就是被韩愈列为先秦儒家继承孔子"道统"的人物，战国时期的哲学家、思想家孟子所著的《生于忧患，死于安乐》。其有"民贵君轻"的先进思想，被后人称为"亚圣"，所著的《孟子》一书囊括了很多具有哲学思辨思想的佳作，如《鱼我所欲也》《得道多助，失道寡助》《富贵不能淫》等，尤其是节选自《孟子·告子下》的《生于忧患，死于安乐》中论证严密、雄辩有力的说理散文，更是代表了其哲学思辨的基础，也是作者办公室悬挂的开篇插图书法以明志自励的座右铭之一，其文如下：

天将降大任于斯人也，必先苦其心志，劳其筋骨，饿其体肤，空乏其身，行拂乱其所为，所以动心忍性，曾益其所不能。

人恒过，然后能改，困于心衡于虑而后作，征于色发于声而后喻。入则无法家拂士，出则无敌国外患者，国恒亡，然后知生于忧患而死于安乐也。

做自己的救世主

【章节核心】希望，只眷顾做自己救世主的人。人，生来就是一场走向远方和独立的苦旅，与其渴望那遥远的救世主，不如在内心深处，用这份虔诚为自己搭建一条迈向理想的天梯。

在法国革命家欧仁·鲍狄埃作词的《国际歌》第二段中有这样的呐喊：从来就没有什么救世主，也不靠神仙皇帝！要创造人类的幸福，全靠我们自己！我们要夺回劳动果实，让思想冲破牢笼！

这三句歌词直接给我们阐明了三个核心真理。

第一，从来就没有什么救世主。我们作为弱势群体一直仰望万能的神带给苦难人生以解救，但是从人类的发展史来看，遥远的救世主似乎遗忘了他人间的儿女，对人间疾苦视而不见。

第二，要创造人类的幸福，全靠我们自己。这句话生动地告诉我们，呼救是徒劳的，人类要想改变自身的处境，只能依靠自己的智慧和双手，改变生存和发展轨迹，去寻觅更光明的未来。

第三，让思想冲破牢笼。这是很关键的一句话，它告诉我们，一切的抗争和自救都始于思想的解放，带着枷锁的思想跳不出华丽的舞蹈，只有思想得以解放，才能创造最幸福的人生。

建议阅读到这里的读者朋友们，去听几遍以重金属摇滚为主要曲风的唐朝乐队演唱的《国际歌》，比很多版本更有气魄，也把国际歌压抑、抗争的内涵完全呐喊出来，非常鼓舞人心，相信你会有更深刻的触动。

人，生来孤独。孤独的内心往往需要一个精神的依靠。

很多时候，基层群体都不具有更高的知识和智慧，足以指导自我的人生方向。所以，寻找一个慰藉自己灵魂的救世主就显得顺其自然，这个救世主可能是宗教、政治，也可能仅仅是对某人、某物的信仰和依赖，并表现出对救世主的忠诚、服从和排他性，逐渐丧失独立思想和自我，演化出群体性的愚昧和无知，进而出现群体性的迷失和迷茫。

同样崇尚自由的19世纪法国的著名社会心理学作家古斯塔夫·勒庞，在所著的《乌合之众》大众心理研究里面就清晰地说："精神领袖（救世主）之所以会拥有如此的权威，是因为群众的奴性心态。"因此，没有自主意识的人，不管谁是主人，他们都会本能地倾向于臣服。

要做自己的救世主，首先要做一个自由的人，而一个自由的人必然先拥有自主意识和自由思想，其次才是行为的自由，任何脱离精神自由讨论行为自由的言论都是诡辩论。

拥有自主意识和自由思想的人，无时无刻不与潜意识里的劣根性做着持久的斗争，并与行为进行着持久性的对峙与说服。

改变自己远比改变别人来得更困难。

这是由于作为高级动物的人类，天生具有趋利避害的基因。人们总是期望在自己少做动作，甚至不做动作的前提下就获得期望的结果，不劳而获是人们刻在骨子和基因里的天性。只是在物种进化和文明发展的干预下，我们解决了生存问题后，才把劳动和创造视为最美的过程。

与梦想不同，现实往往是异常残酷和无情的。

以前的社会物质供应处于紧缺状态，人们的知识文明属于匮乏期，所以大家的梦想就是吃饱饭，穿暖衣，有房住；现在的社会物质供应极其丰富，人们的知识文明属于井喷期，在满足生存需要后，梦想开始变得千奇百怪，各种欲壑难填的需求充斥着大脑，不仅吃饱饭，还要吃得健康吃得有格调；不但要穿暖，还要穿出阶层和身价；不但要住大房子，还想要保姆伺候……这些还只是欲望的冰山一角。

现实是什么？现实就是我们能吃饱饭，穿暖衣，有房住，就已经超越大部分人了，更多的人依然挣扎在生活的底层，他们只能吃着打折的食品，在狭小的房间里看着洗脑的偶像剧，幻想灰姑娘遇到王子、穷小子迎娶白富美的故事落在自己身上，抑或失联了的华侨亲戚临终留给自己一大笔财富。这就是拥有彩票人生的基层群体的生活，寄希望于奇迹，以挽救自己破败不堪、苦苦挣扎的基层贫苦生活。

由于缺乏正确的人生导向和为之奋斗的清晰路径，大部分身处底层的人都无法走出本阶层，于是，他们的生活里便有了各种救世主，寄托他们对生活的全部希望，比如，对上司、领导、福利、彩票、儿女等赋予的期待，以及更加具体的对权力和物质的信仰，这都是弱势群体的狭隘思想。当然，这些美好希望大多时候都是泡影和徒劳，更多的结果是他们的救世主会一如既往地让他们失望。

希望，只眷顾做自己的救世主的人。

相信自己是自身的救世主，就会学会客观地审视和评价自己。找到自身的不足，通过学习、锻炼和回避等连续动作让自己变得更优秀；找到自己的优点，加以强化、改进和实践等系统行为，让自己变得更与众不同，把更优秀的自己放置于身边一切机会、资源、实践当中去，增益所不能。这才是打通强者任督二脉的秘诀，也是我们应该具有的自救心态。

只要意识到制约自我的这些本质问题，改变就为时不晚。

所以，请在我们心中放一个救世主——自己。

面对巨人微笑

【章节核心】我们站在巨人的肩膀上，不代表就一定会超越巨人，只是多了了解巨人的路径。只有了解了巨人的致命缺陷，我们才能借助空隙去发展和成长，才能够在未来与巨人相抗衡，用更先进的组织架构和分配制度实现超越和取代。

在未来的世界，由于马太效应，必将是体量巨人纵横的时代。

这个世界上的经济和资源毫无疑问地在向头部聚集，并逐渐被不同的寡头巨人所垄断，它们富可敌国，它们渗入人类生活的方方面面，它们直接或间接地控制和影响着大众的精神、行为和生存，它们如原始森林一般野蛮而茂密地生长，又如大山一般不可动摇。

就像美国一部改编自安德鲁·罗斯·索尔金著作的纪录片《大而不倒》里说的那样，那些影响全球经济走向的行业巨人在经济和生活里绑架了政府和公民的选择权，由于其巨人帝国的影响渗透到国民生活的点点滴滴，导致国家和人民不能突然失去对巨人公司的依赖。出于对政治维稳和国家安全的考虑，在这些规模极大或在产业中具有关键性重要地位的巨头企业濒临破产时，政府不能等闲视之，甚至要不惜投入公共财产相救，以避免那些企业倒闭后所掀起的巨大连锁反应，造成对社会整体更严重的伤害，由此让寡头巨人公司处于相对不倒的境地。

这样的公司非常多，每个领域的头把交椅都被一两个这样的公司所占据，其财富可以碾压世界过半的小国家，其产品和服务可以引起整个产业链条的巨大波动和洗牌，更有甚者会影响一个国家的政治和稳定。比如，世界影响力第一梯队的有美国国际集团（AIG）、花旗集团、高盛集团、摩根集团、通用集团等，影响力第二梯队的有微软集团、苹果公司、谷歌公司等；国内影响力第一梯队的巨头公司主要是国有集团，影响力第二梯队的民营企业有华为、阿里、腾讯、平安集团等。

那是不是说这样的巨人会永远处于不倒的地位？答案是否定的。只是它们对国民的影响力太大了，它们的倒闭会极大影响国家的短期稳定，在国家层面能接受的是它们被稳定替代，而不是毫无准备地轰然倒塌。但是世界上没有什么是不可能的，比如，已经倒闭或实质破产的巨人企业雷曼兄弟、柯达、摩托罗拉、诺基亚、乐视等，除了让一部人变得困难，世界仍然在转动。

内观弱小的青年群体和社会基层的群众，在面对行业巨头和垄断性组织的时候，被它们的金融、产品、服务、大数据等各种手段，禁锢住了自由的思想和行为，在它们面前的抗争和努力显得羸弱无力，似乎除了臣服别无选择。其实，巨人也是由具体的事物和规律组成的，也是通过早期颠覆性的技术、创新、重构来实现快速生长，并在发展的过程中优化了组织进化模式，在垂直领域或跨行业领域实现了强大的市场支配力。

我们只要获得了智慧的加持，能够理性地理解巨头公司发展的路径，并学会和掌握组织事物的本质方法，实现小巨头还是很有可能的。而超级巨人的成长是需要时代背景和风口机遇的，这不是个人能力所能左右和支配的，正如长辈常说：小财靠勤奋，中财靠智慧，大财靠命运。

青年群体是最有希望突围的，如果从本质上解构了巨人的成长史，并掌握了巨人行为的基本运行法则，同时能在当前和未来的时代中发现改变和推进社会前进的方法，就可以将这个方法落实到对具体事物、组织关系、生产关系、生存模式的改造和创新中去，那么上代的巨人就是你脚下的基石，它们的存在反而会让你看得更远。

我们站在巨人的肩膀上，不代表就一定会超越巨人，只是多了了解巨人的路径。只有了解了巨人的致命缺陷，我们才能借助空隙去发展和成长，才能够在未来与巨人相抗衡，用更先进的组织架构和分配制度实现超越和取代。这非常像希腊神话中的巨人安泰俄斯，他力大无穷，只要不离开地面，就能从大地母亲盖亚那里获取力量。同样是大力神的赫拉克勒斯知晓了安泰俄斯的秘密，把安泰俄斯举到空中，使他不能从大地母亲盖亚那里获得力量，将他扼死在空中。赫拉克勒斯成为希腊神话中最伟大的神。后来，人们就用安泰俄斯的故事比喻精神力量不能脱离物质基础，或是一个人或组织不能背离他的祖国和人民。

面对巨人微笑，要具备过硬的基本功，更需要胆识和魄力。

只需要坚信一个理念，这个社会终归是属于年轻人的，终归是要交到年轻人的手中，未来的社会要依托一代代的青年人为主体力量。

社会的革新和换代会更加快速，只有青年群体才能够接受和消解如此高速的社会进化压力。我们只需要在世界科技大爆炸时代全面到来之前，做好青年群体自身能力的凝练，用独立的、健全的知识体系去认知和解构这个全新的时代，并用积极的思维和行动，去改造和影响未来时代的形成和发展，成为下一代新的群体巨人。

江山代有才人出，各领风骚数百年。

希望我们英雄不问出处，时刻用年轻的心去面对这个世界。

面对巨人，灿烂一笑。

第三章

革新重组

做陈规的重塑者

【章节核心】善建者必善破，掌握了事物建立与破除的基本规律，就会逐渐掌握这种规律的节奏，继而可顺势而为地指导自己走向稳步的成功。

规矩可泛指规则、礼法、法度、标准等，陈规就是指陈旧过时、不再适用的规矩、规则、标准和法度。规矩的设立是为了让大家遵守符合时代的共同界限，在时代的变迁中，陈规也包含着被打破的隐喻。

中国伟大的领袖毛泽东主席在《新民主主义论》中提出了"不破不立，不塞不流，不止不行"的斗争理念，告诫我们不能对束缚社会发展和自我发展的东西心存幻想，要勇于去打破，破而后立。

既要破，就要破得彻底，才能破后重立。并且，要做最早的陈规破坏者，要勇敢地吃这第一口螃蟹。当时代机遇、趋势来临的时候，全社会不超过5%的人能嗅到商机，只有不到2%的人会采取行动，不到1%的人会占据先机，并在自由广袤的市场中排兵布阵、运筹帷幄，为早期事业打下坚实的基础。

可能，有的朋友会跳出来唱反调说，最早下水的弄潮儿都淹死了，应该站在第二梯队，让第一梯队为我们去试水，我们再后来者居上。

在现实社会中，确实有这样的大公司是靠模仿、跟随、再组合的方式实现产业龙头地位，但是我们不能以此作为未来发展的指导思维，这是非常危险的惯性逻辑，会让我们轻视知识产权，漠视付出，产生惰性，失去核心竞争力。这样精致的利己主义型企业就像大杜鹃鸟，虽然杜鹃鸟属于林业益鸟，但其将鸟蛋下在别的鸟窝的行为实在令人不齿。这种巢寄生行为发生在原始的自然界还勉强能理解，放置到文明的人类社会中，丢弃创新发展，仅以规模优势和拿来主义去窃取、模仿其他企业，最终会让企业和组织被市场所抛弃，逐渐走向末路。并且，任由这种行为发展下去，会形成劣币驱逐良币的恶劣营商环境，最终的恶果会通过产品和服务借由市场输出到消费者身上。

"芳林新叶催陈叶，流水前波让后波"，这是《人民日报》人民论坛对"中华人民共和国成立70周年"的社评。指出："开拓创新是一种鲜明的政治品格"，并倡导按照习近平总书记的要求要"勇于推进理论创新、实践创新、制度创新、文化创新及各方面创新，通过革故鼎新不断开辟未来"。

面对陈规，作为承接未来的青年群体，应该以"新技术、新产业、新业态、新模式"这四新作为征战事业版图的底层逻辑，以新生代的信息技术革命、新工业革命、智造业与服务业的融合发展为产业背景，结合现代大数据信息技术的嵌入，以技术和场景的创新、架构应用为基本内核，以市场快速迭代的新需求为根本导向，走出具有青年群体时代特征的发展轨迹。

青年群体是陈规的主要打破者，这是知识背景的必然选择。出生在千禧年左右的青年人是这波革故鼎新的主力军，具有强大学习能力的"80后""90后"也是这波革新大军的推动者和奠基者，当然我们也不能否定"70后"对进入信息时代所做的基础搭建和破釜沉舟般的革新尝试。

千禧年前后的青年群体，面对着未来10~15年的伟大颠覆期。2020年至2035年，是重构和重组社会经济结构、生态组织平台、新商业模式、智能智造产业化、产业链、价值链、文化的伟大窗口期。这15年的新市场经济的到来意味着更多的动荡、机遇、推倒、重建、颠覆。青年群体能否在这个时期内快速稳健地掌握个人成长的路径、事业成长的基础和法则，是决定未来命运和远期幸福的根本基础。新时代已经到来，不以个人意志为转移，我们只能选择加入，甚至连逃避的权利都没有，因为逃避就意味着被淘汰。

破陈立新是实现阶梯式进化的必然选择，也是青年群体实现自我价值的根本方法，同时还是本书所倡导的主动实现新老更迭基本内涵的构成部分。一个善于打破的青年创业者会拥有更多的机会选择面和出围胜算率，学会打破旧有的建制和规矩是青年创业者的基本功，打破后如何实现重建才是决胜法宝，善建者必善破，掌握了事物建立与破除的基本规律，就会逐渐掌握这种规律的节奏，继而可顺势而为地指导自己走向稳步的成功。

做陈规的破坏者，要有一个基本底线，那就是不要触犯法律和道德的底线，更不要尝试游走在法律的边缘和逾越政策的红线。陈规的破坏不是对制度、法律、政策、生态、安全、生存和道德的试探，更不是对它们的打破，一个漠视基本法制、社会道德、价值尺度和人生原则的伪创新破坏者，一定会走向社会的反面，也一定会滑入危险的泥沼，其结果也一定是可想而知的以悲惨收尾。

法德之内均可为

【章节核心】自由来源于法律和道德对我们的基础保障，对法律和道德的藐视也就是对社会底线的挑战，更是对我们所拥有的自由权利的挑战。任何时候，我们都应该将法律和道德作为思想和行为的准绳。法律和道德是自由的保护神。人获得自由有两种方法：一种是给能力做加法，叫"曾益其所不能"，另一种是给欲望做减法，叫"水利万物而不争"。

上一小节谈到了做陈规的破坏者要有一个基本底线，就是基于制度、法律、政策、道德、生态、安全等为界限的底线，这其中有两个基本底线是我们做事的核心尺度：法律和道德。

青年群体对法律和道德的认知程度代表了其思想和行为的成熟度。

法律是国家的统治工具，其目的主要是保护人民大众的利益。它是由国家制定或认可的，并以国家的强制力保证实施，反映由特定物质生活条件所决定的统治阶级意志的规范体系。我国实行人民民主专政的社会主义法系。

法律可指向宪法、民法、行政法规、地方性法规、自治条例和单行条例等。法律是从属于宪法的强制性规范，是宪法的具体化。宪法是国家法的基础与核心，法律则是国家法的重要组成部分。

道德是社会意识形态之一，是人们共同生活及其行为的准则和规范。道德通过社会或一定阶级的舆论对社会生活起约束作用。

2019年10月，中共中央、国务院印发了《新时代公民道德建设实施纲要》，并发出通知，要求各地区各部门结合实际认真贯彻落实。总体要求里写道："要以习近平新时代中国特色社会主义思想为指导，紧紧围绕进行伟大斗争、建设伟大工程、推进伟大事业、实现伟大梦想，着眼构筑中国精神、中国价值、中国力量，促进全体人民在理想信念、价值理念、道德观念上紧密团结在一起，在全民族牢固树立中国特色社会主义共同理想，在全社会大力弘扬社会主义核心价值观，积极倡导富强民主文明和谐、自由平等公正法治、爱国敬业诚信友善，全面推进社会公德、职业道德、家庭美德、个人品德建设，持续强化教育引导、实践养成、制度保障，不断提升公民道德素质，促进人的全面发展，培养和造就担当民族复兴大任的时代新人……要把社会公德、职业道德、家庭美德、个人品德建设作为着力点。"

同时还提出了重点任务——筑牢理想信念之基：人民有信仰，国家有力量，民族有希望；培育和践行社会主义核心价值观；传承中华传统美德；弘扬民族精神和时代精神。

不难理解，法律和道德是一个国家实现基本运行、保障公民基本权利、维护稳定发展的天平；一个是强制性措施，另一个是约束性共识。我们不能单一地去理解这两个拥有极大意义的国家的底层建设，只有建立在法律和道德体系内的事物，才能获得国家、社会、人民的认可，才能实现基业长青。

青年群体是胸怀热血的特殊群体，是代表力量、新生、继承、发展的群体，如果不能建立好自己对法律和道德的基本认知，就会在未来的社会中掣肘自身的成长和事业的发展。因此，对于法律和道德的学习、认知、宣传、践行，应该是我们所有人终生的课题和使命，不能因为自身利益去试探和逾越法律和道德的底线。

除此以外，在不违背法律和道德底线的前提下，作为青年群体的时代新人，可以昂首挺胸地迈出不同印记的步伐，探索全新的、未知的未来世界。

我们的自由来源于法律和道德对我们的基础保障，对法律和道德的藐视也就是对社会底线的挑战，更是对我们所拥有的自由权利的挑战。任何时候，我们都应该将法律和道德作为思想和行为的准绳。任何市场经济中的创新、创造、科学技术、产业颠覆、商业模式架构、组织方法等，都应该以法律和道德为思想和行为底线，否则必定会走向国家和人民的对立面，成为法律和道德的破坏者，非法拥有的一切也必定会被法律和道德所击破。

出生在中国山东的美国出版商、《时代周刊》《财富》《生活》的创始人亨利·卢斯，曾经在其1947年资助成立的"新闻自由委员会"上发表了一篇对世界新闻界具有重大和深远影响的报告《一个自由而负责任的新闻界》，并将"社会责任论"作为媒体人的事业基础，文中谈到"负责任的自由，带着镣铐的舞蹈"，可见自由永远与责任相伴，没有责任作前提，所谓的自由就会被滥用。

自由更是一种能力。人的成长是一个自由权益逐渐扩大的美妙过程，随着成长和成熟，你可以开始自由地选择生活方式、消费、工作、择偶、恋爱及生育。当然，随着自由带给你的好处越来越多，同时你也就必须承担起越来越多的责任。自由与责任不是对立关系，而是不可分割的整体。一个人获得自由的方法有两种：一种是给能力做加法，叫"曾益其所不能"；另一种是给欲望做减法，叫"水利万物而不争"。提高能力让我们能够承担更多必要的责任，从而获得更多的自由；同时，降低无止境的欲望，让我们能够平静下来，让负重的生命变轻，获得最大的人生自由。

法律和道德是自由的保护神。

因此，在法律和道德的基本约束之内，我们可以尽情地发挥和尝试，为了事业、梦想、幸福、自由和未来，做一个有底线的、绅士的破坏者。

挖掘底层逻辑

【章节核心】底层逻辑，就是看透事物的本质，以此给事物一个直达精髓的释义，也是关于事物最基本的、核心的、逻辑性的基础架构。挖掘底层逻辑，要在学习的同时，学会独立思考。没有独立思考能力的人，只会被碎片知识和精神领袖左右思想，逐渐堕入随波逐流的深渊，更容易在未来纷繁多变的社会中迷失自己的方向。

有关底层逻辑的话题，总会引起不同的争议。

比如，马云说一个人的底层逻辑决定了他的生命格局，他认为价值观是一个人的底层逻辑；而《底层逻辑》一书的作者张羽认为，思维、行动、格局和价值观是底层逻辑的核心；还有，罗振宇在 2020 年《时间的朋友》跨年演讲中对基本盘做了展述，也与底层逻辑呼应了起来。

底层逻辑，这是一个很有意思且没有标准答案的词组，就像作者这两年一直参悟的"得未曾有"和"慎独"的释义，它需要自己根据不同的语境和所处的人生阶段去灵活解读。所以，关于底层逻辑，我们也仅以适宜新青年群体理解的方向和发展的本质做启发性探讨，这里主要涉及个人发展和事业发展。

个人发展的底层逻辑，相对容易理解和探讨，本书写作的框架就是对新青年群体的底层思维进行架构。

个人在不同的成长环境、知识背景、社会资源等条件的综合影响下，必然会出现完全不同的成长和发展的曲线，但是其成长中所面对的基本问题相差无几，比如，完整人格和价值观的建立、系统化知识体系的学习和积累、行动与实践的回路叠加、人类生物个体的共性优缺点等，这些都是青年人成长发展中必然要面临的基本盘和底层逻辑。很多讨论技术和科技发展的书籍对青年群体的指导意义会越来越薄弱，因为科学和技术的发展迭代速度实在是太快了，而青年群体面对的时代进化速度又不允许他们有那么多的时间去慢慢消化硬核知识。只有用更有逻辑性的方法论，才能真正指导青年人更好地适应当前社会的演变速度，才能让个体从思维到思想上与时代同行或超越时代。

个人底层逻辑的构成涉及本书其他内容的重复讨论，这里不做赘述，我们仅对个人发展诉求的底层逻辑做一定讨论。

每个个体的成长发展预期指向两个方面：一个是我希望成为什么样的人；另一个是我适合成为什么样的人。这两个问题困扰着每个从青年时代走过的人，很多时候，人们都意外地活成了自己不认识的人，这是人生最大的悲哀。

那么，"我希望成长为的人"所需要的底层逻辑构成是什么呢？

我们有没有对自己所希望成长为的人所拥有的特质和成长路径做底层分析？我相信很多人可能就是天方夜谭般地幻想一下自己各种成功的场景，绝大多数人没有认真付诸过思考。一个人接近梦想的底层逻辑应该是：梦想是一个中心点，距离梦想需要做很多绕星运动，逐渐靠近梦想，在不能直接走向梦想的时候，要用各种不同的轨道无限接近梦想。再者，选择适合成为的人是否就意味着放弃梦想？当然不是，很多时候，先做适合成为的人，反而会更接近梦想，殊途同归，条条大路通罗马，目的是一样的，只是实现的路线、方法不同而已，这是寻找自我的底层逻辑。

个人事业发展的底层逻辑，我们可以从借鉴成功企业的经验加以分析，逐渐凝练和锻造属于个人事业的底层逻辑建构。

我们在市场经济中衡量一个企业、平台的生存竞争价值，可以看它在市场中解决的根本性问题是什么。虽然在不同商业领域中存在着各种纷扰、变化，看起来是如此纷繁复杂，但是我们认真去解读它们背后的商业架构的底层逻辑，却又发现是如此简单地直达目的。

比如，苹果公司的底层逻辑构成是"极致的人机交互体验"，所以，我们发现苹果的产品设计都是"体验优先于性能"；麦当劳的底层逻辑浓缩起来就是"快"，它们在背后做的很多产品和服务的标准化、流程化都是围绕着一个"快"字进行的；小米公司的底层逻辑就是"极致的效率和性价比"，这就是为何雷军总是公开强调"硬件毛利不超过5%"和"零库存"；腾讯公司的底层逻辑就是"极致的用户体验"，腾讯员工的动作靠两个东西实现约束，一个是 KPI，另一个就是"用户体验"核心价值认知，而且用户体验大于 KPI；阿里巴巴的底层逻辑就是"让天下没有难做的生意，帮客户做生意"，用尽各种办法吸纳、调节全球流量，帮国内外商户架构桥梁。

回到我们所说的个人事业发展的底层逻辑，个人事业发展的优劣不能唯大、唯强、唯资本论，应该从成长性、普适性、影响力来定义。个人事业发展的底层逻辑与个人成长的底层逻辑有关联，也有不同，个人的成长可以由个人意愿主导，个人事业更应该选择适合个人能力承载的方向去发展。选择更适合个人综合能力表达的事业方向，一定会更快地实现事业的阶段性成果，也能给个人发展带来互助性促进、更加坚实的物质基础，以及更多的精神自由。

底层逻辑，就是看透事物的本质，以此给事物一个直达精髓的释义，也是关于事物最基本的、核心的、逻辑性的基础架构。

一个人掌握了对底层逻辑的分析和剥离能力，就能够以最快的速度掌握构成事物的基本要素和事物发展的基本脉络，就能够指导自己有效且有针对性地处理更为复杂的事物关系，并会在个人成长及事业发展的过程中起到事半功倍的作用。这种对底层逻辑的识别能力是通过日常的学习、积累、分析、归纳、总结而来，持久坚持这种习惯，一定会让你很快实现真正的思维进化和跃迁。

挖掘底层逻辑，要在学习的同时学会独立思考。没有独立思考能力的人，只会被碎片知识和精神领袖左右思想，渐渐堕入随波逐流的深渊，更容易在未来纷繁多变的社会中迷失自己的方向。

因此，核心思维路径就是通过学习、独立思考，挖掘底层逻辑。

发现规律

【章节核心】规律是自然界和社会中各种现象之间必然、本质、稳定和反复出现的关系，这种关系是有节奏的，不是杂乱的；这种事物之间内在的必然联系，决定着事物发展的必然趋向。对规律的发掘、掌握和应用是人类智慧加速进化的体现。

★从本小节延续到下面三个小节是关联性的内容，可以结合起来阅读。

规律在哲学中的含义是指客观事物发展过程中的本质联系，具有普遍性的形式特征。世界上所有的事物和现象千差万别，它们都具有各自互不相同的规律，究其根本来说，可以分为自然规律、社会规律和思维规律。

规律是自然界和社会中各种现象之间必然、本质、稳定和反复出现的关系，这种关系是有节奏的，不是杂乱的；这种事物之间内在的必然联系，决定着事物发展的必然趋向。

规律是客观的，不以人的意志为转移，客观性规律就是客观存在的关系，既不能创造，也不能消灭。不管人们是否承认，规律总是在事物中以其稳固的必然性起着重要作用，世界中的物质都受规律约束，呈现对立和统一的关系，这也是马克思主义哲学中坚定的观点之一：对立统一规律就是宇宙的根本规律。

关于规律的基本含义已大致叙述清楚，现在开始探讨发现规律之于我们的重要意义。

人们在进行实践的过程中，通过接触大量的外部现象的汇集，可以逐渐认识或发现客观规律的存在，并用这种对规律性的认识去指导实践活动，即我们所说的应用这个世界中的客观规律来改造自然、改造社会、改造自我。

对规律的发掘、掌握和应用是人类智慧加速进化的体现。

从 IQ 测试中可以窥见规律带来的预判性，试题库中超过半数测试的是针对规律的探索和遇见，不管是数字的变换关系、图形的识别和预测，还是问题的逻辑性判断，都是对规律的发现、掌握和应用。数字和图形类的测试主要就是检查被测对象对规律性的寻找，比如，规律的对应排列关系、连续性预判、节奏性把握、前后关系推理及跨越性发展等。有兴趣的朋友可以在线免费进行IQ测试，体验一下寻找和发现规律的过程，相信会让你对规律有更加直观的认识。在这里，我们略举一二，观察下图中的两组数字和图形类IQ测试，尝试寻找问号部分缺失的数字或图形：

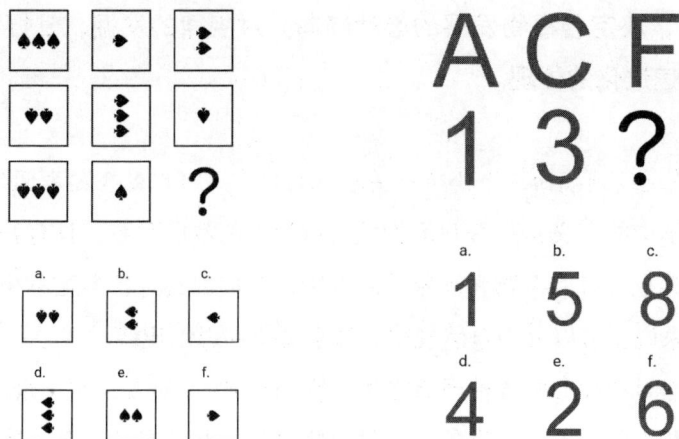

图 3-1 数字和图形类 IQ 测试题示例

当然，IQ测试只是相对系统地对大脑进行思维、逻辑、分析能力的综合判断，在自然和社会中万事万物隐含的规律又何其多，不可能都用公式和简单的分析就能获得，需要我们拿出更多的观察力、分析力、逻辑力、归纳力、组合力和表达力等，才能够对自然和社会中存在的规律做出相对准确的描述和掌握，同时还需要对受外界条件影响，规律所产生的微妙变化进行适时修正。

为何说发现规律是青年群体成长过程中所须掌握的基本能力之一？

在青年群体的成长过程中，很多人的成长轨迹是异同的，智商、情商和逻辑、分析、归纳总结能力等也是很不均衡的。这就会经常出现一个问题：大部分青年群体成为标准的应试教育、填鸭教学的好学生，而对事物本质、发展规律、未来态势的思考能力显得尤为欠缺。在进入社会以后，面对更加复杂和纷繁的环境及事物，也会导致青年群体对事业、行业、产业、领域、跨界等事物本质的认知出现极大不足，不能真正发现、掌握、影响和改变事物发展的规律，更不能借用对规律的掌握去梳理和改变事物发展的路径及方向，也就必然在前进、创新、改革、重构、建设、发展的路上举步维艰。

那么，青年群体又该如何去发现事物中的规律呢？

这个话题比较宽泛，我们借用三个行业规律的发现路径，启发和引导大家触类旁通地寻找"发现规律"的规律。

第一个行业规律的发现，以大家比较熟悉的新餐饮行业举例说明。

这里所说的新餐饮是指有别于传统餐饮模式的餐饮行业，主要代表有海底捞、外婆家、喜家德、胡桃里等。这些连锁餐饮品牌企业的主线规律其实就是多模式创新结合新场景体验。它们无一例外地将餐饮创新、产业链整合、品牌塑造、特色服务、模式量化等主要构成元素融合得非常完美。比如，以超体验服务和无限满足为主要逻辑的海底捞，火锅这种餐饮业态的口味创新已经触顶，所有的火锅行业创新必然围绕泛主业构成；还有简化餐饮品类、流程，精选核心菜品的外婆家，是不是很像苹果公司聚焦核心优势，杜绝大而全的全产业发展的经营模式？最大化实现工业规模化集采、中心配送、精简产品线的喜家德连锁水饺，它也是充分利用了整合的路线。当然，还有以时尚和音乐为创新符号的跨界餐饮，如胡桃里的一站式夜生活，融合了音乐、美酒、美食、表演等时代元素，对餐饮进行了极大的创新和赋能。

以上所说的几个新餐饮连锁代表企业，还具有两个共同的规律板块：品牌化和可量化发展管理，这也是新餐饮能够做大做强的根本。如果以上新餐饮企业的所有创新环节都是个案，都不能被规模化、量化复制，那无论如何它们都走不到行业的领头地位，在这个时代，体量代表一切可能性。

第二个行业规律的发现，以大家不是很熟悉的种养殖行业举例说明。

种养殖行业的规律其实不难理解，只是进入这个行业的人都在经营的过程中逐渐模糊了对行业规律的认知，进而被市场的无情洪流所裹挟。

以生猪养殖行业为例，生猪养殖有非常明显的行业规律和周期趋势，其养殖周期的循环路径一般是：猪肉上涨导致生猪价上涨—母猪存栏量增大—猪仔和生猪供应开始增加（过剩）—生猪价下跌—大量淘汰母猪—生猪供应减少（短缺）—生猪价重新上涨。市场上猪肉价格的上涨会刺激养殖户的积极性，造成供给增加；供给增加造成过剩和猪价下跌，猪价下跌会打击养殖户的积极性，又造成供给短缺；供给短缺又使得肉价重新上涨，周而复始，就逐渐形成了所谓的"猪周期"。我国商品猪价格的周期性波动特征很明显，一般 3~4 年为一个大波动周期，平均上涨期有 16~18 个月。

第三个行业规律的发现，我们以最火热的新零售概念举例说明。

近年来，新零售行业属于比较热的行业热词，其本质就是线上商业的发展竞争升级和流量变现路径的线下场景下沉。

新零售这个新生事物到底遵循什么样的发展规律呢？

如果绕过令人眼花缭乱的新名词和技术术语，这个问题其实很简单。新零售同样遵从市场经济的供需规律，只是，它借用线上大量用户的聚集购买能力，实现了对原有零售业"截断式"的降维打击，去掉了部分销售中间流转环节。但是，新零售直接打脸了原来互联网人鼓吹的互联网商业模式的去中间环节，它只是减少了中间环节，却时刻离不开中间环节，这是因为，新零售依赖于信任消费和分享消费这两个核心部分，中间环节就是其核心链接点。

新零售本质上是商品和消费的组织路径的变化，位于交易两端的位置没有发生根本变化，交易中间环节通过多重平台和信任分享媒介来实现交易。目前的新零售市场乱象丛生，头部平台对末端消费环节的下沉式掠夺，也导致其对更多线下实体商贸组织的压制和驱逐，同时，过度追逐"价廉"而舍弃"物美"的无底线竞争理念也给市场带来劣币驱逐良币的负面效应，这都是假借新商业模式和互联网用户聚集效应对社群信任关系和社群生态平衡的透支。

由此可见，发现规律并不是一件难事，而发现规律背后所代表的本质的逻辑漏洞才是关键，因为这是让发现规律产生价值的开始。

总结规律

【章节核心】总结规律是一个对认知事物进行思考和整理的过程。对规律的总结是一个进步文明的基本特征。对于规律，就像面对人生，我们不但要善于发现，还要善于懂得、运用和欣赏。

善于总结的人总会在其整理的过程中挖掘更多机会，而对规律的总结是一个人开始掌握成功法则的最快路径。

世间普遍现象和存在都有其规律可寻，当我们逐步通过学习和实践能够很快识别隐藏在事物背后的发展逻辑规律，并进行梳理和总结，经过消化理解后，就可以根据其规律因势利导地发挥主观能动性。

总结规律是一个对认知事物进行思考和整理的过程，有助于培养青年群体的逻辑思维能力和分解重组能力，让碎片化的认知和发现形成头脑中的系统性认知。任何对规律的发现只要经过大脑的梳理归纳，其规律的本质特征就会显得更加清晰，也就更具有参照性和指导意义。

针对规律的总结方法，其实不应该太刻板和教条化。每个人大脑的思维模块和思考路径都不同，我们应该通过学习基本的总结方法，逐渐形成自己的快速总结习惯。以下几种总结方法供读者朋友们参考。

实践归纳法：所谓归纳法，就是让我们从自身的一些实践活动中概括出事物规律的主要脉络，针对个人的观察、体验、学习、交流、认知事物，给予一般性客观结论的思维方法。这也是从同类的个别事物找出其共性的过程。

逻辑推理法：在已有的发现、规律、定律的基础上，结合、借助统计学、数学理论、解构分析法等综合方法，运用逻辑分析、知识推理和验证而得出结论的总结方法。

理想模型法：这种方法是建立在一定的实验基础上，在人们的思想中塑造一种超越现实的、理想化的实验模型，根据理想模型反向验证我们对规律的发现。理想模型，在客观条件下通常是无法实现的，因此，它不是真正意义上的模型实验，而是一种借助理想模型的设定去抽象理解事物客观规律的思维方法，属于假说推理的思维范畴。侦探推理小说中经常用到这种反向假设的推理方法。

现象总结法：现象的呈现是事物本质的部分展露，规律性的现象总是具有一致的逻辑性，根据规律现象的总结去实现发展轨迹的预估和预判。同时，现象的规律性呈现也预示着其统一的指向性、组织性和传播性。

综合理解法：事物规律的形成和表达有很多种形式，用跨界的思维去综合理解，是驾驭复杂事物规律的基本方法。针对复杂系统的规律描述和归纳，不能以割裂的思维和孤立的结果去表达。例如，能预测雷雨天气的环境因素有很多，在没有如此多的现代监测设备的古代，依据风向的变化、海河的涨落、动物的异常、物质的干湿等，就可以很大概率预判气象，从而改变日常出行、生活作息和农业耕种安排。

纵观历史，对规律的总结是一个进步文明的基本特征，是对前人经验的再消化和辩证继承，并给新生文明以客观、科学的指导意义。我们华夏民族就是一个善于学习和总结的民族，它总是能在历经战火洗礼、朝野更迭、文化交融后，仍然保持越加鲜活的民族活力。一定程度上来说，这无不与华夏民族包容文化对历史规律的学习和总结有关系。

大至一个国家和民族，小至一个组织、家庭和个人，都无法漠视规律对我们的影响和支配力。我们虽然不能改变超越自身能力的事物发展规律，但可以做到对规律的认识和总结，指导我们按照事物发展规律走正确的路，更快地走向成功和幸福。而规律总是有这种力量将事物导向成功或失败，这就要求我们善假于物也，这个物就是事物的基本发展规律。

对成功规律的总结，让人们掌握构成成功的条件，并指导人们用符合社会文明发展规律的方法去思考和行动，带给社会以正能量，保护人民群体的基本利益，并得到更多群体的支持，形成对成功基础条件的积累和沉淀。

对失败规律的总结，让人们掌握避免失败的方法，并启发我们据此实现对成功路径的科学探索。失败乃成功之母，对失败规律的归纳形成经验去传递、借鉴，反而具有更好的教育启发意义。马克思曾经说过："人要学会走路，也要学会摔跤，而且只有经过摔跤，才能学会走路。"

作为青年群体，成长和实践是人生面临的主要问题。

成长和实践的过程中，必然会交织诸多的人、事、物，对这三方面规律的发现、总结和应用就决定了青年群体未来的发展空间。这要求青年群体在日常生活和工作中，经常对不同的人、事、物进行观察、分析、解构、学习。要发现不同人物的行为、思维规律，以求增强自我沟通驾驭能力；处理不同的事情，去理解其行事和组织的基本方法；多接触不同的物体，以丰富自己的认知世界。

青年群体在不断成长、成熟的过程中，还要形成对自我思维和行为规律的客观分析，这是客体角度对自己的剖析和总结，有助于形成更加健全和成熟的人生观和世界观，也会由此更加了解自己的优劣势，指导选取更加契合自身成长和发展的行为规律路线，自备动力驱动，倒逼自己变得更加优秀。

对于规律，就像面对人生，我们不但要善于发现，还要善于懂得、运用和欣赏。

重组规律

【章节核心】重组规律就是改变既有条件、行为习惯、发展顺序，去实现对事物发展方向的主观能动性影响。重组是改变事物发展方向最有效的行为路径。

规律的发现、总结、重组，就像植物历经种子、幼苗、成熟三个阶段的成长发展。前面两个小节讲了规律的发现和总结，目的就是为了实现最重要的一个环节——重组规律。

重组规律对所有人来说，都是一个比较难的操作环节。

重组思维就是改变思维，重组规律就是改变既有条件、行为习惯、发展顺序，去实现对事物发展方向的主观能动性影响。重组是改变事物发展方向最有效的行为路径。

重组规律思维带来的是通向成功的捷径，但是迈不出践行的第一步，就不可能带来规律的能动性结果。任何对事物本质和规律的发现和总结，如果没有用以改变行动，那就只是存在于大脑中的混乱思绪而已。天天思考如何去改变、影响行业和世界，却没有哪怕一天的行动，做着这样、那样伟大白日梦的人有很多。

人类面对不同难度的问题，做出的选择也是不同的，对于发现、思考和改变三个话题，还是更容易接受简单的事物。看见了，也思考了，但是很难选择真正地改变。

这就像一个穷小子看到富豪的生活，他就开始臆想如何也能过上这种生活。甚至，他已经开始思考可以拥有这一切的关键：变得富有。而且，他还聪明地想到，要变得富有，就要先提升和包装自己，要学习经商，努力创业；更进一步，他认为可以整合、吸纳身边的资源和资金，实现自己零风险地空手套白狼的理念，等积累到了第一桶金，就可以更加精致地包装自己和事业，这样他就可以接触更高端的资源和更多的资金，之后再不停地复制这样的暴富故事，剩下的就是潇洒过日子。现实却是，梦幻思绪过后，下一刻钟，他先要解决的是如何面对即将被房东扫地出门的现状，如何填补虚荣心影响下的超前消费导致的透支窟窿。至于刚才的发财梦，唯一付诸的行动就是晚上吃路边摊的时候顺便买两注彩票，用机会主义者和赌徒的心态给自己一个虚假的希望。不要说他不想去改变，他只是困于生活的枷锁，早就丧失了改变的信心和魄力。

晚上想想千条路，早上起来走原路。这样的场景一再重复着。

现在，有多少心怀梦想的青年创业者和寻求转型的中年企业主，不是每天都在上演这样的戏码？面对改变就是面对更大的痛苦和折磨，待在思想和行为的舒适区里至少不是马上失败，社会的残酷竞争已经让大部分人丧失了勇气和斗志，丧失了在陌生的环境和未来之中寻找新大陆的那份狼一般的血性。狼该如何面对变化？狼会一直让自己保持饥饿状态，保持对血和肉的最大渴求，将注意力和行动力都倾注在对目标的锁定和追捕中，只有这样伟大的行动战斗力，才能真正改变自己，影响身边人，推动行业和社会进步和发展。

那么，我们又该如何去利用对发现和总结思考，去实现对规律的重组和自我改变呢？要回答这个问题，先要明白人们对规律的使用体现在顺势而为和重组改变这两个方面。

一方面，人们能够利用对规律的认知，合理预见事物发展的趋势和方向，并指导实践行动。如"草船借箭"和"庖丁解牛"两个成语背后所描述的对规律的掌握和实践的故事，就是人们利用对规律的发现、总结和思考，清晰掌握了事物在时间链条上发展的关键规律点，预见了事物发展的必然规律性结果，从而积极有效地指导实践活动，取得预期回馈。

另一方面，人们可以充分利用对规律的掌握，去改变或创造条件，限制某些规律节点的发生所带来的破坏作用和影响，直到实现变害为利，为人类造福。如战国时期的水利工程专家李冰父子利用对水利常年的规律性发现和总结，设计和修建的都江堰，不但实现了防御自然灾害，还发展了水利灌溉，是我国古代劳动人民充分利用自然规律、造福人类的杰出典范。

人们要想在未来的社会行为中实现预期目的，即我们所说的取得某方面的成功，就一定要从实际情况出发，坚持实事求是地发现和总结观念，认识和尊重事物发展的客观规律，因势利导，否则就会受到惩罚性反噬。

一般情况下，我们对自然规律的认识和利用没有阶级性，而对社会规律的认识和利用则直接受到阶级、阶层、认知和利益的影响。虽然我们对自然规律的认知和掌握已经相对完善和成熟，但是对于认识和利用社会规律，青年群体往往要克服来自不同阶级、阶层和利益体的压制和对抗。克服人们的保守思想，打破事物的规律性，创造和搭建利于我们成长的新规律路径，才能实现对规律重建的主动性，驱动规律为我们创造价值和提供服务。

对事物的能动性直接决定了一个人的创造力和影响力，而一个有创造力和影响力的人必定也是个善于重建规律的人。面对巨大的时代变革，我们每个人都有站在机遇风口的若干次机会。如果青年群体没有锻造出自己对规律的重建能力，那么站在机遇风口飞起来的"猪"，一定会重重地摔回地面，因为失去自然规律和社会规律这两只翅膀，除了仰望蓝天，是不可能飞向天空的。

重建规律就是科学客观地认知量变到质变的关键转换点。在重建的过程中也需要去利用组成规律的基本环节，在原有环节上做优化和调整，使得规律的发展能够沿着我们设定的规律路径走下去，并时刻关注规律的发展态势，以便能够随时修正规律。

希望青年群体中的每一个人都能像一颗掌握生长规律的种子，在沃土之下默默蓄积能量，顺利破土发芽，契合环境，接收阳光和雨露滋润，稳步而茁壮地成长为一棵参天大树。

再造规则

【章节核心】规则属于底层逻辑，更是控制运行的逻辑，有了规则，就有了法度、边界、组织和关系，规则就是世间的执行程序，规则之上运转着人们基本的行为轨迹和社会的运转机制。

世间一切王道，都是对规则制定权的角逐。

规则属于底层逻辑，更是控制运行的逻辑，有了规则就有了法度、边界、组织和关系，规则就是世间的执行程序，规则之上运转着人们基本的行为轨迹和社会的运转机制。犹如青年群体喜欢的电子游戏，其最重要的就是对游戏规则的制定，而在游戏中嬉戏的玩家只不过是遵从游戏规则的不同角色；制定游戏规则的开发者就掌握了上帝视角，他们在幕后观察着所有参与游戏互动的玩家动态，并根据利益不停调整、修改着规则的作用。

所以说，任何物质财富的拥有都不及对底层规则的制定权，规则直接影响架构在其上的构成物，甚至对相近领域也能产生衍生影响力。

我们以行业规则再造者为例，来梳理导引规则逻辑。

世界近现代经济史上，规则再造者的桂冠落在苹果公司和其创始人乔布斯身上，我觉得绝大部分人应该是无争议的。这不仅因为苹果公司和乔布斯为我们带来了功能手机到智能手机的巨大转变，还因为其对整个行业规则的全新再造，对产品创新、技术标准、服务模式等诸多领域都进行了颠覆式的规则再造，并让人们在接受其产品和服务的同时，即刻进入其游戏规则，在其规则之上逐渐成长出了一个庞大的苹果品牌生态帝国，乔布斯则成为缔造这个帝国的神级存在，接受着来自世界各地青年群体的疯狂朝拜，被苹果品牌的热血粉丝尊称为"乔帮主"。如果，你还不清楚苹果公司和乔布斯到底为这个世界再造了哪些规则，我建议大家简单而系统地去了解一些苹果公司和乔布斯本尊的成长史和相关著作。在这里，我只能简单提及几个关键点，希望你们可以自己去求证学习：音乐播放器＋音乐版权的规则平台塑造，智能手机的原生创造，IOS 封闭式系统＋开放式应用开发平台的完美组合，Mac 硬件系列对行业标准的建立和影响等。

世界级疯狂的规则颠覆者马斯克，是太空探索技术公司 SpaceX 和特斯拉汽车的 CEO。这个以一己之力探索太空并筹划登陆火星的狂人，甚至都可以称得上是宇宙疯子。规则这两个字对他似乎早就失去了意义，就更谈不上颠覆创新了，他本身就是创新、创造、变革和规则制定者的化身。他人生的三个代表性阶段：国际贸易支付工具 PayPal、太空探索技术公司 SpaceX、特斯拉电动汽车，都是对全新事物的搭建和创造，并在世界领域取得了非常出色的成绩。马斯克甚至还将脑机接口和脑机融合的"超人"大脑计划付诸实践，取得了可喜的阶段性成果。伴随着这些新生事物的呈现，也就自然而然地出现了根植于其上的全新规则，由此再衍生出全新的行业和次级市场，而创造和主导新规则的人和组织也必然会成为新一代的领航者。由此可见，规则是跟随着马斯克奔跑的，这也是规则最佳的呈现方式，让人敬佩的拥有伟大思想的家伙不用再去重新打造规则，规则随身而动。

想缔造伟大事业的人，无一例外地会对规则二字着迷，穷其一生都在思考着如何通过建立规则来扩大事业版图，形成垄断地位，控制行业话语权，然后实现对行业规则的设定和控制，成为行业的无形之手。

梅耶·罗斯柴尔德曾经说过："只要我能控制一个国家的货币发行，我不在乎谁制定法律。"这句话的本质意义就是对一个国家底层规则关键性存在的透彻理解，只要掌握了一切事物的根基，那么牵一发而动全身的效应就会出现。罗斯柴尔德家族用了几百年的时间，从荷兰走向欧洲和世界，之后深耕于美国的中央储备银行"美国联邦储备系统"，不得不说，这样的超级家族才是世界隐形之王。美联储是美国唯一掌握货币发行权的银行，但是其所有权却不属于美国政府，其幕后盘根错节的交叉持股关系都逐渐指向了这个神秘的罗斯柴尔德家族——一个掌控西方银行业达三个世纪，势力版图渗入各个国家主要领域的犹太人家族。他们以货币发行权加上主动性通货膨胀作为武器，可以在无形之间掠夺世界上多数以美元作货币结算的国家和人民的财富。而美元作为世界霸权国家美国的主要货币，加上美元构建的世界货币属性，也必将通过货币的衍生影响及控制力带给各个国家以金融灾难，美联储仅仅需要开动印钞机就可以无耻地榨取世界人民的财富。这就是掌握了国家底层规则所拥有的恐怖力量，至于政治生态、法律、武器、军队、战争等，都只是依附于规则之上的功能触角。

规则的背后是权力、力量、财富、地位的深度融合。

规则的再造有两种主要方式：从上至下和从下而上。

从上至下的规则再造主要体现在国家、政治、体制、国际组织、行业组织等领域，它是依附于权力、力量、财富的主要表达形式，代表了这一组织群体的利益诉求，不属于绝大多数人可以妄想的对规则再造的实现途径。

从下而上的规则再造主要体现在经济、行业组织、社会活动、社会团体等领域，它主要依赖于财富、基数、群体意识、组织方法等，是唯一可以经由底层向上传导的可变规则，对规则再造的探讨也主要体现在这样的实现途径。这也是最适合基层群体、青年群体、无产阶级去积极尝试的对社会规则、市场规则再造的方式。从下而上对规则的改造也必然经历探索、积累、裂变、颠覆和再造的过程，必然存在着挣扎、反复和无助，这就考验着基层群体和青年群体，他们需要通过大量经验累积、疯狂学习、清晰思考、积极实践，来实现自我阶层的跃升和秉承规则的逆向建立。

规则再造就是万物运行的方法论，必须有更加系统的知识体系去做指导，剖析、解构、消化需要打造的规则目标，将事物客观规律掌握透彻，锻炼驾驭组织行为的能力，将实现规则再造所需要的基础变化条件迅速地复制、裂变、量化，快速形成压倒性的绝对优势力量，对构成规则的原有基础条件实现控制权，进而影响旧规则的颠覆和新规则的形成，并通过新建规则实现对其上构成事物的支配力和影响力。

由此可见，想从本质上改变事物的运转，必须从改变规则开始。

不触及事物本质的规则变化只能算作修正主义，是一种妥协的表现。

再造规则是继承和重构的有机结合，必须依托对原有规则的辩证继承，以及从本质上解构后的重构行为，其最终呈现出来的一定是更加符合生产力发展的由底层逻辑构成的新规则。

第四章

主导规则

规则的本质

【章节核心】规则的本质就是对特定群体和目标的绝对能动性。规则的产生有两种意义：一种是为了让大众去遵从，另一种是为了被打破。

规则通俗的定义为运行、运作规律所遵循的法则。

那规则的本质是什么？甚少有人认真地去思考过。

我们习惯了遵从和遵守规则，却很少去思考规则背后的本质。大部分人都是庸庸碌碌地生活在明规则、潜规则之下的弱势群体，而规则的背后却是强大、强权和元规则，所有的规则设定都有一个底层规则，即规则之规则：最强者决定论。而这个最强者既可能是一个独裁的领袖、总裁、领头人，亦可能是一个核心组织，如霸权国家、政党、跨国组织、经济团体、行业组织等。

规则的本质就是对特定群体和目标的绝对能动性。

规则的能动性体现在对一切存在事物的囊括。一切现存体制，如政治体制、教育体制、宗教体制、交通体制、经济体制、公司体制、家庭体制等，都被规则所统治。规则就是想加入某一体制的人必须遵从和奉行的基本规范条例。

人类社会由不同的规则维持着运转秩序，且不管这些规则是人为设定的还是客观存在的，只要存在，便具有相对应的制约性，因为规则本身指向的就是绝对或相对的约束力。

在社会活动中，人的行为是在一定的规则范围之内，才得以自由地施展，而不是一种完全的、绝对自由的行为，即我们常说的带着枷锁的舞者。在这种看似无形的制约性中，包含着围绕所有个体现实存在的切身利害关系，由此可见，规则的制约性是普遍存在的，亦是不可消除的。规则得以存在的主要原因是统治阶级和被统治阶级之间的利益存在矛盾，规则存在的核心意义就是最大程度地维护统治阶级的利益。而针对经济领域或行业组织来说，规则的存在就是为了最大限度去体现规则制定者的核心利益和其利益链条的衍生利益，并借由规则的设立形成壁垒和保护圈，将不遵从规则的人排除在外。

青年群体学会分析和看透一个行业、组织、群体等运行的规则本质，有助于其建立完整的组织架构能力和商业实践落地。

在很多时候，青年群体都是容易被忽视和忽略的存在，虽然都在强调青年群体是最让人羡慕和最有未来的人，可是大家在实际行为上却更多地暴露着对他们的不信任、不关注、不理解。

由于青年群体掌握的社会资源较少，基础条件较差的青年群体，面对社会竞争就会呈现更多的不确定性和失败概率，在残酷的竞争中，极少部分的人能真正避免。因此，当青年群体学会并掌握了发现事物规则的本质之后，就能够借由对事物基础逻辑构成的理解，结合青年群体所拥有的时代信息特征和创新元素，完成对老行业和老规则的解构、颠覆和重建，就会获得新的竞争力和生命力。

青年群体可以将机会点和关注力放在与青年人相关的产品和服务领域，这是青年群体最熟悉的板块。认真地分析感兴趣的领域，将这个领域内的产品和服务、供应链、流通关系等考察调研清楚，分析构成此板块的核心，剥离其运行规则，结合未来市场的发展走势和行业风向预判，嫁接新的创新环节和模式创新，从小处开始累积，将模式落地量化，打造精小的产品和服务的护城河，建立初步的创新规则，并借助群体化的互助合作逐步将其培养壮大。

青年群体学会发现事物的本质是一种智慧的体现。

这不仅限于规则，只是规则是诸多事物的底层基础，如果能够透过纷繁的表象抽离事物发展的本质，就会从根本上帮助我们实现思维的快速跃升，就能够利用规则的本质更快地掌控事物发展的规律，并引导事物朝着自己规划的路线行进。如果能将这种发现本质的能力沉淀和传承给团队，那必将会给团队成长带来质的飞跃。

规则的产生有两种意义：一种是为了让大众去遵从，另一种是为了被打破。作为青年群体的创业者或是创新者，对固有规则发起挑战是必然的选择，从困惑到质疑，从尝试到推翻、重建，这都是一种新的事物产生的必然过程，也是事物进化的必然路径。

掌握规则的本质必然是艰苦的过程，而掌握规则本质后所需要付诸的实践才更是考验一个人或团队是否具有伟大开创精神的根本。

就像鲁迅先生在《故乡》中所言："地上本没有路，走的人多了，也便成了路。"青年群体如果依然踩着老路行走，必然会在同样的地方进入循环的老问题。青年朋友们更适合走新路，虽然新青年可走的路越来越窄，但是他们可以跨越路障、跳跃行进，可以完全不用遵从原有的路径和方向，用新青年自有的敏锐目光走更有挑战性的新路，这样才能走出属于新青年的步伐和道路。

规则就像这一条条道路，本质就是：前进是唯一方向。只要在路上，怎么走我们是完全可以重新规划的，甚至是勇于尝试和探索新路。

诚然，走老路会安全易行，但新的风景和发现永远属于走新路的人。

规律到规则

【章节核心】规律和规则是一个体系内的不同构成，我们既不能剥离皮肉只看骨骼，更不能扔掉骨骼只要皮肉；一个完整的有机体必然是多重物质和集体的叠加，只有完整地将物体组合起来，才能带来完整的有机体和思维体系。

在本章中，我们相对完整地讨论了有关规律的话题，那规律和规则有什么样的关联性，又是如何彼此影响和推动事物发展的呢？

规律和规则是血氧循环和心脑互生的关系。规律这条血氧循环系统负担了有机体相对具体化的能量运转和新陈代谢，而规则的心脑互生则统领了规律驱动和思想建立的基础核心运作。

相对于规则，人们更容易体验到规律的影响力和作用力。任何事物的运行和发展，都有一条主线和若干条辅线，掌握了规律中的线，就能够把握这条线上关联的环节，并可由此进行具体而精准的干预，使得事物的运行和发展出现预期的改变。而规则是运行和发展这条线的因和果，它只关系事物开始的方法和事物结束后的归纳，并构建了运行和发展过程的基本算法或基本逻辑。因此，规则是因果，规律是表达。

规则通过规律实现表达，规律通过规则构建算法。

如果我们通过努力学到了事物发展的规律，并通过诸多规律的归纳、总结和分析，推导出了事物发展的根本规则，那么就能利用反向理论实现倒推，由我们计划实现的规则来架构具体的运行规律，并通过规律的表达呈现具体的事物和结果。

这就像人类发现、了解和掌握了水的本质，从水的成分构成、三态现象到根植在此基础上的水的基础规律，就可以利用水的三态原理转化变态规则，在特定温度、压力、高度等条件控制中加以作用，实现我们预期的可见水的不同形态。

发现规律有实用意义，发现规则有本质意义和哲学意义。

在我们身边，规律无处不在，且通过不同的途径和学习，可以实现对规律的发现和掌握，并能够将规律作为一种指导标尺，以实现对事物的能动性。比如，当我们发现天空中出现大量蜻蜓等昆虫的时候，大概率是会降雨，那么我们就可以利用这个自然规律提快进度，提前归家，苫盖谷物等。

而规则在我们的生活中是更加抽象和隐性的存在，我们根据事物的发展规律也不一定能推导出事物的发展规则，只有真正通过严密、严谨、科学、数据化的综合手段，才能将规则描述清楚。比如，为何天空出现大量蜻蜓等昆虫时，就会大概率降雨？在古代，没有科学的辅助分析方法，很难描述气象与昆虫的运行关联规则，只有借助科学的办法我们才会知道，原来是在低气压的气象环境中，空气湿度增大，大部分小昆虫会由于湿度增加而影响自身重量，多密集地徘徊悬浮于低空，而蜻蜓也就在此刻低空徘徊觅食，同理可知，这也会关联影响以昆虫为食的鸟类低飞，如雨前低空飞翔的燕子。

掌握规律行事的人，会事半功倍，如鱼得水，小有成就。

掌握规则行事的人，多与众不同，孤傲狼性，可建伟业。

这是由于掌握规律的人，会因势利导，顺水行舟，能够将事物按照发展规律去推进，通过事物的正向累积操作可以实现加速效应。而掌握规则的人，会使用更根本性的干预手段，将规律也进行优化组合，抛弃不必要的规律和动作环节，直至核心目标实现，这样的人多数具有非常敏锐的洞察力和精准而坚韧的执行力。直至本质的高纬度思想，也会导致其更加孤傲、独立和雄霸。

规律到规则，是一个量变到质变的转化，是思想和思维经过实践、分析、思考后实现顿悟的过程。如果对规律的学习和掌握一直无法上升到规则，就像一直烧到99℃的水，永远都不会沸腾，也看不到新的变化。

从规律到规则，必须要经过思想和思维上的提升，并将跃升后的思维用以对规律的深度思考，才能带来对规则的发现和掌握。

如果，一直停滞在对规律的学习和掌握层面，充其量只能算是一个聪明人；而只有通过规律思考升华到规则思考，才可能成为有智慧的人。一个有智慧的人对事物本质的思考，一定不同于普通人和聪明人，也就会拥有更加高维度的思想，对事物也就能展开高维度的能动性影响，就是所谓的高维对低维的降维打击和跨界侵袭。

在平时，我们要善于发现和总结规律，并能时刻利用规律来作用于日常事务。而在独处和思考的时候，我们要深刻地发掘规则，并用不同的方式去检验和论证，完善自己相对独立的对规则的理解和认识，在人生和事业规划中，用规则的巨大改造力和创造力实现对事物基因层面的创变改造。

规律和规则是一个体系内的不同构成，我们既不能剥离皮肉只看骨骼，更不能扔掉骨骼只要皮肉，一个完整的有机体必然是多重物质和集体的叠加，只有完整地将物体组合起来，才能带来完整的有机体和思维体系。

青年群体在成长的过程中，首先需要习惯性地发现和总结规律，养成直觉而准确的判断，为几年后更加成熟的自己储备足够多的思维素材，也为自己开创更大事业和思维格局做知识储备，使得自己能够在进入中年前的阶段，提升到对规则本质的发现和运用，并借由规律和规则的能动性作用，实现对自我和事物的主动性干预，逐步实现自我进化，驱动事物高速良性发展，缔造更大的人生和社会的双重价值。

主导规则

【章节核心】主导规则，是革新创变群体未来唯一的生存之路。

针对主导规则的探讨，是一个伸缩性话题。

传统的理解是，要想主导规则，需要占据行业心智认知的第一位，也就是说要具备影响本行业未来走向和发展趋势的绝对性实力。

现在，我们所面对的是时刻处在高速变革中的混序市场经济，因此，青年群体就有了从底层建立弱小规则的机会点，可以借助现代化科技手段和爆炸式增长，迅猛地成长为一个商业巨兽，而这样的爆裂增长是传统组织和企业所不敢想象的，因为他们完全看不懂从自己脚缝中萌发的新芽，如何在自己沉睡一晚之后，迅猛地生长成一片森林。这背后的根本原因就是：青年群体使用了跨越式、高叠加、互助生长的群体化的底层裂变规则，将一切有利于新模式架构的工具创新地组合起来，并用全新的游戏规则赋予商业模式以病毒程序般的侵入，让弱小团队打造的以基层群体为大基数的平台，以火箭般的速度超越并抛弃传统经济组织。

"规则"二字，在我们的认知中都是和权力、武力、财富、寡头、霸权等相关联的字眼，弱小的基层群体和青年群体从来不敢奢望这两个字能够给自己带来更多改变的机会。但是，随着时代的变迁和文明的进步，基层群体和青年群体可以无视陈规地搭建适合本阶层集体利益的新生规则，甚至根据实力的增长影响更多阶层的群体。

青年群体的成长可以不用再遵循上辈人循规蹈矩、墨守成规的老路，完全可以通过自己对知识、经济、社会、产品、服务和供需关系等的综合理解做出创新的商业架构，以更有格局和生命力的组织方式和商业模式去覆盖过去，主动寻求市场的改变，将规则的主导权牢牢把握在自己手里，为青年团队寻求更大的共生空间，推动社会进步和经济主动转型。

主导规则是选择，再造规则是方法。

如果我们选择用创新和创造带给自己、家人、团队和社会以改变，那么学会主导不同量级的规则就是改变的关键。

由于青年群体在人生早期处于相对弱势的地位，资源、物资、团队等也都是如此，因此，若想实现对规则的主动影响，就得从身边最简单的事情、最突出的矛盾、最紧迫的需求等逐步开始，从一个毫不起眼的小产品、小服务进行自我认知下的新规则的重复验证，并取得相对清晰而稳定的裂变参数。用伟大领袖毛泽东主席"农村包围城市"的战斗理念，从底层和外围市场向高层、核心市场发起围攻。在发展壮大的过程中，不断丰富和修正规则的普适性，将市场战斗的短期果实毫不犹豫地分配给参与规则战斗的伙伴，仅需要将目标锁定在最大基数的把控，最终会形成全新的行业壁垒，塑造出钢铁般的规则城墙。这个时候，规则才是真正的武器，它会迸发出不可估量的创造力。

对旧规则的颠覆，如果从基础开始挖掘，是不可挽回的最彻底的方式。假如从顶层设计开始挑战旧规则，那么，没有绝对的实力不可能实现对旧规则的动摇，旧规则的既得利益集团必然会对新规则的建立者实施残酷无情的抵触和压制，因为这不是利益的共享，而是关乎阶层群体生死的较量。在市场经济规则中，对鳄鱼的眼泪怀有仁慈都是对自我的残杀。

如果新规则符合社会生产力的发展，那么在颠覆旧规则的同时，也会在新规则建立的那一刻带来新的生机。每片沃土都能生长庄稼，不同的只是生产方式的进化，新规则解放的永远是更多的生产力。

看到这里，大家是不是觉得有点像古装剧里的权谋斗争？似乎青年群体与老旧群体进行夺权之争，也有那么一点意思吧。毕竟任何群体都不愿意将手中的支配权主动相让，更何况是规则这种能够改变行业格局的重武器。可是万物之生长和事物之迭代，总是通过新旧更迭才能真正实现改变。

市场经济是以相对自由为基础的开放经济，只要满足法律和道德的双重标准，大可不用顾忌太多条条框框的限制，群体的生存和发展才是第一需求，为了新生群体的最大生存空间和最大的利益实现，对保守旧规则的打破就势在必行，也在所难免。

　　有远大格局的老企业家和有思想深度的前辈，面对有创变、革新基因的新青年群体，内心更多的应该是欣慰，因为他们知道，只有这样善于颠覆和重建的新青年群体，才是民族希望和时代主角。

　　未来的社会必将是更加复杂和多变的，如果不能将创变性的基因植入身体，那么在很短的将来就会面临被淘汰的无情局面。但是，改变未来市场格局依靠自发性发展是很难实现的，只有通过新青年群体的集体智力升级和互助生长，才能带来希望的曙光。新规则就是青年群体手中的利剑，只有握着这把利剑，他们才能够披荆斩棘，所向无敌。

　　主导规则，是革新创变群体未来唯一的生存之路。

　　新青年群体在开拓自己事业的时候，应该将规则这条主线紧紧握在手中，并将新规则作为实践一切的基础标准，把人、事、物通过规则架构，结合规律应用在实践中，建立有效的反馈修复机制，通过科学的数据和统计，对思想行为进行合理调整，彻底而决绝地拓展规则的适用范围，建立真正的新规则。

唯一的逆袭法则

　　【章节核心】青年群体唯一的逆袭之路，就是主动打破原有规则和通路的禁锢，用野蛮生长的姿态碾压一切质疑者，最后以快速量化后的新市场主导权去反向修改底层规则，改变青年群体的相对地位，并与更多年轻化的优秀领导者和群体互助合作，共同成长，携手搭建全新的未来群体经济模式。

　　自古至今，世界留给最基层群体的上升路径本就是狭窄且拥挤的。

　　古代的穷书生可通过考取功名改变自身卑微的境遇，从前也还有考大学以改变命运的机会，但是当今很多非重点大学的教育，越来越流于形式化和官僚化，放任本该埋头苦读的莘莘学子休闲般地度过四年时光和延迟接触社会，甚至其毕业后的薪资都比不过基层工人，无助和茫然地挤在纷扰的美丽都市，毫无存在感。虽然，大学生有所谓的基础文化底蕴，能够有略强一点的再学习能力和提升空间，但是本质上却改变不了被边缘化的命运。

李嘉诚先生曾经说过，在如今的社会中，打工是最愚蠢的投资，只有创业才能够改变命运。

时任国家总理李克强曾经在 2014 年夏季达沃斯论坛上提出，要在 960 万平方公里土地上掀起"大众创业""草根创业"的新浪潮，形成"人人创新""万众创新"的新局面。此后，他在首届世界互联网大会、国务院常务会议和 2015 年发布《政府工作报告》等场合中频频阐释这一论断。每到一地考察，他几乎都要与当地年轻的"创客"会面。他希望激发民族的创业精神和创新基因。

2018 年 9 月 18 日，国务院下发《关于推动创新创业高质量发展打造"双创"升级版的意见》。2018 年 12 月 20 日，"双创"当选为 2018 年度经济类十大流行语。全国诸多有志青年都踊跃加入到创新、创业的时代浪潮之中。

青年群体中的很大一部分人，就业肯定是其首要选择。毕竟不是所有人都能拥有燃烧的青春和清晰的理想，很多人最直接的需求就是在大城市中有一丝夹缝可容身，除了生存本身，他们不敢有过多奢望，面对已经逐渐固化下来的阶层，他们没有一点胜算去支撑其斗志。要想改变自身处境，在无外援的前提下，一个青年人可能要花费十五年的光阴来换取一点机会，而得到的可能仅仅只是一套房产的首付款和漫长而悲催的还贷时光。这些不动产不但沉淀了青年人最宝贵的时光和资本，还扼杀了很多青年人所有的热情、生命和创造力。

值得庆幸的是，这个时代给了青年群体相同的改变和逆袭的机会，需要他们去做的就是根据自我的具体情况，在纷乱的事物中分辨出真正属于这个群体的机遇。为了便于大家理解和消化，暂且按照日本经营之圣稻盛和夫老前辈的理论，将青年群体也分成三类：自燃性的人、可燃性的人、不燃性的人。

稻盛和夫先生所谓的"燃性"，是指对事物所持有的热情和热忱。自燃性的人，是指最先开始对事物采取行动，将其活力和能量分给周围的人；可燃性的人，是指受到自燃性的人或其他已活跃起来的人的影响，能够跟着活跃起来；不燃性的人，是指即使从周围受到影响，但也不为所动，反而打击周围人热情或意愿。这三类人在我们身边形成了完整的、层级交织、熙熙攘攘的大社会。

想要逆袭，毫无疑问是要成为第一类自我燃烧和燃烧他人的人，这是短暂的人生谋求改变的必要选择。作为一个青年人，如果连面对时代机遇和践行理想的魄力都没有，那么这个人基本就是只会活在自己构织的梦想里的巨婴。

有了种子般的蠢蠢欲动，才会有新芽萌发的奇迹。

选择了第一类人的奋斗路径，就不能优柔寡断地质疑自己的能力，要去不停地完善自己缺失的板块，如能力、知识、技术、团队、认知、策略等。我们不能抱怨没有强大的原生资源，成长路上最大的助力永远是自我的认知和团队的凝聚力，任何一种伟大都是源于微小的开始，和其后默默隐忍地坚守和付出，以低姿态融合弱小力量，围绕自身资源不停构筑适合自己的跑道。压低短期欲望和寻求速成的期待，与更多基层群体有阶级感情的青年人和团队守望相助，构筑属于青年群体的坚固城墙。

第二类可燃性的人，也有逆袭改变的机会，只不过是被动性改变。这一类人的改变路径是跟随型的，跟随第一类自燃性人的炽烈事业中，并会由于自身的燃烧成为助力核心事业发展的必要中间体，共享自燃性人带领下的事业果实，成为未来群体新创富金字塔的中层板块。

最后一类不燃性的人，基本属于边缘化的、新底层的淘汰者。这类人会在未来时代的巨变中成为新的失落群体，接受着来自原有既得利益阶层、新创富青年阶层和同级失落阶层的三重压力挤对，甚至连成为韭菜的意义都会丧失，苟延残喘地成为最卑微的新基层群体。

因此，青年群体唯一的逆袭法则，就是奋力蓄积自我能量，发力创新，革新规则，改变基础市场需求链条，以团队的产品、服务快速裂变，构织协作生存的火力网，打破原有规则和通路的禁锢，用野蛮生长的姿态碾压一切质疑者，最后以快速量化后的新市场主导权去反向修改底层规则，改变青年群体的相对地位，并与更多年轻化的优秀领导者和群体互助合作，共同成长，携手搭建全新的未来群体经济模式，推动社会发展，更快更近地触达共产主义社会的伟大目标，为新时代的人类社会谋求最大幸福。

青年群体的逆袭，是未来富有希望的展现，是时代的必然。未来也必将属于青年，我们能做的就是给予他们更多助力和期盼。

开放式架构

【章节核心】未来迈向群体经济的新市场，一定是极度文明和开放的，所有的社会资源、科技、人才、生产、供应、消费等都基于高度的透明和开放。

当我们掌握了逆袭的法则，就会明白实践一个项目或事情最基础的要素，就是搭建适用的商业模式。

在所有的商业模式架构中，开放式架构是最能快速实现量化规模效应的。好的开放式商业架构就像海绵一样，能够吸收很多的协同性、共生性构成要素，而且连接起来的要素还会占据主要分量，而主体构成却是轻量化的框架。

开放式商业架构的核心构成，就是以吸纳功能为主体的服务延伸性平台的搭建。目前，世界上强大的科技公司和互联网公司的基本商业逻辑构成都是开放式商业平台架构，甚至以封闭式系统为承载平台的苹果公司，在面对应用市场和增值服务时也都是开放式架构；诸如亚马逊、天猫、京东、拼多多等购物平台，也均是以为第三方客户和消费者提供信息服务和增值业务为主的开放式架构模式；而以短视频、自媒体、公众号等为运营主体的流量平台，其基本逻辑关系也是以开放式架构为主，吸纳诸多个体产生内容，从而去吸纳更多关联性内容的使用者。

我们推崇开放式商业架构，并不是说封闭式架构或是半封闭式架构不适合市场需求，而是说在同等基础条件和资源下，开放式架构更能组织资源和调动积极性。当然，利弊相生，其难点也在于留给开放式架构的市场化革新越来越小，后来者在不具备强大的技术和资本支撑的前提下，只能朝精细化、垂直化、定向化的市场方向进行深度开发，这样可以回避与全品类开放平台发生直接竞争，留下更多精力去打磨更加专业和精准的小品类、单品类的组合产品平台，并由此逐渐延伸到上下游和附属行业的链条。这方面做得比较好的是小米公司，从最初的单品智能手机开始，拉开大屏智能手机价格血战之后，逐渐用相同手段攻陷了更多领域的产品服务，如空气净化器、智能电视、平板电脑、智能家电及周边产品等，将服务的链条覆盖到以家居智能化服务为主的小品类布局；甚至，在2021年3月，小米还宣布正式进军新能源汽车领域，再次将开放式架构的新平台思维应用到极致，将居家、生活、出行贯通起来。

综观当今市场，似乎我们已经没有多少可以去创新、创造、架构新事业的机会和空间了。但是在IOT物联网、AI人工智能、5G、ChatGPT等普世科技迅猛到来后，其实留给广大青年群体的机会反而是大大增多了，因为这些商业机会和发展资源只有青年群体才能更好驾驭和适从，原来传统行业及其从业者们已经基本从整体上丧失了在这次科技大浪潮中搏击的机会。有思想和抱负的青年朋友们可以更加自由、便捷、迅猛地使用他们最熟悉的科技新元素，对传统娱乐、休闲、服饰、餐饮、旅游、影视、游戏等诸多领域进行革新，把新血液、新模式、新玩法带入对所有行业的颠覆实践，催生全新的产品和服务，为更加年轻化的市场主体消费者提供超越以往的新体验。

2020年，新冠肺炎疫情在全球范围的骤然打击，给世界各个国家的社会、经济、生活等都造成了无法挽回的巨大损失，全球性的延伸影响会在未来三到五年传导给更多实体经济和社会就业群体，并会加速把传统经济拉下核心市场位置，极大革新人们的生活、工作、就业观念，也会由此推动科技服务向生活的更大渗透。而在这样动荡的经济起伏中，如果能把握得当，最有机会和革新力的就是青年群体，他们必将在这一波波的市场动荡、经济转型和改革浪潮中脱颖而出，并逐渐占据市场经济的主导地位，成为新市场经济中的弄潮儿。

未来迈向群体经济的新市场，一定是极度文明和开放的，所有的社会资源、科技、人才、生产、供应、消费等都基于高度的透明和开放。面对汹涌而来的新变局，传统企业家甚至都来不及完成转型和交班，就面临着被新产业洗牌重组的命运。

社会中的一切事物都在加速发展，一切东西都在重新赋予价值。

这必将成为新经济体和市场革新者的饕餮盛宴，那些掌握时代脉搏、抓住伟大时代机遇的青年人，一定会在这场市场经济的大进化升级中赢得他们该有的地位，甚至在迅猛革新的路上都来不及看一眼被时代抛弃的传统企业。老的必然逝去，新的必然滋生，新生命的创造力与破坏力异常恐怖。如果传统企业没有成为支撑新经济创造者的后盾和沃土，就一定会被强大的新生力量无意间连带推倒。

传统企业所谓拥抱开放的口号，往往只是迫于深化改革带来的市场经济爆炸式增长。在深化改革开放和供给侧结构性改革的大浪潮中，传统企业的先天不足就会暴露无疑，一架老式的燃油拖拉机或汽车无论如何改进和组配，都是无法和新能源汽车、无人机和火箭相提并论的。对抗的工具不平等了，也就根本没有了公平对抗的机会。

在未来的事业中，青年群体一定要秉承开放的心态去构筑商业模式，将社会、团队和个人应该承担的责任、义务积极主动地承担起来，架构和实施对社会、集体和个人都能实现增益的事业方案，这会让你和团队在未来的新市场经济中占据重要的一席之地。

开放式架构是兼容和利他的大格局思维。

当然，开放式架构会极大考验青年人的自我管理能力，这种以理想为前提的自我管理能力展现在对所事业产生的自驱力、推动力和影响力，对于青年群体来说，这无疑是极大的考验。要认识到自我管理能力是成长中逐渐锻炼出来的一种习得性能力，是可以通过科学而系统的学习和实践获得的，是以波浪式成长为基本特征的，不能期望这种能力可以一夜速成。

因此，要想具备开放式思维，必须先打开眼界和胸怀。

在青年人还不具备丰富的知识体系和职业经验的时候，最好先静下心来蛰伏一个时期，认真学习、观察、收集、分析、推理、验算、论证这些开放式架构方案，并用实际行动去修补和完善缺失的部分，将组织、组建和实现这一开放式架构的各个环节考虑到位，以坚韧的执行力去分阶段实现，这样才能大概率使理想成为现实。

裂变的魔力

【章节核心】具有裂变基因的商业组织模式，都具有迷人的魅力和强大的创造力，它就像一个活着的有机生命体，可以实现自我增长和壮大。

我们已知的最复杂的系统组织就是人体组织，人体组织中最伟大的核心就是人体基因组，人体基因组最美妙的地方就在于一个高效且稳定的组织框架之下的自组织系统和转录系统。从一个极其微小的受精卵裂变成长为完整的人体组织，这是一件多么不可思议的事情，而且这个生命体还能自我实现裂变生长和进化，完成从一到无限的人类文明故事的裂变和延续。

具有裂变基因的商业组织模式，都具有迷人的魅力和强大的创造力，它就像一个活着的有机生命体，可以实现自我增长和壮大。

在现实中，经典的裂变故事也有三个代表，第一个是日本稻盛和夫的"阿米巴经营"理念，第二个是中国互联网品牌生态运营集团韩都衣舍的"自我裂变小组制"，第三个是中国新能源国际化企业芬尼克兹的创始人宗毅先生的"裂变式创业"，下文简单地为大家分述讲解。

第一个故事：稻盛和夫的"阿米巴经营"理念。

出生于日本鹿儿岛的世界著名实业家、哲学家稻盛和夫先生，27岁创办京都陶瓷株式会社（现名京瓷 Kyocera），52岁创办第二电信（原名 DDI，现名 KDDI，日本第二大通信公司），这两家公司在他有生之年都进入了世界500强，两大事业皆以惊人的趋势成长。稻盛和夫痛惜战后的日本以选择聪明才辩型的人做领导为潮流，忽略了道德规范和伦理标准，导致政商两界日渐式微。他建议领导者的选拔标准是德要高于才，也就是居人上者，人格第一，勇气第二，能力第三。还指出热爱是点燃工作激情的火把，成功的人往往都是那些沉醉于做事的人。

稻盛和夫提出了"阿米巴经营"理论：阿米巴的经营方式，本质就是将各个部门拆成独立营运的利润中心，并且由堪当大任、有经营概念和经验的人作为负责人，"为伙伴尽力"是阿米巴经营的精髓。国内现在熟悉并力推的合伙人制与其精神有些类似，只是由于日本没有类似的经营制度，所以稻盛和夫不得不变通出这样的一种经营模式。

阿米巴经营中的价值到底是什么？目前看来应该是价值的量化，公司最终的产值和利润通过价值链实现倒推，并合理地分配到每一个节点上的阿米巴单元，以单元作为最低产出单位，就像生物体中的一个个细胞组织。

以稻盛和夫的一句话和读者朋友们共勉："人生不是一场物质的盛宴，而是一次灵魂的修炼，使它在谢幕之时比开幕之初更为高尚。"

第二个故事：韩都衣舍和"自我裂变小组制"。

韩都衣舍是成立于2006年的电商品牌，于2016年挂牌上市，最早做韩服外贸起家，最后通过内部孵化、自我裂变实现了70多个品牌的集群。韩都衣舍独创的"以产品小组为核心的单品全程运营体系（IOSSP）"，是企业利用互联网提升运营效率的一个成功案例，入选清华大学MBA、长江商学院、中欧国际工商学院及哈佛商学院EMBA教学案例库。

韩都衣舍的核心竞争优势——基于产品小组的单品全程运营体系，是指每一款产品，从设计、生产到销售都以"产品小组"为核心，企划、摄影、生产、营销、客服、物流等相关业务环节配合，全程数据化、精细化的运营管理系统。"多款少量，以销定产"，最大程度地发挥互联网的优势，建立了"款式多，更新快,性价比高"的竞争优势，也有效地解决了服装行业最为头痛的库存问题，可以保证以极高的性价比给顾客提供更多的商品选择。"单品全程运营体系"以产品小组为核心，产品小组之间既独立运营、核算，又相互配合，全面统筹。它们围绕"产品运营"这一核心，在企业的整体规划下独立开展业务。

韩都衣舍有多达几百个产品小组，每个产品小组通常由2~3名成员组成，产品设计、页面制作、库存管理、打折促销等非标准化环节全权交由各小组负责。产品小组模式在最小的业务单元上实现了"责、权、利"的相对统一，是建立在企业公共服务平台上的"自主经营体"，培养了大批具有经营思维的产品开发和运营人员，同时也为集团多品牌战略提供了最重要的人才储备。

柔性供应链是韩都衣舍灵活调配营销企划、产品企划和供应商生产，实现快速返单、高交货达成率和高供给精准率的综合管控链条，具有互联网品牌运营即时互动的特点。

第三个故事：芬尼克兹创始人宗毅的"裂变式创业"。

在中国芬尼克兹（PHNIX）拥有完整的热泵产品产业链，全身心致力于新能源技术，以节能、环保事业为企业的发展方向，是专注热泵产品研发、生产及提供综合节能解决方案的国际化企业，其核心理念是致力于人类的可持续发展。芬尼克兹注重吸收和整合欧美发达国家的热泵技术，长期与海外相关研发机构保持良好的合作和沟通。

宗毅被《罗辑思维》主讲人罗振宇誉为传统企业转型互联网最成功的企业家。他开创独特的裂变式创业模式，先后创立 12 家裂变公司，创业成功率高达 100%。现在宗毅的裂变式创业已经成为中欧国际工商学院的经典教案和湖畔大学 1 号案例。

2019 年与 2020 年，经朋友介绍，作者与宗毅先生进行过两次深入沟通，收获其签赠的著作《裂变式创业》和《非对称思维》两本书，拜读后被其创新、大胆的转型探索精神所折服。宗毅先生不仅将裂变式思维贯穿在自己的企业中，还积极地开办了传播经验的"裂变学院"，将自己和企业宝贵的经验、心得、体会共享给更多处于摸索转型中的传统企业，获得了很高的社会赞誉。在 2020 年新冠疫情暴发之后，更是携企业与众学员一起转战线上，探讨未来疫情及经济走势，提请学员企业预防危机，共渡难关，原计划 500 名企业学员的在线直播互动，最后聚集了 5000 多人，让大家受益良多。

"裂变式创业"的核心思想就是企业内部消化快速成长起来的团队激情，并引导有领导力和团结力的骨干员工进行裂变创业，将公司培养起来的优秀人才主动带到更大的发展空间，也在一定程度上消除了公司人才流失、高管独立成为竞争对手的局面，用企业大平台为有能力、有想法、有干法的青年人才提供全新的、自由的发展机会，扶持新生力量围绕在集团企业周围，让集团企业不断壮大。

目前，由此模式做基础已经裂变出了多家孵化企业，并且新企业成长得都十分良好，在业界树立了良好的口碑。

以上两个中国的裂变故事，仅仅是市场经济深化改革和转型大潮中的典型案例，还有诸多成功且优秀的革新故事，都是用新青年、新思维和新组织架构起来的企业伟大转型之路，并带领企业逐渐走向了新生。

有的朋友读到这里可能会疑惑，为何苹果商店、天猫、京东、拼多多的平台不能算裂变模式？这是由于他们的商业架构是平台型开放式架构，而非裂变型开放式架构，他们的原生驱动力不是来源于内部裂变，而是需要更多第三方根植其上才能实现其价值的服务型组织。而本节讨论的裂变是源于自身的机构核心精髓，是围绕自身组织生产和壮大的讨论，是基础的关于本体基因特性的研讨，只有基于对本体更加透彻、科学、可持续的发展模式架构，才能真正奠定组织发展的牢固基石和独特的核心文化。

青年朋友们是新时代的宠儿，更是未来社会中的主角，要做到不被当下纷乱复杂的表象所迷惑，跳脱出僵化思维的禁锢，用清晰、敏锐、犀利的眼神看透事物发展的本质，以开放式的格局架构，辅助以快速裂变迭代的组织方法，在不远的未来创造出不凡的人生价值。

忽略嘈杂的声音

【章节核心】过多地听取来自身边嘈杂的声音，会削弱和动摇我们坚守的信念，也会让我们质疑自己的判断，但是历史一次次证明：真理往往掌握在少数人手上。

司马迁的《史记·商君列传》中有言："民不可与虑始而可与乐成。论至德者不和于俗，成大功者不谋于众。"

在与商鞅等人一同辩论秦国变法的必要性时，秦孝公提出疑虑"今吾欲变法以治，更礼以教百姓，恐天下之议我也"，他担心变法要改变祖制和传统，害怕天下人非议他，而商鞅就用"疑行无成，疑事无功。且夫有高人之行者，固见负于世；有独知之虑者，必见骜于民。愚者暗于成事，知者见于未萌。民不可与虑始，而可与乐成。郭偃之法曰：'论至德者不和于俗，成大功者不谋于众'"来回答秦孝公，秦孝公大喜并用一个字回答商鞅："善。"

用白话文描述商鞅的言论就是：行动迟疑一定不会做出什么成就，办事犹豫不决就不会有功效。况且超出常人的行为，本来就常被世俗非议；拥有独一无二见识思考的人也一定会遭到平常人的嘲笑。愚笨的人在办成事情之后还不明白其中道理，有智慧的人对那些还没有显露萌芽的事情就能做到未卜先知。大众百姓不可以同他们讨论如何开始创新，却能够同他们一起欢庆分享事业的成功。郭偃的法书上说："讲究崇高道德的人，不去附和那些世俗的偏见。成就大事业的人，不去同大众商量。"

这就是著名的《商君书》的第一章《变法》，此后秦国普行的"商鞅变法"才逐渐变得强大，为后世秦始皇嬴政的华夏一统大业奠定了坚实的法制和国力基础。

纵观历史成就伟业的人为何多是孤独者，甚至封建社会的最高统治者——皇帝，亦自称为"寡人"。不是说这些人生来就喜欢孤独，而是有志成就丰功伟业的必是目标明确及意志坚定的人，在为了长远目标奋斗的过程中，很多时候是需要独自默默地去坚守对一个信念的判断，意志力薄弱和优柔寡断之人也必难成大器，更何况来自身边的声音多半属于宵小之辈的毫无见解的噪声。晚清重臣曾国藩也曾经说过："利可共而不可独，谋可寡而不可众。"谋定相对重大的事情，不必与众人反复商量。谋求大事业的人，在自己的胸中必定已有非同一般的筹划、格局与安排，在瞄准了方向和方法以后，努力去做就可，如果反复纠结，或与他人商量、讨论，不仅影响执行效率，还会错失机遇。

我们在前文中就曾借法国心理学作家勒庞的著作《乌合之众》大众心理研究一书说过，大众之中是没有集体智慧的，过多和过度的人聚集后的决策只会成为乌合之众的讨论，真正的智慧往往只属于少数个体，只有拥有自主意识和独立思想的带头人才能带领大家拨云见日，冲出迷障。

人生于世，会听到来自身边的形形色色的声音。尤其在实践自己理想的路上，更是会听到来自四面八方的声音，这种声音大多属于质疑和不屑，哪怕有一点点鼓励和恭维话语的人，脸上多半还带着虚伪的面具。

历史巨轮之下的大众欲求一直是一部压抑史，这就导致很多的时候民众的鄙视链是仰于权贵、恶于优己、乐于平阶、悯于下人。在这样的复杂心理中，我们根本难以听到什么真知灼见，更别说雪中送炭、摇旗呐喊、擂鼓助威了；成就事业的路上更多陪伴你的将会是无声滴落的汗水和孤独无助的坚持。

过多地听取来自身边嘈杂的声音，会削弱和动摇我们坚守的信念，也会让我们质疑自己的判断，但是历史一次次证明：真理往往掌握在少数人手上。如果我们不能做到知行合一，最起码要做到坚持不懈地勇往直前。坚定不移地去做事情不一定有结果，但是心猿意马地做事情一定不会有好结果。

青年群体面对着太多社会上的诱惑，足以让大多数青年人不思进取、无法自拔地深陷其中，诸如游戏、陌生社交等都太具有诱惑力了。那么多所谓的网友、粉丝、队友陪伴，甚至现在有很多合法的异性付费陪玩、陪聊的 App 平台，让多少有志青年迷失其中；而令人悲痛的是，全民都迷失在短视频和直播的泛滥之中，享受着即时满足带来的精神麻醉，精心呵护着仅几十个弱关注的粉丝，如明星姿态般地互动着。我并不想声讨这样的泛娱乐现象，只是不想看到太多人长期沉迷其中，不能自拔。

眼球经济带来的无意义关注，一次次拉低道德和审美的底线，让人们一次次放弃现实中的机会和机遇，仅仅是为了身边朋友、若干粉丝的那些毫无意义的点赞和评论。在嘈杂的虚拟世界中，放纵自己在现实生活中的不如意、不得志，以一个弱者的投机心态，苟活在思想堕落的最底层世界。

时代前进的步伐在不停加速，社会的面貌在急速变化，大众的民智也在迅速上升，这就使我们每个人用于创新创造、改变自我、建立事业和实现理想的周期缩短了。如果不能将全部精力聚焦于核心点，那么我们很大可能就会浪费自己宝贵的青春，错失机会。人生很短，能做成的像样的事情并不多，我们应该对得起自己宝贵的人生历程。当然，并不是说平淡和平凡的生活状态不好，关键是主动选择还是被迫选择平淡和平凡的生活，其本质是不一样的。

火一样燃烧的青年群体，还是应该将一腔热血倾注于对美好理想的实现中。

心无旁骛应该是青年创业者前进路上最应具备的信念和品格。

任何时候，我们都应该坚持伟大领袖毛泽东主席在《论联合政府》中倡导的那种面对新世界一往无前的革命精神，只有这样才能忽略身边嘈杂的声音，奋勇开创新局面。

带着橡皮砥砺前行

【章节核心】橡皮人生的前行理念，就是要求我们虚怀若谷地接纳并修正自己的错误。用第三视角审视自己身上的瑕疵，完善自己的德行，使之趋于完整和完美，让橡皮擦去的错误成为促进成长的磨砺。

橡皮真是一个伟大的发明。

每当人们用铅笔写错字的时候，总能用橡皮擦除，重新写过。

虽然我们的人生不能像稿纸一样反复书写、修改、擦除、再书写，但是我们可以用自由意志和知识体系作为橡皮，时刻去修正前进路上的错误。

每个人在其一生之中都会由于经验不足、知识匮乏、傲慢与偏见等复杂原因犯无数错误，但是犯错误之后，每个人的反思及获得的成长经验却大相径庭，这均是由于人面对错误的态度迥异带来的差异。

在我们成长、学习、工作、创业、生活的路上，一定是与各种问题与困难不停交锋和试错，如果没有良好的心态去适应这样一个持续被打击的状况，那么某一次的特定打击过后，我们内心的防线就会被击垮。由于人生经验不足，面对多变的境遇难免会犯错误。犯了错误不可怕，可怕的是用逃避和不思悔改的态度去面对。

《左传》中就曾记载春秋时期晋灵公无道，滥杀无辜，下臣规劝后，他表示知道错了，会改正，下臣就回答他"人孰无过？过而能改，善莫大焉"。可惜的是，晋灵公言而无信，依旧残暴不止，最后被下臣所刺杀。而《礼记·中庸》中也曾记载孔子的"知耻近乎勇"，其言意为有羞耻心的人，才能勇敢面对自己的错误，战胜自我弱点。孔子又在《论语·卫灵公》中用"过而不改，是谓过矣"

来告诉后人，自己有了错误而不去改正，那便真叫错误了。所以，一个人敢于承认自己所犯下的过失和错误，并用行动积极进行改正，这才是一种真正的勇气和美德，也是一个人不断完善自我、取得更快进步的阶梯。

英国大文学家威廉·莎士比亚曾经说："最好的好人，都是犯过错误的过来人。一个人往往因为有一点小小的缺点，将来会变得更好。"

世界著名科学家、我国伟大的两院院士钱学森也曾经说："正确的结果，是从大量错误中得出来的；没有大量错误作台阶，也就登不上最后正确结果的高座。"

在青春岁月的热潮中恣意生长的年轻人，面对新鲜、有趣的事物，进行多次尝试、探索的时候，难免会触碰到即时反馈回来的错误和失败的打击，甚至会在一定程度上挫败奋斗热情，这都是很正常的。每一个人的成长之路都会遇到很多的困难、挫折、错误和失败，也正是源于此，才造就了一代代的青年人钢铁般的意志和百折不屈的精神。

但是，我们敬爱的周恩来总理也曾经说过："错误是不可避免的，但是不要重复错误。"同样的错误是不能犯的，一个人不能被同一块石头绊倒两次，手中拿着橡皮在一个地方反复擦写，这会在原地累积极大的破坏性，并且重复错误的东西是非常不成熟的表现，不知认错和悔改，不能从自我的错误中汲取经验教训，这样只会让人一条死胡同走到底，最终酿成不可挽回的大错。

青年群体是饱含热情迎接未来的人，在前进的路上如果能够带着谦恭修正的心态，结合坚韧不拔的奋斗意志，必定会爆发极大的创造力和开拓力，也能够肩负更大的志向和抱负，还能承担更多的社会责任，拥有这样优秀综合素养的青年人定是无往不利。更大的能力对应更大的挑战和收获，青年人只有通过成长中的层层磨砺才能真正成长为一名顶天立地、继往开来的人才，而机遇总是属于这样有担当精神的人，这使他们在汹涌的时代大潮中得以屹立不倒。

经历过千锤百炼的人，才能冲破禁锢前进的枷锁，凝聚众心，开创真正属于青年群体的新天地。

有一部分思维传统的企业人和中产阶层，在未来的时代发展中会迅速没落和消退，除了由于他们不再适应当前的爆炸式发展的时代，还有很大一部分原因就是他们只会向权力和财富低头认错。他们从前获得的学习、改正、进步的良好品格在丢失，他们不愿意承认自己老了，也不愿意向青年人讨教和学习，哪怕意识到青年群体才是未来希望的接班人，也总是由于爱惜羽毛而放不下身段去礼贤下士，更难以用重回青春的年轻心态与青年群体一同去打拼和创变，更不能为自己、团队、社会带来积极的推动力。这就导致他们会一直处于被时代选择边缘化的处境，将自己本来积累的好经验和先天条件一同扔进了垃圾桶。

假如他们能够意识到自己的思维和意识进化已经跟不上时代的步伐，或者说他们明白自己已经不懂这个时代，但是懂得观察人，那么一样可以获得时代的第二次机会。他们可以修正自己的固执己见，勇于拥抱青年群体和时代变化，降低自己的姿态，放弃成见，与这个时代的接班人打成一片，这样他们也一定能够随青年群体共同分享未来时代的伟大成就和美丽风景。可惜的是，这种思维跃升的限制是老一代人的劫难，他们很难逃脱思维进化的禁锢。

橡皮人生的前行理念，就是要求我们虚怀若谷地接纳并修正自己的错误。用第三视角审视自己身上的瑕疵，完善自己的德行，使之趋于完整和完美，让橡皮擦去的错误成为促进我们成长的磨砺。

带着橡皮砥砺前行，是科学的发展观和正确的人生观，是不惧艰难、勇于试错的积极实践，是修正错误、继续前行的革新，是获取成功、幸福的人生必要的态度。

第五章

颠覆逆袭

持续学习和构建知识体系

【章节核心】持续学习，是一个人进取路上的通行证。独立的知识体系，是一个人自信的源泉，也是一个人开疆辟土的思想导师。"俄罗斯文学之父"普希金睿智地启发后人说："读书和学习是在别人思想和知识的帮助下，建立起自己的思想和知识。"

本章开篇我们用一个小而伟大的励志故事，来启述关于持续学习的话题。

故事的主人翁就是作者最尊重和感恩的母亲，她老人家一生艰苦奋斗、持续学习的能力让作者由衷敬佩和感动，这也是作者身边所能描述的最真实、感人和励志的关于持续学习和不断成长的故事。

我的母亲大人出生于 20 世纪 50 年代冀中平原的一个落后小乡村。在那个新中国刚刚成立不久的年代，很多家庭人口多，粮食少，偏僻落后，导致乡村生活异常艰苦，每家几乎都有 4~9 口人，同时伴随着明显的重男轻女和普遍文盲的社会现象。我的母亲就是在那样的情况下出生的普通女性，目不识丁、任劳任怨、忍辱负重、勤俭持家、求知若渴成了围绕她一生的关键词。这其中，文盲是她一直遗憾的事情，识字读书就成为她一直放在心底的梦想。早年由于忙于生计和乡村农事缠身，读书识字也就真的成为奢望。

时至如今，母亲已经是一位 65 周岁的老人。几年前，由于我的事业和家庭需要，她来到了很陌生的城市，帮着照料家庭琐事。虽然不太适应陌生的城市生活，但是一家人多了相聚和交流，她老人家过得倒也很开心，并且经常得闲去楼下与邻里交流聊天。她每次下楼时都会把同楼道的垃圾顺路带下去，觉得这才是应该有的邻里关系，因此也与大家相处得很愉快，交了不少新朋友。

2018 年底，我偶然发现她老人家有了新苦恼，多次询问之下她才勉强告知，原来是她觉得自己没有文化，虽然大家很喜欢她，但是总觉得有很多话题无法与大家更好地交流和互动。身在大楼林立的都市，到处都是站牌、字牌、导视系统、广告画面、产品介绍等，不识字的母亲感觉身处于孤立和无助的处境，想学习也没有什么好方法，而且她也气愤有高中文化的父亲没有耐心教她读书识字。父亲说她都一把年纪了，还学什么文化知识，还说他也不知从何教起，母亲因此而焦急、懊恼。

知道了事情的原委，我就鼓励她多看智能电视上带字幕的新闻，不但能了解社会信息和解闷，同时还能从常识上积累知识。关于文字的识别和学习，对于老人来说确实是一个漫长而艰苦的过程，我建议她老人家一点点来，急不得。后来，由于我项目杂事较多，经常出差，就淡化了那次讨论的后续。

2019 年秋天的某一天，我突然发现母亲用从楼下捡到的儿童粉笔，在她积攒的诸多纸箱、木板上写了好多歪歪扭扭、潦草散乱的字，每个字都有巴掌大小。

当时，我看到这些粉笔字的时候，完全惊呆了，根本不敢相信这大半年发生了什么，我一边用手机拍照记录，一边大声询问母亲关于这些字的故事。她老人家很羞涩地说那是她自己跟着电视上学的，没有人教她，她也不好意思老打扰别人。每次看电视的时候，她尽量找有字幕的节目，遇到喜欢或感兴趣的某句话就暂停，戴着老花镜对着电视、拿着粉笔在纸板上异常用力且费事地一笔笔临摹下来。母亲说字幕上的一句话她得用十多天去反复读写，现在大概认识一百多个字了，并无奈地说自己老了，记性差、学习慢，担心不能真的学会识字读书了。

当时听了母亲略带羞涩的描述，被她老人家如此专注而努力地学习的姿态感动，我抑制不住情绪，眼睛湿润起来，心底夹杂着忽视母亲诉求后的愧疚，用不停拍照掩盖我面对汹涌情感时的窘态。

文章写到这里，我再一次默默地流下了眼泪，心中只浮现一句话："妈，我爱您，谢谢您给予我的一切，在儿子心里您最伟大。"

图 5-1 家母零基础学习写字首月笔迹

2020 年因新冠肺炎疫情封城，我有了更多时间陪伴家人。每天得空，我就手把手教母亲认字，耐心地帮她分析文字构成和含义、区别。每当她一次次苦笑着问我重复读写多遍的字该如何念的时候，我不停鼓励她说我们小时候读书，每个字也至少得几百遍地书写记忆，并告诉她小学六年基本全是认识文字的过程，开导她读书认字要循序渐进，由简入繁。

偶然的一次，母亲发现一个更便捷的认字办法，她把接触过的所有东西的外包装盒都用剪刀剪开分好类，拿着一把把的纸片问我和身边的人该如何读写，并照着物品和文字反复记忆，有点类似儿童的识字卡片。家人们看到她慈祥的笑容和求知若渴的韧劲都被感动了，积极主动地帮助她学习。母亲也不负众望，飞速成长，现在已经能够认识三百多组字词了，出门后也能够模糊地认知大城市中充斥的各种常见文字和标识。

图 5-2 家母零基础学习写字半年后词句笔迹

很难相信，一年半的时间，一个大字不识、大半生没有碰过纸笔的乡村妇女，在陌生的环境之中还能把自己融入进去，并在发现自身与周边的差距后，能够在短时间内通过艰苦卓绝的努力逐渐掌握文化知识，并尝试改变自己的认知，用点滴的积累接近自己原本遥远的梦想，这份执着前行和持续学习的态度值得我们所有人敬佩和学习。她老人家用实际行动告诉我们：只要开始践行梦想，方法得当，持之以恒地进步，任何人都可以创造奇迹。

随着全国新冠疫情进入中期的 2021 年，我的母亲在完成她老人家次子的终身大事之后若干天，突然查出罹患肿瘤恶疾，我们全家陷入了巨大的悲痛。在全家陪伴照护她进行治疗的日子中，她老人家带着病痛依然不忘乐观的面对生活，还时常宽慰着我们所有人。在积极配合治疗的过程中，依然顽强地坚持学习文化知识。面对生活的无常，她老人家坦然、睿智而洒脱，这是多么令人动容的积极、乐观、向上的阳光生活态度啊。

在此，渴望命运之神眷顾我的母亲，并向历经生活苦难后仍然百折不屈的我挚爱的伟大母亲致以最深爱的敬意。

苏联著名作家玛克西姆·高尔基曾说："学习永远不晚。"

持续的学习，是我们离开校园、进入社会后必须坚持的基本功，也是我们逐渐区别于同龄人并拉开彼此差距的关键。无论社会如何变化，市场如何无情，工作和事业如何艰难，最后你会恍然醒悟，真正决定你眼界高度和未来成长空间的就是持续的学习能力，并直接关联和影响到你的家庭和事业。

任何物种和事物进化迭代的关键环节就是：行为、总结、学习、模仿、继承，如果脱离了对环境感知后的学习，任何东西都不能实现成长和进化。

一个人乃至团队，其核心竞争力就是学习和认知两大板块的对决，成长型的个人和团队拥有自驱动的学习动力，并且学习方向明确，方法合理，计划得当，结果客观。由此累积的学习能量会在以后的探索路上逐渐释放，实现厚积薄发，不断突破，超越自我。

"俄罗斯文学之父"普希金睿智地启发后人："读书和学习是在别人思想和知识的帮助下，建立起自己的思想和知识。"

21 世纪是知识和信息大爆炸的时代，更是知识和信息过度碎片化和泛滥的时代，同时，也是自我认知和社会进化呈现巨大动荡的时代。处在这个时期中的人若要快速跟进时代步伐，就要有持续学习和快速进步的能力，尤其是青年人，面对花花世界和信息海啸，都处于信息侵扰和影响之中，而过度碎片化的知识和信息会极大消解人的意志，并在独立思想的建立上形成巨大干扰。

我非常同意和支持普希金关于读书和学习的见解，一定要在别人的思想和知识的帮助下建立我们自己的思想和知识体系。一个人建立了自我知识体系，不仅不会受外来多重思想的干扰和影响，还可以对外来知识和信息进行梳理和筛选，作为补充性认知，健全自己知识树上的若干分支和延伸树叶，让自己的思想更加饱满、独立和自由。

独立而健全的、成长型的知识体系是一个人自信的源泉，更是指导自我行走于未来多变之路的法宝。在这个快速发展的社会，物质已经不是制约我们发展的必要条件，思想的高度成为差异化的决定因素。任何人如果懒于思、惰于行，势必会成为社会和团队中的成长制约因子，就必然会被孤立和抛弃。

孟子在《滕文公章句上》中曾言："劳心者治人，劳力者治于人。"一个人如果是脑力思考付出多一点，就会脱于体力劳动，而不会动脑只会蛮干的人就一定受制于脑力劳动者。假如一个人既不想付出脑力劳动也懒得拿出体力劳动，就必然是大家所唾弃的不齿与其共处之的对象。

法国生理学家贝尔纳说："构成我们学习上最大障碍的不是未知的东西，而是已知的东西。"

每个人的成长路径都不相同，面对学习的态度也不尽相同，但是阻碍我们持续成长和成功的一定是这种态度。人们会限于经验、眼界、格局的束缚，对已获得的知识、成功、财富、地位、权力等拥有绝对的优越感，或是因以上因素的缺失呈现自卑感，从而出现傲慢和卑微两种截然相反的思想和表现，这都会极大影响我们更好地学习和更快地成长，也就容易跌入随即而来的失意和失志，进而导致个人和事业进入下行通道。

伟大领袖毛泽东主席教导我们说："学习的敌人是自己的满足。要认真学习一点东西，必须从不自满开始。对自己'学而不厌'，对人家'诲人不倦'，我们应取这种态度。"

持续学习，是一个人进取路上的通行证。独立的知识体系，是一个人自信的源泉，也是一个人开疆辟土的思想导师。

逻辑思维和方法论

【章节核心】一个人具有的逻辑思维能力越强，对知识的理解就越透彻，掌握得就越牢固，运用起来就会越灵活。方法论的本质就是一种以解决问题为目标的理论体系或系统，通常涉及对问题阶段、任务、工具、方法、技巧的论述。我们可以依靠逻辑思维的战略引导和方法论的战术实践，去完成一个理想或目标的实现。

本小节讨论的逻辑思维和方法论偏向于理论应用方向，而非针对哲学层面的理论建构和认知思辨进行的讨论。旨在通过对逻辑思维和方法论的具体实践和指导性探索，帮助读者朋友建立相对完整的自我指导体系。

关于逻辑学和方法论的哲学理论研究，世界诸多先哲的相关著作已经将二者的哲学体系建立得趋于完整，后人对这两个方向的研究和表达除却注解已失去根本意义，本小节内容也仅能将二者恢宏的主体框架的落地性应用，给没有接触过这两块哲学内容的读者朋友陈述一二，以求对自我的思维和行为有更加清晰和系统的指导意义。

我们先通过普遍描述，对逻辑思维和思维结构进行初步了解。

逻辑思维（Logical Thinking），是逻辑学的形式思维化表达，是思维的一种高级形式。指将思维内容联结、组织在一起的方式或形式，是符合世间事物之间的关系和自然规律的思维方式。

人们在认识事物的过程中，借助于概念、判断、推理等思维形式，能动地反映客观现实的理性认识过程，又称抽象思维。它是作为对认识者的思维及思维结构，以及对有效规律的分析而产生和发展起来的。只有经过逻辑思维，人们的认识才能达到对具体对象的本质规律的把握，进而认识客观世界。

逻辑思维是人的认识的高级阶段，即理性认识阶段。

思维是以概念、范畴为工具去反映认识对象的，这些关乎思维的概念和范畴是以某种框架形式存在于人的大脑之中，即思维结构，而且，这些框架能够把不同的概念、范畴组织在一起，从而形成一个相对完整的思想，并加以理解和掌握，达到认识事物的目的。因此，思维结构既是人的一种认知结构，又是人运用概念、范畴去把握客体的能力结构。

我们所有人都具有进行逻辑思维的基本能力，但水平会有较大差异。一个人具有的逻辑思维能力越强，对知识的理解就越透彻，掌握得就越牢固，运用起来就会越灵活。因此，培养和提高人们的逻辑思维能力，是提高我们综合能力的一个基本而重要的路径。

逻辑思维是人脑的一种理性活动，思维主体把感性认识阶段获得的对于事物认识的信息材料抽象成概念，运用概念进行判断，并按一定逻辑关系进行推理，从而产生新的认识和认知，它具有规范、严密、确定和可重复的基本特点。

逻辑思维要遵循逻辑的规律，主要是形式逻辑关于同一律、矛盾律、排中律，辩证逻辑的对立统一、质量互变、否定之否定等基本规律。违背这些规律，思维就会发生诸如偷换概念、偷换论题、自相矛盾、形而上学等逻辑错误，认知系统就会发生混乱和错误。逻辑思维是分析性的，恪守按部就班的原则，做逻辑思维活动时，每一步都必须准确衔接，否则无法推导和得出正确的结论。

逻辑本是客观世界存在和发展的规律，也是人类社会活动的客观存在和发展规律。讨论逻辑思维就避不开对逻辑学的认识，逻辑学是研究思维形式和规律的科学，也是关于推理和论证的科学，它的主要任务就是提供识别有效的推理、论证与无效的推理、论证的标准，并教会人们正确地进行推理和论证，识别、揭露和反驳错误的推理和论证。逻辑学对人类思维的核心意义是清晰而高效地思考。

学会运用逻辑思维和逻辑学理论，具有以下切实作用。

认知工具：有助于人们正确认识事物，探寻新结果，获得新知识。

表达工具：有助于人们准确、严密、清晰地表达思想和建立新理论。

说服工具：有助于人们做出更为严谨、更具有说服力的推理和论证。

分析工具：有助于人们揭露谬误，驳斥诡辩；并实现正确思考，明辨是非，正本清源。

现在，我们再来叙述一下方法论对我们人生的伟大指导意义。

谈到方法论，就一定躲不开被德国哲学家黑格尔称为"现代哲学之父"的笛卡尔，一位伟大的法国哲学家、数学家、科学家，他不仅在哲学上有《哲学原理》《方法论》等多部著作，还创立了解析几何学，并在物理上首次明确提出能量守恒定律。但是，我们对笛卡尔的认识还是那句著名的"我思故我在"，在哲学思考中也以此确立了思维主体和人的精神本质，并强调了自我意识的重要性。《方法论》的出版对西方人的思维方式、思想观念和科研方法都有极大的影响，甚至人们普遍认为欧洲人在某种意义上都是笛卡尔主义者，指的就是欧洲人受到了方法论的普遍影响。

那么，方法论主要是讨论什么呢？

方法论，就是关于人们认识世界、改造世界的方法的理论。

它是指人们用什么样的方式、方法来观察事物和处理问题。方法论的本质就是一种以解决问题为目标的理论体系或系统，通常涉及对问题的阶段、任务、工具、方法、技巧的论述。方法论会对一系列具体的方法进行分析研究、系统总结并最终提出较为一般性的原则。

笛卡尔在《方法论》中指出，研究问题的方法分四个步骤，具体如下。

1. 普遍怀疑，把一切可疑的知识都剔出去，剩下决不能怀疑的东西；不管有什么权威的结论，都可以怀疑。这就是著名的"怀疑一切"理论。

2. 把复杂的问题转化为最简单的问题。可以将要研究的复杂问题尽量分解为多个比较简单的小问题，一个一个地分开解决。

3. 用综合法从简单的问题得出复杂的问题，将小问题从简单到复杂排列，先从容易解决的问题着手。

4. 累计越全面、复查越周到越好，以便确信什么都没有遗漏。将所有问题解决后，再综合起来检验，看是否已经将问题彻底解决。

对方法论的细致掌握，能够提高我们在执行分解问题时的效率，加快结果的实现，并让面对问题和事物的人有了战术上的确定性。

而逻辑思维和逻辑性可以帮助我们提前建立宏观的战略思维，并让我们拥有更加合理而稳妥的方案路径。我们可以依靠逻辑思维的战略引导和方法论的战术实践，去完成一个理想或目标的实现。

这就是对大部分普通人而言，逻辑思维和方法论相对更具体和更具指导意义的部分。逻辑思维和方法论的涵概面实在是太过广泛，甚至可以分别单列多章去具体讨论，为了突出文章主旨，本文仅汲取对青年群体或普罗大众有能动意义和指导意义的部分，让大家对生活和工作中遇到的各类问题和事物能有具体而朴素的解决之道，就已善莫大焉。

不过，我强烈建议大家在阅读和了解完逻辑思维、逻辑学和方法论的初级概义之后，能够通过补充学习，将自我认知中不健全的哲学部分完善起来。因为，一个拥有远大理想的人，在生活和工作中，拥有哲学的基本知识非常关键，它不仅能够帮助我们建立科学的世界观、人生观、价值观，还能像一盏指路明灯，帮助我们去面对生活和工作中的种种挫折和疑惑，让我们明了方向，毅然走向不确定的未来。

掌握情绪和尺度的艺术

【章节核心】我们时刻要做情绪的主人，而非情绪的奴隶，不能任由情绪在我们头脑中肆虐，使一切行为都受制于情绪；在行事的过程中，要多以"推己及人"的利他思维把握好尺度问题。

胸有波澜而面如平湖者，可拜上将军。

这句话是我的书法师父和人生导师开悟我们的时候，告知的成大事者之情绪法度。而师父本人的网名亦是"面如平湖"，在其波澜人生中，他也一直以此情绪法度行事待人，不管是在金融系统意气风发率领千百人创新突进，还是下海创业攀登人生财富和智慧顶峰，乃至企业集团波折震荡、人心聚散，他都可以用面如平湖般的心绪静默思考，并能伏案挥毫，淡然处之。他常说的一句话就是"做企业是业余的，但书法是专业的"，而且常用历史典籍结合现场写就的书法作品给我们传授人生智慧，让我们受益良多，助启了更大的人生格局。

人类都是社会性动物，在这个多变的时代，合作才能共赢，依靠单打独斗早已经成为过去。一个能控制好自己情绪的人，不觉之中就在给自己创造更多机会和机遇，同时也提高了行事成功的概率。学会控制情绪对我们身心健康和事业发展都是百利无害的。

伟大的军事家、法兰西帝国的缔造者拿破仑·波拿巴也说过："能控制好自己情绪的人，比能拿下一座城池的将军更伟大。"

我们时刻要做情绪的主人，而非情绪的奴隶，不能任由情绪肆虐，使一切行为都受制于情绪。而应该努力学会控制情绪，明白无论境况多么糟糕，只有在情绪平复之后再去疏解事情，才能把自我从黑暗之中拯救出来。

学会控制自己的情绪，是一个人成熟的最重要的标志之一。

人人都懂世间大道理，却难以控制个人小情绪。不能成功的人，若不是因为懂得少、想不到，多半是因为缺乏自控力。在成功的路上，我们最大的敌人并不是缺少机会或是资历浅薄，而是缺乏对自己情绪的掌控能力。愤怒时，不能止怒，使周围的事业合作伙伴望而却步；消沉时，放纵自己的萎靡，把许多负面情绪传导给大家，并浪费稍纵即逝的机会；得意时，眉飞色舞，飞扬跋扈，目空一切，把小民乍富、得意忘形的姿态暴露无遗，极大拉低自己的格局。这都是一个人心智不成熟的表现，喜怒哀乐悬于脸上，以极其稚嫩的巨婴行为对待一切，这样的人也会逐渐限制住自己更多的发展上升空间。

我们在日常生活、工作中的情绪起伏，都会不可避免地传达和影响周围的人。喜怒无常、反复善变的人，也注定会破坏别人对自己的信任。所以说，懂得如何做人，有时候比懂得如何做事更加重要。即使青年人不懂怎么为人处世，至少也要努力学会控制情绪，而不要让情绪控制自己。

还有一个关乎我们个人行事成败的关键性因素，就是对分寸和尺度的把握。很多人，尤其是青年人，由于缺乏社会经验的积累和不当的行事方法，人际关系紧张，在生活、工作中处处碰壁，对行事分寸和尺度的把握没有基本判断力，没有行事参照物和社交经验，在面对各类复杂情况和场景的时候，他们无法准确而及时地做出恰如其分的应对，失去社交角色的平等关系和主动性。

一个行事有分寸和尺度的人，会让社交对象处于舒适和自然的状态，在交流中也会让对方如沐春风，这是因为有分寸和尺度的人，都是具有兼容性特质的人，能够在面对不同的交流对象时，自我调整到恰如其分的状态，让每句话、每个动作和神情等都处于自然松弛的表达中。具备分寸感和尺度感的人所具备的兼容性和思想格局，就像我们电脑中的 USB3.0 高速率端口，可以向下良好兼容 USB2.0 标准速率和 USB1.0 低速率的设备，而 USB2.0 标准速率和 USB1.0 低速率的设备却无法逆向兼容高速率的设备，在由低向高传输的过程中拉低平均速率和制约交流。

分寸感和尺度感是判断一个人情商高低的一个基本标尺。

高情商的人总是会拥有更多的机会和机遇，并在复杂的社交关系中处于优势地位和主导地位，使得交流和沟通可以按照自己设想中的方向发展，做事情也更容易达到事半功倍的效果；而一个毫无分寸感和尺度概念的人，很容易将事情做过了头或是于无形之中得罪人而不自知，时常将社交关系和交流置于异常尴尬的境地，让身边的人感到不自在、不舒服，甚至导致社交关系僵化和破裂。

掌握分寸和尺度的要领就是《论语·颜渊篇》所言之"己所不欲，勿施于人"和"推己及人"这两个基本处世观，在行事的过程中，要多以"推己及人"的利他思维把握好尺度问题，要站在对方的角度设身处地体会他人之感受，以平等心对待人、事、物。即使不能达到利他思维的境界，也要尽量避免利己主义的出现，客观而善意地处置社交关系。对下属做到体察入微、关怀备至，对同级做到平等和蔼、点到为止，对上级做到恭敬有加、谨言慎行、不卑不亢。

一个人的世界观和格局观，完全能够从言行举止、为人处世的点滴之中体现出来，更是能够以此拉开人生的高低维度，从分寸感和尺度感上演化分裂出人的修养和层次，即便是初出茅庐的青年人，也是可以用分寸和尺度丈量一个人未来具有的潜力和前途。

所有人都不喜欢没有眼力见、莽撞无礼、行事无度的人，这样的人总是把一切事务搞砸。他们不是热情过度导致过犹不及、画蛇添足，就是任性放肆，把天聊死、将事做绝，做出这种低智商和低情商的行为，甚至在某种程度上可以称其为"傻大憨粗"。如果遇到这样的人，最好敬而远之，否则不但行事无果，还会反受其累。

由此可见，情绪控制和尺度把握是优秀人才必须具备的特征。要在生活和工作中通过有意识的锻炼去强化这种行为习惯，让优秀的人格品质成为我们思想和行为的一部分，身体力行地感化、善待同路人，助力我们未来征程上的无尽探索。

颠覆与重构

【章节核心】发展就是新事物代替旧事物的过程，这是一个不可逆的、必然会发生的过程，不以人的意志为转移。而这一切，都从对旧事物的颠覆和重构开始。

颠覆与重构对微观的个人而言指的是思维、意识和行为层面的革新再造，对宏观的事物而言指的是改革、创造和解构的重新组合。

在前面的章节中，我们阐述了关于规律和规则的重组，而本节所讨论的是从一个人的思维开始重新认知后的组建。

人们处在不同的年龄阶段，应该立足当下自己所持有的思维进行正反梳理，有助于我们将成长的思维进行系统化归纳，对阻碍成长的思维进行批判性颠覆，并导入符合我们当前和未来成长的新思维，使之与原有的正确思维进行融合，构建更加健全、科学、系统的大思维框架，把实践行为反馈的事实作为大思维框架的补充，充实、丰满我们的客观思维世界。

对自我认知所进行的颠覆和重构，是调整自己面对世界所持姿态的主动适应。推翻原来建立起来的认知世界，用新的逻辑主线贯穿打碎后的认知，在头脑中塑造更加符合时代环境和个人成长的人生观，以此引导自己不断进步。

认知体系的颠覆和重建是一个持续性的过程，会随着年龄的增长逐渐放缓，并形成相对稳定的思维认知模式。青年群体在相对年少的时候拥有更多的可塑性，并能够快速对外部世界实现主动适应，拥有更广阔而灵活的成长空间，是未来社会活动中的必然主角。而这些人的知识体系和世界观也直接决定了那个时代的面貌，因此，对青年人的引导和教育应该是开放式的，而不能一味地采用填鸭式、刻录式，应该以创新、推翻、颠覆和重构为主，不断地锻炼和强化他们愈加灵敏的思维反应机制，以应对瞬息万变的未来。

对外界事物的颠覆和重构也是相对复杂的系统工程。

世界上客观存在的事物在相对时间范畴内是趋于稳定的，若想改变这种稳定的存在，就需要付出更大的内部压力和外部拉力，从构成事物稳定关系的主要环节进行瓦解和突破，提供更加稳固和有效的新支撑，才能实现对老事物的快速颠覆。这些老事物包括但不限于产品、服务、组织、团体、规律、规则等诸多方面。例如，瓦解和推翻一个老产品就可以用综合分析法进行解构，要从本质上分析老产品的主要消费群体构成和其画像，解析老产品的本身构成和竞争点，针对老产品进行颠覆性再造和市场再造、扩容，提出更有生命力的新产品、新市场创新组织方法和新生价值的分配方法，不断用市场来检验和修正产品思维，并持续更新和完善。

颠覆与重构最困难的部分是已经形成思维定式的保守派、顽固派和老一代传统思维的从业者。与这部分人的沟通、协作是一件异常痛苦的事情，针对他们的思维层面的颠覆和重构只能从两个方向去突破，就是"引导式"和"压制式"。用引导式去颠覆和重构这些人的思维，需要引导者拥有异常强大的世界观和知识体系，能够用强大的思维世界去影响、纠正这些人偏激、顽固、狭隘、保守的自闭思维，带领他们打开思维、改造自我和拥抱变化，通过思维重构实现对行动的干预和影响，知与行结合，逐步塑造他们全新的思维世界；而压制式的颠覆与重构是有暴力元素于其中的，这就像股票市场的零和游戏一样，当青年群体想用新思维和新模式去颠覆重构老的事物，就必然导致老的事物丧失他们原有的位置。这就像是新老群体的博弈，先礼后兵，兵于谋后，如果不能实现温和的协同发展，那么压制性地服从和胁从也是必然要进行的一步，于生命和存在而言，必要的强势和颠覆是重要的行为手段，在法律和道德框架之内均可横扫千军。

千年屹立不倒的枯树，终归是生命最后的一口傲气而已，不远处自己的根系繁殖的新树和攀附栖身的藤类，才是生命最恣意的怒放。

对于新青年群体而言，颠覆与重构更重要的意义在于新生态圈的打造，这里所说的新生态圈是指由社会活动生态圈、群体意识生态圈、分享经济向群体经济过渡的生态圈三者所组成的影响社会和未来经济发展走向的主体构成。

社会活动生态圈一般是由金字塔尖的人群作主导，中端的人群实现组织和引领，底端的人群以蚁力肩负起社会活动的主要运作。而这里所说的社会活动的价值和分配是反向操作的，颠覆以意识输出为主导的塔尖人群的价值和分配垄断，改变原有卑微的底端人群所创造的、获得的价值和分配比例。颠覆这种金字塔式的社会运作组织方式，推动橡木桶型的社会活动生态模型，放大中底端群体的价值和配比，缩小两端的价值和分配的差量，同时在中端的总量中加大作为社会活动主体的青年群体的占比，让更有活力的人群成为社会活动的主力军，构建更加健康活跃的新社会活动生态圈。

群体意识生态圈是由不断聚集和固化的阶层的意识形态逐渐衍生出来的，阶层的文化背景、知识体系、社会认知、活动形式、主流意识等都很相近，且受到思维模式、行为惯性的影响，较难突破阶层枷锁的禁锢，甚至升降到了其他阶层的人仍然难以丢弃原有阶层的烙印，就像基因刻在身体中一样，它总是能够让人在某些方面表现出这种微妙的差异性。

对阶层群体意识烙印的颠覆需要更加彻底的梳理和重建，尤其是从底层跃升到更高的阶层更容易出现不适性，往往表现为过度表达或是过度保守；而从高层跌落到底层的人除了心理和境遇的落差之外，相对更容易借由成熟的思维和行为实现阶层的回迁，或凭借丰富的底蕴和经验逐渐指导自己走出困境。

群体意识形态除了宏观上的资产、中产、无产意识阶层的划分，还可以按照类别、特性或是文化、年龄、区域等多重因素去细化。要想实现群体意识生态圈的颠覆和重构，就要对目标群体的现有限制条件和制约因素进行系统分析，从内部去构建全新的思维框架和行为路径，培养思维和行动的精英和领袖，让代表改变的新芽从固化的阶层群体的夹缝中滋生和蔓延，进而带动群体意识萌发新意识形态，逐渐在原有群体的基础之上形成全新的更有进步性的群体意识。

分享经济和群体经济生态圈的逐步过渡和实现，是社会分工更趋于理性和公平的表现。分享经济是在共享经济之后逐渐走向大众视线的新经济模式，其本质上同样是依赖社交和信任基础的商品和服务的输出模式。这种带有创新性的商业组织模式不是彻底革命性的商业模式，在商业模式上具有妥协性和落后性，没有触及经济的本质性问题，不是具有长远发展意义的解决方案，也势必会成为生命力短暂的经济模式。

能代表未来巨大生产力的经济模式必然是群体经济，这是不容置疑的历史发展的必然，也是我们坚持社会主义市场经济体制发展道路的初衷。

随着深化改革开放和供给侧结构性改革双管齐下带来的产业升级转型，开始走过倒 U 形的底部，新经济模式必将携带着巨大动能推动社会加速前进。未来共产主义社会经济的新面貌必然会开始呈现，在触达共产主义社会前的过渡探索期，除了坚持中国特色的社会主义发展路线和市场经济体制的路线，群体经济必然走上历史的舞台，它既是以市场经济体制为基础构建的经济组织方式，又是带有更加公平、博爱、共享理念的趋于均富的创新经济组织方式。这方面可重点借鉴华为公司的发展模式，将会有很大启发意义。

我们会慢慢发现一个隐性的未来发展主线：代表更多群体利益的经济组织才会最终代表社会和市场的声音，要以更加具有大格局和社会性意义的经济组织方法，带领群体实现对本阶层的突破和对社会进步的推动。

带着颠覆和重构的发展理念去面对未来多变的时代，是现今我们必然要选择的一条陌生的路，而那些沉浸在当前的虚假表象、浮世繁华中的人们，必然会在不久的将来迅速被时代和社会所摒弃，成为时代的弃儿。

物理揭示的物质运动和哲学描述的变化和运动才是永恒。

这都告诉我们一个真理：事物是变化发展的，一切事物都处在永不停息的运动、变化和发展之中，整个世界就是一个无限变化和永恒发展的客观存在。发展就是新事物代替旧事物的过程，这是一个不可逆的、必然会发生的过程，不以人的意志为转移。

以上这一切，都将从对旧事物的颠覆和重构开始。

抛弃妄念幻想

【章节核心】 没有智慧和汗水浇灌的梦想是虚幻的。妄念和幻想展现的就是巨婴思想带来的心智不成熟，人的成熟一定是源于对自我的认知。

人作为灵长类动物，其生长和发展会历经童年、青年、中年和老年四个主要阶段，一个人早期的成长基础奠定了未来成长的速度、宽度和深度。

在人的幼年和童年时期，想象力借由幻想之舟起航，这是人类伟大而美妙的生命时期，旖旎多彩的幻想世界丰富和充足了幼童对外界的一切期盼，让生活的脚步看上去异常漫长，总渴望着尽快长大去触摸幻想中的世界。

随着成长的步伐，人开始步入青年和成年时期，这个时候的诸如你我的大部分群体，开始发生思想和意识的巨大变化，逐渐明白了幻想和现实之间的鸿沟和距离，看到了现实对幻想的无情戕害。我们挣扎在幻想和现实的旋涡中，用善意而不解的眼神凝望着残酷而多变的现实世界，想象、尝试、喜悦、挫折、痛苦的多重情感体验，反复触摸着热血青年群体挺拔而迷茫的身心，甚至几度让人开始怀疑坚守和努力的意义。

当人开始步入晚年，想象力几乎抛弃了人类，人们开始进入更加梦幻的回忆世界。一切事物在晚年的人脑中变得不再那么清晰和重要，在人的余生，回忆成了不可或缺的精神支柱。

这是我们每一个人都必然经历的成长阶段。

我一直坚信，以一颗赤子之心拥抱未来是善待自己的最好方式；而以巨婴般的妄念、幻想去面对世界是幼稚和低级的表现。

三代中青年人（"80后""90后""00后"），大部分属于独生子女，成长于衣食无忧和关爱备至的家庭氛围，除了学习，无须自己参与过多的事情，相对缺乏社会和生活多角度的打磨和经验认知，使得这三代人在成长过程中，逐渐变得自我，思考、行事也多以自我为中心，虽然也有小组和班级培养的概念，但是面对稳定和持续的团队合作缺乏耐心和毅力。伴随着步入大学和社会后，外界束缚逐步解开，放任的生活和成长阶段逐渐开始；同时，纷繁复杂的花花世界对其时刻干扰着，充斥在每个社会角落的躁动和诱惑，让热血激荡的青年人不辨是非，常陷于不成熟的妄念、幻想之中。

妄念，多指一个人不切实际的臆想。

《罗辑思维》中也对妄念有过解释：如果你有一个期望，长期挥之不去，而且需要别人来满足，这个期望就是妄念。

每个人都曾经跌入妄念之河，只是由于人的思维意识和能动性不同，使得跌入妄念的时间周期不同。当一个人执念于自身远不能达到的目标，并深陷于此，不能以正确的价值观引导自己的思想，更不能通过思维意识的能动性去主动改变自己的人生处境，进而陷入持续的欲望膨胀的循环，这就已经进入精神臆想，必将深深地影响生活和工作。

妄念和幻想还更多地体现为毫无意义、漫无边际、胡思乱想的所谓人生的狭隘梦想，这样的梦想的开场白几乎都是：假如我怎么样，假如我有多少钱，假如我是谁谁谁……听上去是不是很熟悉？你身边的朋友和自己是不是也曾经多次以这样的开场白叙述伟大而空乏、苍白的梦想？这个时候被诘问的你肯定会反驳说："我才不是那样的人，我有计划，我列了清单，我准备如何开始，我已经规划好了……"甚至有可能会拿出由摘抄自网络的文字、数据、数字堆砌的计划书，里面还是充斥着这样的字眼：打造指数级平台、颠覆一个传统领域、从一个店到上万个连锁、利润累加是多少、现在处于筹划期、未来增量无限但是还没有盈利模式……听上去是不是更熟悉了，像不像一个人梦中的呓语。

妄念和幻想展现的就是巨婴思想带来的心智不成熟。

心智不成熟就难以用科学、理性、系统的逻辑和思维引导自己去稳步开拓梦想，极其容易走进恶性循环的妄想之中，拿着计算器和纸笔勾画着未来，幻想自己有一天能暴富。有这种思想的，多半属于没有完整世界观、人生观和价值观的人，他们均缺乏对自我的深刻而清醒的认知，同时还可能不具备系统的文化知识，这些制约因素综合起来就塑造了一个好高骛远、不切实际的妄想型人格。

　　这些负面的思想和行为都是制约我们成功最大的绊脚石，在自我反省和认识到之后，应该尽快摒除、抛弃这样的妄念和幻想。

　　人的成熟一定是源于对自我的认知。

　　我们都要明白一个基本道理，人不可能驾驭超出认知以外的事情，更不可能获得超出认知以外的财富。

　　能够根据客观的诊断和论证，寻找到最可行的自我提升和改造方案，让自己变得更加优秀，能够聚拢群力为己所用，持之以恒地接近自己计划中的目标，这才是对自己相对清醒的认知梳理。

　　这一切的实现，首先是以舍弃为前提，要先舍弃自己无厘头的妄想，不能任由妄念如秋后落叶在心头片片飘落。我们应该引导妄念转化为理想的种子，把理想的种子落于坚实大地之中，依靠着脚下的沃土去滋养，付诸以实际行动，让理想的种子生根、发芽，成为一棵仰望蓝天成长的小树。

　　沉溺于妄念幻想之中的人，晚上失眠，计划满满，中午萎靡醒来，怅然若失。这些人对自己幻想中的计划从不付诸于实际行动，只是天方夜谭地做着白日梦，把幻想当作精神的安慰剂，在面对生活和工作时就丧失了改变的斗志。没有任何一个梦想能够侥幸实现，就像把希望寄托于博彩业的机会主义者，几百万分之一的概率就引得千万人投入其中，全然不知这个概率落到一个人身上跟被雷劈到的概率差不多，如果有这样坚守博彩业的致富妄念，真不如多去读几本书，这更能提升自己致富的机会。

　　梦想这个东西，不能通过第三方去实现，只能自己一步一个脚印地去践行和付出，没有智慧和汗水浇灌的梦想都是虚幻的。

　　期望青年群体，能够走出妄念的陷阱，踏踏实实地提升自己的综合素养和能力，为梦想打下稳固的基础。

坚守理性梦想

【章节核心】理想就是理性的梦想，是符合实践论的科学的梦想。理想是梦想的阶梯，让梦想插上理性的翅膀，使我们成为情绪的主人，成为命运的主宰者；理性让情绪的巨兽俯首称臣，引导各种冲撞的情绪寻到最佳的出路。

相较于梦想，我更喜欢使用理想这个词，我认为理想就是理性的梦想，是符合实践论的科学的梦想。

我们说过，一个人成熟的标志是对自我的认知，而实现自我认知后更加客观的自我审定就一定会归于理性，这其中就包含了对自我能力、优劣势、所处人生阶段、期望未来的人生状态的理性分析，经过理性分析后树立的人生理想才更具有合理的可行性。哪怕这个理想同样宏大和遥远，但有了理性做基础，就能够将践行理想落实到具体的人生阶段，锲而不舍地为理想而持续奋斗。

理想是梦想的阶梯，它使实现虚幻的梦想变得有路可寻。虽然踏上理想的阶梯走向梦想仍然是那么遥不可及，但终归有了真切的希望和路径，这样的梦想也就有了更实际的意义，也有了践行下去的基础。

关于伟大理想的实现，我们可用古今三段故事贯穿启述。

古希腊伟大哲学家柏拉图，假托其师苏格拉底的身份作为叙事主角写就的哲学对话体著作——《理想国》，系统而具体地论述了柏拉图心中理想国度的构建、治理和正义，表现出作者追求完美而浪漫的理性主义的色彩。后世对这部伟大著作中的诸多政治和伦理的思想进行了重新讨论，许多思想渗透到社会和教会之中，成为它们思想体系的一部分，表现了这部著作内涵的不可穷尽性。历经千年，仍然有无数的哲学家、政治家热衷于研究这部著作。

莫尔的《乌托邦》就是受到《理想国》的启发和影响创作的。这是欧洲首部关于空想社会主义的著作，完整地描述了理想中的国家图景，并首次批评了罪恶的资本原始积累，提出了公有制和平等的劳动原则，为以后的科学社会主义发展提供了理论原型和思想素材。

时间来到19世纪，伟大的思想家、哲学家、政治家、革命家卡尔·马克思耗费四十年时间，系统而卓著地完成了伟大的经济政治学著作《资本论》，并与盟友恩格斯为共产主义者同盟起草和发表了《共产主义宣言》。宣言第一次全面系统地阐述了科学社会主义理论，指出共产主义理论将成为不可抗拒的历史潮流，就像其中的引言开篇所说："一个幽灵，共产主义的幽灵，在欧洲大陆徘徊"，而如今这个让资本主义时刻恐惧的共产主义幽灵已经徘徊在全世界，生根发芽，发展壮大，成为全世界对抗资本主义最伟大、最先进的国家体制。

这是何等伟大的理想，回望公元前的《理想国》，贯穿两千多年探索的理性梦想，历经曲折和奋斗，终归被我们一代代追求全人类幸福的坚韧不屈的共产主义者，通过坚毅的奋斗逐步实现了。

关于理想，难道还有比共产主义的伟大理想更难实现的吗？面对万难之境，我们不是依然将这个伟大的理想一步步践行了吗？

如果，把我们的梦想与理性结合，让梦想插上理性的翅膀，我们不仅能够实现梦想，还可以更快地接近梦想。

理性是一个非常美妙的词汇，它让除了感情和艺术之外的所有事物的发展变得具体和能动。在理性面前，复杂的事物变得条理清晰，变化的事物可寻规律和踪迹，按照理性的规则行事，总是能获得理性丰厚的奖赏。

理性让情绪的巨兽俯首称臣，引导各种冲撞的情绪寻到最佳的出路；理性忠诚地帮助我们成为情绪的主人，成为命运的主宰者。

当然，理性有时候也会让我们看起来不近人情、冷漠寡淡，这是将理性凌驾于感性和感情之上的结果。其实，理性和感性都是我们思想意识的主观表达，并不是矛盾的，反而是辩证统一的，要杜绝用理性和感性把事物和事情做非此即彼的对立化选择，这是错误的思想和行为。感性是理性判断的始发条件，而理性是感性选择的参照条件，二者互为保险和参照，成熟的人能够在保持理性的同时，富有感性的情感，更加生动地活着。

允许不完美

【章节核心】成长，就是要感谢不完美带给我们改进的机会。过度追求完美主义的人，在思想上是不健全的病态表现，要解放个人思想，允许不完美。

追逐完美是人类文明发展走向精致化的精神需求，也是人类走向痛苦探索的开始，并呈现愈加强烈的完美诉求表达。

在实际的生活和工作中，大部分的事物所呈现给世人的都是不完美，我们总能从事物中找到遗憾的地方。这本是升级和发展的内动力。尽管每次对不完美事物的改进让事物更趋向完美，可依然会留有那么一丝瑕疵，这个时候对于生活和工作抱有极端态度的人，就会陷入追逐完美的死循环，直至把自己逼入崩溃的边缘。有的人开玩笑说完美主义害死人，其实害死人的是极端而偏执的对完美的追逐。追逐完美本身没有错，只是对事物执着和追逐的度没有把握好，将严重超越自身和现实条件的完美探索强加于身，进入思维和行为的死角。

过度追求完美主义的人，在思想上是不健全的病态表现，并会在思维意识和行为活动上受到深刻影响，使之不能按照正常而客观的思维行事，甚至这种偏执行为会干扰到他人和团队。

可能，会有人拿乔布斯的偏执和完美主义质疑作者的论断，同作为苹果粉的作者可以坦诚地告诉大家，像乔布斯那样的天才级的完美主义者是极其少数的，他的完美主义和偏执性格有强大的科技革新的能动性，是有具体方法和方案的，并不是大家所理解的一味蛮干。很多人标榜自己的偏执和完美主义都是一种自我较真的心态。作者早期也是偏执、极端、完美主义的感性艺术生，看待问题很片面和极端，具有盲目的攻击性，很大程度上制约和影响自我发展，随着思维和行为的成熟，才在成长中完善了自我性格，并把极端、偏执导向理性的坚韧和执着，把超越现实条件的完美主义导向理性务实的完美主义。

　　为何说，我们要允许不完美呢？因为这是解放个人思想的开始，也是清晰认知世界的开始。其实，世界上除了数学和精神，几乎没有完美的模型，尤其是我们所面对的物质世界，更是充满了不完美，如果以世界上的不完美作为斗争对象，只会滑入无休止的挣扎和矛盾对抗的深渊。要提升对不完美的审视高度和角度，将世间事物不完美的存在，作为其合理且完美的客观原生状态去理解。把追求完美事物诉求的意愿，作为实现自我能动性的偶然性表达，而不要作为必然性表达。

　　要允许个体和团队中的不完美关系。人是社会性的动物，不能作为机械的、刻板的结构关系去理解。每个人都有他的闪光点，我们不能一直盯着一个人的缺点去判定他的未来，因为决定一个人未来成长的往往是他的优点，而非缺点，只有对优点进行合理发挥和充分利用，才能创造更大的能动性。这并不是说一个人的缺点就可以忽略，要客观地看到这个缺点是否会根本性地影响优点的发挥，比如，一名实验室科学家，他的优势是科研和实验能力，而不是厨艺和社交，如果以厨艺和社交为标准去考察这名科学家显然是有失偏颇的，而且是不可理喻的。科学家基础的优势是科研和实验能力，厨艺和社交只是其附属能力，这个附属能力的存在甚至是可以完全忽略的。

　　对追求完美的客观理解，应该是如何利用自身和团队的优势，最大限度地提供更加优质的产品和服务，以及如何将复杂的事物用最简单易行的方式进行表达，并能够随着时间的推移持续性提出改进和革新方案，不断维系事物当前的先进性和适用性，最佳地表达事物的内在含义。

　　我们以爱情和婚姻为例去分析一下其差异性。

　　因情人眼里出西施的心理作用，青年人将爱情对象美化成了没有缺点和瑕疵的完人，可是随着爱情的热度下降和相处的时间变长，这个完美的爱人会变得不可理喻，甚至让自己一度质疑当时的一见钟情只是冲动的错觉。就像台湾作家李敖与他的前妻胡茵梦，闪婚闪离，李敖所说的原因竟然是"美女便秘时，与常人无二。结婚之前她在我心中是完美女神的化身，可是我无法看她因为便秘而涨红扭曲的脸"。这就是对爱情过于完美的幻想和爱情观不成熟的另类表现。拥有成熟爱情观的人，眼中爱情和爱人的轮廓一定是具体和真实的，而非完美和虚幻的，接纳一个所爱的人，也一定是建立在包容和接纳了其不完美的基础上。

一个由不完美组成的人，才是具体、真实和完整的人，要从不完美中发现其美的地方，才能让爱情走下去，最终有美好的结果，携手走进婚姻。如果在爱情的磨合中没有建立对不完美的理解，那么在后期的婚姻生活中也一定会产生更多、更大的相处问题，因为婚姻生活是更加具体而细微的相处，其中就包含了生活中最大的不和谐和不完美，缺失了对不完美的包容和理解，一定不能完美地处理婚姻中的诸多摩擦，甚至会影响婚姻关系的存续。

要感谢不完美，它带给我们改进成长的机会。

生活和工作中，将完美作为努力的方向，把对不完美的改进作为前进的动力，学会包容不完美，实现自我快速成长，不断接近完美中的模样。用豁达和智慧的姿态拥抱不完美，允许不完美的存在，这才是我们变得更完美的开始。

小聪明与大智慧

【章节核心】聪明是一架通向智慧的云梯，顺着聪明的高梯奋力攀爬，在向上的途中不能犹豫和回望，要抛开万难，勇往向上，才能逐渐登入智慧的云层。接近智慧的过程，就是一个人思维跃升的过程，也是实现自我认知的过程。

人类的平均智力在区域范围内是相差无几的，英国学者理查德·林恩 2006 年在其《种族智力的差异：一种进化分析》一书中绘制了 IQ 世界地图，测得的亚洲人平均智力为 105，欧洲人为 100，其余国家均低于 100。而我们知道过半的人口智力在 90~110 范围内，人口智力分布是相对平衡的，那为何人们的一生会呈现巨大的差异呢？是什么原因阻碍了更多人走向成功，让大众群体中诸多聪明的人庸庸碌碌地度过了其一生？

在本小节，我们试着去寻找这个答案。

我们先将人的头脑中叫作智力的东西细分为聪明和智慧两种状态。本质上这两种分类都是人类智力的重要组成部分，但聪明是智慧的子集，智慧囊括聪明，且远高于聪明的含义；聪明属于绝大多数人类群体，而仅有极少数人能够从聪明升华到智慧。

聪明和智慧是人们思维高度、认知差异和财富差异的分水岭，也是一个人短暂一生所能创造最大社会价值的重要评判标准。

先说聪明，聪明不分大小，它只是平均智力的人们具有的处理人类基本物质生存和基本精神需要的能力，虽然聪明的人偶尔也会表现出一些智慧，但更多的是生活小智慧，且不能稳定智慧的输出，更不能对智慧做出深刻理解。

我们在生活和工作中遇到的绝大多数人都是聪明人，他们有大致相同的成长路径和心智水平，有差不多的社交能力和工作能力，以及差不多的社会和工作经验。在生活中，他们虽渴望突破却不敢尝试；在工作中，他们虽盼望改变却失去魄力。他们能运用聪明的大脑处理好很多生活和工作中的问题，比如，较好地处理长辈和晚辈的关系，较融洽地进行上级和下级的沟通。但是，也就仅此而已了。

他们是被思想禁锢住的人，在一定的思想范畴内运用小聪明去博得生存的机会，用不太客气的话来说，在社会精英阶层的眼中，他们还有一些微弱的地位，却不是必须存在的，这样的聪明人群会利用自己的基础知识和生活经验换取一定的生存空间，却时刻被思想上的枷锁限制着自由。于是，我们会发现一个怪现象，小聪明的人会乐于与同等的群体斗智斗勇，却向低于他们的群体表示鄙夷和怜悯，以及向高于他们的群体表示艳羡、讨巧和私下的不忿。这就是真实的大众群体的心智构成和社会性表现，是悲哀的、客观而普遍的存在。

为什么聪明人会有这样的狭隘思想存在呢？难道不能把聪明用到更有用的地方吗？非也，任何人都想变得更好，只是小聪明的心理作祟。这种心理让大众群体把人的有限精力和行为分配给了嫉妒、攀比、诋毁、争执、唠叨、埋怨、傲慢、偏见、虚荣、躁动等一切负能量，仅保留了头脑中残存的一点粗暴的正能量，发表着嘴巴上的正义和贡献，却难以用行动去做出真正的改变。

小聪明的核心思想让大部分人变成了新时代的阿Q，用新时代的精神鸦片麻醉和安慰着自己，做着一个个的美梦。他们用精神胜利法反复告诉自己：等我如何如何了，我一定要怎么怎么样。大家可以留意观察，常使用此种语言逻辑的人，几年后是不是依然老调重弹，原地踏步，并且还会变本加厉地谴责各种不公和怀才不遇。

小聪明人，基本都是思想上的巨人，行动上的侏儒。

我们再来谈一下智慧。

不同于聪明，智慧是可以区分大小的，它受到成长环境、知识背景、原生资源等综合因素影响。比如，一个知识渊博、具有思维能动性的高学历的人，可能由于胸怀和格局的限制仅仅是开启了小智慧；而一个没有多少文化、成长环境很差的人，可能由于胸怀和格局的博大而开启人生大智慧，并成长为伟大的、对社会有巨大推动力的人。福耀玻璃的曹德旺先生，就是这种大智慧的优秀代表。

小智慧的人，由于其具备相对优秀的学识、经历、人格等素质，对某一领域、行业、圈层等存在的基本规律、规则有了相对稳定的掌握，并利用这种特定的开悟形成了自己的存在优势，积累了一定的财富和地位，成为新中产和资产阶层，并逐渐形成了较高的认知体系，对社会和家人、团队有责任感和使命感，充满正能量，也能带给社会正向影响和推动。

大智慧的人，对世界有着清醒而完整的认识，对人类这一物种的存在意义和未来社会的希望有历史使命感，持续地谋求世界和社会中的人趋于平等，弱化了自我价值的体现，放大了博爱的胸怀，成为真正大彻大悟的人。

这样的人，都是走到了人类诸多已知领域的高峰，具有了伟大的人类命运同悲欢的世界观，以改造世界、呵护地球、关心人类和社会未来可持续发展为基本责任。这样的人听起来是不是很遥远？其实，这样的人有很多，如任正非、比尔·盖茨、杰夫·贝佐斯、埃隆·马斯克、曹德旺、王传福等，都是为世界带来美好而变得伟大的人。

要想从聪明跃升到智慧层面，首先要将自己作为客体，开始学会自我审视，进行客观的自我分析和重新定位。就像我们平时做项目时的 SWOT 分析一样，甚至还要参照家人和朋友的第三方角度，综合分析下来你就会发现一个完全不一样的自己，原来的自己会有很多没有认知到的部分，可能会让你有些诧异和难以适从，并怀疑这不是自己。请相信，这就是你自己，这是你与外界交流和活动后所呈现出来的客观的你，可能与你自己内心想象中的大相径庭。面对更客观的自己，要学会理解并接纳，并与自我认知进行综合比对，你会发现自己有很多地方可以优化升级，就像给电脑自检后打补丁升级一样，可以有很多提升自我的方法。我们根据这些可以形成自我优化的组成列表，由简到难地开展自我升级，将那些制约我们成长和发展的小聪明进化，把没有提升到认知本质的小聪明梳理后加以归纳和总结，形成完整的智慧认知体系，让思想认知体系的大树变得逐渐繁茂，用充足的知识系统指导和协助我们迈出改变的脚步，从思维和行为上实现智慧的大跃升。

接近智慧的过程，就是一个人思维跃升的过程，也是实现自我认知的过程。

如果不能做到客观而科学地自我认知，还可以寻找具有智慧的人，让其给予引导，使自己能被启发智慧。这方面要注意两点：第一，识别这个给予你引导的人是否具有真正的智慧，而不要一味以财富做判断，要根据他对事物的认知深度、观察角度及他的眼界和胸怀等综合判断；第二，如果判断出引导你的人是有智慧的人，在与其交往的过程中，要注意避免过度贬低自己、吹捧对方，更不要在高人面前耍心眼、抖机灵，因为这些心路历程都逃不过他们的眼睛，只需要做到真诚和恭敬即可，少言多听、多观察、多实践就是最好的选择。此外，若遇到能启悟自己的人，要学会感恩，切不可失去感恩之心，否则即使提升了聪明的高度，终会失去更多的成长空间，也会失去真正的智慧。只有懂得去真诚感恩和无私回馈的人，才能初步跨入智慧的门槛，才能得以望见智慧的光芒。

聪明是一架通向智慧的云梯，顺着聪明的高梯奋力攀爬，在向上的途中不能犹豫和回望，要抛开万难，勇往向上，才能逐渐登入智慧的云层。

在智慧的迷雾中，仍然要持续学习和上进，突破浅层智慧迷雾，看到真正恒稳的广袤大智慧。

胸怀与格局的重要性

【章节核心】胸怀和气度有多宽广，格局就有多大张力。格局是一种眼界，也是一种哲人般的情怀。人的生命格局一大，就不会在生活琐碎中沉沦，并会在生活中发现不同的人生意义。格局是衡量一个人思维高度的标尺，人生所能触达的高度，往往就是我们在心智上为自己树立起来的高度。

余秋雨曾言："人的生命格局一大，就不会在生活琐碎中沉沦，真正自信的人，总能够简单得铿锵有力。"

心怀大格局的人，总能在碌碌众人中挥散出独特的气质，温润、谦恭而具内涵，柔而有力，刚而有韧，以宽广的胸怀、博大的视野，跳脱出眼前的浮生相，志存高远，心与云鹤共翱翔。

曾经读过的书，走过的路，遇到的人和事，这些交织的因素凝练和塑造了我们不同的人生视野和胸怀，进而也构成了我们不同的人生格局。如果一个人胸怀宽广，格局宏大，就能耐得住寂寞，也才能沉得下心来深入做事，不会患得患失，这样才能不忘初心，砥砺前行，逐步取得理想中的成功。

现实中的很多人，发展空间往往受到诸多约束和局限，这些约束和局限多源于格局未开带给人的压制性成长。

晚清重臣曾国藩曾说："谋大事者，首重格局。"

先人之谋事者，必先树其格局，以宽广的胸怀、开阔的视野来谋划事情，力求心智能够于高峰观世界，站得高，看得远，心怀万物。这样的伟大格局必然就决定了事情的高度，胸中有了通透的思想，也就相当于把握了事情的结果。

实际上，格局是世界观和人生观的具体化描述，对世界的认知越广深，对事物的发展认识越翔实，就越容易产生相对正确的指导思维，进而才会有正确的实践行动，也必然会延展出好的结果；对世界的认知越狭小，越不了解事物发展的规律，只把心思放到对结果的追逐，忽视了事物的发展规律和运行规则，就容易误入歧途，走进思维的迷宫，使实践行为造成不可预计的可怕后果。

人从本质上是不分高低贵贱的，胸怀与格局却会有高低。

胸怀与格局在短期内不能带给我们明显而具体的改变，但假以时日就会发现它会在生活和工作中慢慢塑造我们的新人格，把我们的能力、气质、性格、动机、兴趣、理想、价值观等进行优化提升，使我们更加趋向于成为知行合一的心、智、行等综合特征同步的人。

有志青年，可以穷苦、潦倒，却不能失去胸怀和格局的凝练。

宽广的胸怀就像母亲的慈爱一般伟大，它能够包容追逐理想过程中的苦涩、挫折、失败、泪水、孤独与坚守。放大了胸怀的人才能把构成生活、事业和理想的人、事、物都同时容纳在胸膛中，把这一切带来的喜、怒、哀、乐都释然于心，并时刻用阳光和自信的一面去迎接过往；而胸怀狭隘的人总是锱铢必较，睚眦必报，视一切事物于己不公，对过往的旧事物也总是耿耿于胸，难以释怀。小胸怀和小气度的人总是带给周围人压抑和紧张的气氛，让朋友们敬而远之，并被慢慢孤立起来。

为人，胸怀和气度有多宽广，格局就有多大张力。

格局是在宽广的胸怀和气度基础之上建立的更伟大的世界观、人生观、价值观，大格局的人一定是大胸怀的人，但是有胸怀的人未必有格局。

格局是衡量一个人思维高度的标尺，"格"是对认知范围之内的事物所认知的深浅程度，"局"是指认知范围之内所做事情的大小和对事物能动性影响的大小，二字合起来称为格局。

就不同的人而言，面对事物的认知范围的差异性，就导致了其格局的高低。人们不同的基础文化和认知水平，以及胸怀、气度，形成了千人千面的人生格局，也就为其个人带来了不一样的人生高度和结局。胸怀有多大，舞台就有多大；格局有多大，人生宽度就有多大，带给世界的贡献和改变也就有多大。

格局是一种眼界，也是一种哲人般的情怀。

拥有怎样的格局，往往就会拥有其对应的命运！

拥有大格局的人，会拥有开阔的胸怀和气度，不会因为境遇日下而妄自菲薄，更不会因为挫折失意而自暴自弃。拥有小格局的人，很多时候会因为生活和事业中的不如意就怨天尤人，还会因为一些小的挫折、失败就一筹莫展，进而意志消沉，并且对待事物和问题的时候往往也是意气用事，充满偏见，逐渐沦于庸庸碌碌，人生也会充满惆怅和失意。

青年群体如果想要放大自己的胸怀和格局，就需要俯下身来，让自己处于不同的环境和不同的位置，反复磨砺，能人所不能，多去争取实践的机会，靠步步开拓成就事业。

我们常说，测验一个人的智力是否属于上乘，只需要看他的脑子里能否同时容纳两种相反的思想，而无碍于其处世行事。其实，这也就是二元论哲学教给我们的思维行动方法，也是中国道家文化中常说到的"阴阳二元论"，阴中有阳，阳中有阴，看问题更圆融，也更有相对性，这不是妥协主义，而是成年人的格局，这种融融的思想具备团队组织所必须的管理思维，由于表征略显圆通显得不够明确坚定，所以未必是青年所乐见的格局形式。

胸怀和格局不是先天具有的人类特质，这和我们所处的人生环境也没有必然的因果联系。

胸怀和格局是自我对人生高度坐标的定位，只要我们能够怀抱开放、学习、成长的心态，就会逐渐为自己构建出大胸怀和大格局。我们从学校、工作、社会中所获得的知识和技能都是内在驱动力，而适合自己的平台机遇和厚集的资源，就是未来理想得以起飞的羽翼。心智足够成熟的人，才能够大胆而充分地利用身边一切资源，让成长中的自己时时都处于上升的阶段，拥有大胸怀、大格局，长此以往必定会获得大成就。

格局不够，物质成就再高，人生也会因为局限性而难有高度。

人生所能触达的高度，往往就是我们在心智上为自己树立起来的高度。如果一个人的心中从来没有想过到达人生价值的高峰，那么，他也就永远不可能用有高度的思想指导自己走向人生的高峰。

打造一片小而美的事业王国

【章节核心】构建以小生态为主的商业群落，把产品和服务做得更加精准和到位，围绕小去做专、做深、做精、做美，而不贪恋假、大、空的形式主义。

人类本性就是崇拜强大而蔑视弱小，只是出于同情会对弱小的东西保持怜悯而已，且施以怜悯的人是以相对强者的姿态而抱有心理优势，其行为本质上还是强者对弱者的俯视。

就大和小两个字的分述，容易掉入辩证的语境中。在这里，为了围绕核心诉求点阐述问题，我们仅对市场经济中的商品、服务、从业者和产业趋势等进行探讨，以求在强者林立的商业丛林中，寻找属于广大青年群体的那一片小而美的事业王国。

改革开放的前三十几年的经济市场是做大做强的"战国时期"。

在改革开放初期，社会需求旺盛，供给严重不足，经济体制也不健全，商业豪强层出不穷，他们重武蔑文，以富为贵，这批早期的商业弄潮儿凭借过人的胆识，开始了近乎掠夺式的造富运动。

在改革开放的第二个十年，随着国家政策性红利的全面释放，尤其是国有土地和住宅市场化所催生的房地产业，让简单暴利的城市化推动者逐渐演化成爆发态势。以暴增的外贸需求为驱动核心的进出口业，让中国成为世界工厂，为全世界提供全产业的外贸需求。电脑、互联网的全面普及烘热的电子商务和网络经济的大崛起，让具有前沿思维的科技企业有机会在空白的新兴蓝海经济中所向披靡。

这三大支柱性产业是实际性的三驾马车，让那个时代的先驱者逐渐蓄积实力，构筑护城河，发展成为地方、区域、行业的商业寡头，并借助金融、投资等手段形成盘根错节的商业利益关系，互相依存和助力，巩固和稳定了特殊商业阶层的市场和社会地位，难以撼动其一二。

在改革开放的第三个十年，在科技大爆炸、需求多样化、市场经济主体发生根本性变革之际，那些在新市场经济中已经拥有强实力、新工具、新武器的资本、科技新兴产业，对传统市场中反应迟缓的巨型产业进行了抽底断足式的颠覆，侵袭和冲击了全产业链的传统商业组织。哪怕是一批批看似可笑的自杀式革新，也让传统商业从业者惊出一身冷汗，给他们增加了无形的压迫感和危机感。这些革新者让市场经济的面貌呈现出前所未有的璀璨，也让所有人眼花缭乱，不明所以地看着这些既熟悉又陌生的移动互联网激进派的革新者们，甚至时刻在使用其带来的产品和服务。

这些狼性革新者也形成了商业社会中新的生态系统，让本就拥挤的商业变得异常躁动和不安。

细观之下，当今商业社会中，已经很难再有大空隙可以留给后来者，让其获得迅猛生长、奇迹般缔造商业帝国的机会。社会中的绝大多数行业几乎都被资本大鳄结伴行业寡头筑起高墙，并蚕食已尽。没有被侵蚀过的行业和产业领域，也多被这些资本集团搅和得哀鸿遍野。各路资本集团用野蛮集结起来的资本挤压和绞杀了试探进入商业社会中的新物种，使他们的生态帝国傲慢地屹立在商业社会之中，收割着韭菜般的粉丝、客户、消费者。

以上这一切，在短时间内是不容易改变的市场现状，我们能寄托以希望的也就只有三个方向：小而美的垂直扁平化的创新市场新机会，群体经济新商业模式对资本型经济组织的颠覆，未来国家革新中的更加公平的经济体制、政策、税收等新资源配置手段。

小而美是一种求存、求稳、求和的智慧手段，运用得当会取得意想不到的大效果，甚至有可能实现跨行业影响和缔造高精尖的商业小王国。

在丛林中，存活最多最普遍的就是灌木、草本植物群和微生物群，这些都是极其弱小的生物群落，却成为丛林中品种最丰富、面积最广泛、生命力最顽强的存在。

青年群体和革新者，面对复杂多变的商业社会，采取小而美的姿态反而会获得更多生存机会，甚至能在商业巨无霸的夹缝中获得意外的壮大机会。而且，大部分青年群体来自社会底层，更了解基层群体中存在的隐形势能，知道哪里的群体中有压抑和呐喊的声音，将这种弱小的求生力量聚集起来，成为群体性求存的核心力量，因势利导地爆发其巨大的群体力量，如同压在石下萌发中的种子，向往阳光和冲破压制的力量终会战胜阻碍新生群体生存的一切障碍。

小而美是一种俯下身的姿态，是着眼于当下、眼前的实干主义，是能够根据最熟悉、最渺小、最简单的微弱优势，把一个小小的事情、事物、事业做成高精尖的隐形冠军，并形成强大生命力的微生态系统。结力组成体系的微循环系统，既可以与外界互动、交换价值，也可以半封闭地与协作生态群落共同野蛮成长，杜绝强大的外部生态族群对内的侵蚀和压制，创造出一个小而美的微生态商业小王国。

构建以小生态为主的商业群落，要把产品和服务做得更加精准和到位，围绕小去做专、做深、做精、做美，而不贪恋假、大、空的形式主义，不做力所不及的白日梦，不把精力浪费在不切实际的严重超出自我能力的丰功伟绩的幻想中，甘于把小而美的东西做成终生事业，甚至做成世界级的隐形冠军，这也是一种极其伟大的成功。

在德国、日本等国家就有很多这样的小而美的世界冠军，他们都是在国内或国际市场上占据垄断性市场份额且知名度很低的中小企业，其行业多以"专、精、特、新"为主。本世纪初，在德国有1500多家年营收50亿美元的隐形冠军企业，世界排名在前三名，很多是某一领域中的领跑者，甚至其特种制造业能垄断世界供应，而美国有不到400家，日本也有200多家，中国却不到100家。

近些年，我国后发制人，快速追赶，在东南部沿海经济特区，各城市科技产业园、新工业园区中，也孕育和萌发了一批以特种、特向、特定领域为发力点的小而美的科创企业，获得了高速而稳定的增长。虽然在市场中名声不大，但是缔造了很多世界级的突破和创新，让我们看到了小事物也有大前途，小起点也能走得远。

商业社会如同丛林万物，过于强调单一化和简单化的生态群落会迅速导致丛林生态系统的崩溃，小是丛林众生态，只有万物丛生、协作成长，才能让商业丛林繁茂长青。

做行动的推土机

【章节核心】持续的行动是迈近目标的基础，要杜绝成为思想的巨人，行动的侏儒。立志千里，当日进一步，决心移山，定要日挖一角。

《论语·里仁》中记载："子曰：'君子欲讷于言而敏于行。'"嘱咐后人言语需谨慎，行事要敏捷迅速。作者借用先人智慧，也斗胆精炼几句适用于当今社会为人行事之不二心法：慧于心、善于本、勤于思、敏于行。

古今成大事者多出于敏锐而无畏的行动派，正如苏轼所言："古之立大事者，不惟有超世之才，亦必有坚忍不拔之志。"

为何社会多为庸碌之辈？皆因善变其思与志，不能给自己树立清晰的远大志向，更没有实际的行动计划，只是每天把梦想挂在嘴边与众人诡辩、戏谑、论道，灰暗无光地挥霍大好青春，待身边诸多朋友走马观花般轮换，自己仍然在原地凭志惆怅，大肆感慨怀才不遇，并哀怨地悲乎：日月逝矣，时不我与。

难道是时代没有给予人机会吗？非也，每个时代、每个时期都有属于其特定环境的机遇，不能等到机会砸到头顶还浑然不知，甚至还埋怨其事甚小安能明志乎，典型的好大喜功、不愿放低身段埋头奋斗。殊不知，一切伟大都是苦难熬出来的，所有的成功都是在持续的行动中堆积出来，其中充满了汗水、泪水、苦难、孤独、迷茫、无助、悲凉与痛苦，但是创造伟大奇迹的人总是能用勤奋、执着、自省、修正、包容、接纳和微笑去面对，把人类短暂的一生用来实践最高理想，成为人类文明历程中的明亮灯塔，并建功立业，留给后人深厚的财富。

身处这个伟大而多变的时代，所有人，尤其是青年人，应该把树立正确而可行的理想作为自己的远大志向，用行动践行理想的实现，就像一辆设定好目标和任务的推土机，缓慢而持续地一点点把前面的障碍清理干净，直至给自己和伙伴推出宽广的施展空间，再携手和号召更多人共同参与和建造事业的大厦。

思维是行动的原点，行动是成功的起点。

拥有成功的思维不代表一定能成功，甚至没有付诸实践的成功思维，都仅仅是存在于一个人脑子里的记忆片段。但是，没有成功思维引导的蛮干更是容易毁掉一个人，只有拥有相对成熟而理性的思维，结合切实可行的行动计划，才能稳步推动事情的良性发展。这就像一部写好运算程序的电脑，只有在严谨的逻辑程序之内的命令才能导出正确的结果。

行动是解决一切问题之本，是实践理想一定要拿出来的基本态度。它建立在准确的思想指导基础之上，并且需要按照变动的环境适时调整、修正思想和行动的随动变量，让指导思想和实践行动实时符合具体的存在环境，把思想和行动融合得具有柔韧性和张力，以契合复杂而多变的外部环境，让追寻理想和目标的行动机制更加灵活，更加有创造力。

行动派的人往往具有先天优势，可以在他人处于迷茫、质疑、考虑、纠结的空当获得前瞻性战略先机。早起的鸟儿有虫吃，早起的虫儿被鸟吃，我们要做早起的鸟，不能成为勤奋的虫子，设定自己的起始角色很重要。其次就是要为这个角色付出应有的努力和行动，正确的思维导向和路线选择永远比单纯的勤奋努力重要。勤奋和努力只是成功的重要条件，而不是必要条件，行动却是决定性条件，不拿出行动的计划永远只是思维假想，只有行动才能给计划以结果判断，哪怕是失败的结果也是成功路上的经验积累，试错就是用行动和行为去检验我们的思维判断，也是探求结果的唯一方法。

"千里之行，始于足下"，"不积跬步，无以至千里"，老子《道德经》和荀子《劝学篇》中的两句名言已经将诸事皆始于行动的核心思想表达无遗。

任何伟大的创举都是从迈开第一步开始的。这第一步走出去不仅重要，而且永远是决心开始落地实施的关键，而一步步走出去的路就是计划落地的踏实积累，这看似漫长而艰苦的积累就是迈向成功的基础，也是最终志达千里、实现理想的关键所在。

敢于行动的人，更容易担起责任，也更愿意迎接挑战。

近些年，很多国家和城市将国际马拉松作为一种城市体育精神，将运动和健康的理念传递给广大市民，这是因为通过马拉松活动能够激发一个人行动的能力，塑造其坚韧的性格，并能锻炼面对持续性压力和困难的抗压性，促使其积极主动地面对挑战。

通过国际马拉松活动，我们可以发现抵达成功的法则。成功，是一个个阶段性成果的累加，就像国际马拉松赛事的参与者都深谙慢跑心法，那就是将个42.2 公里的漫长赛程切割成若干小目标。在起跑后不急于求成，回避对身体机能瞬时输出的消耗，明白欲速则不达的道理，把持续性和稳定性作为基本的步调输出，把目光所及远处赛道两侧的物体作为阶段性赛程的参照物，甚至有时还需要专业的领跑员给出赛道上的标准速度参照，以求合理配速，将耐力、速度稳定输出，完成连续的小目标赛程后，最终抵达终点。

凡是行动必有方法，凡是方法必遵规律，凡是规律必有节奏。

只要掌握好行动的方法和步骤，能够遵循事物的发展规律去行事，把握好行事过程中的节奏，持之以恒地行动下去，就必然能够实现更多正向的反馈，也就更容易接近成功的路径，这就是行动的基本方法论。

动起来吧，朋友们！

时不我待，燃烧才是青春该有的模样。

第六章

互助成长

小人物的大能量

【章节核心】小人物的伟大，在于这个群体中的人们，用个体的奋斗与严苛的生存环境进行着无休止的对抗，并力求给自己和身边的人争取更多、更美好的生存空间。

世间的美好与深邃，多隐于渺小之中，并在广袤无垠的时空里绽放着生命的伟大，再由这些小小的美好事物，汇集而成我们多彩的世界。

我们可见的，由形形色色的人们构成的复杂社会中，大部分都是可能终身保持平凡的小人物，他们孜孜不倦地在自己那有限的小天地里耕耘。正是这么多平凡小人物的不懈奋斗，才让一切世间美好得以存续。

平凡、努力和追逐也慢慢成为芸芸众生的写照。

小人物的伟大，在于这个群体中的人们，用个体的奋斗与严苛的生存环境进行着无休止的对抗，并力求给自己和身边的人争取更多、更美好的生存空间。他们没有自顾自怜，也没有怨天尤人，而是默默奋争和努力着，这样上进的小人物在你我身边比比皆是，他们每天穿行于谋求生存的路上。

小人物的生存之痛是最让人无言以对和无可奈何的，他们往往困于生存的基本需求层面，丧失思维意识的能动性，无力把握现状，更无从去寻找改变命运的路径，继而显得这个庞大的社会基础群体格外孤独无助、渺小卑微。在组成社会主体的小人物里，裹挟着众多热血沸腾的青年，他们不甘于平凡和沉寂，总是对世界充满了各种好奇和探求，就像一只只萤火虫燃烧着自己的热情，去照亮为理想奋斗的路。

如果我们能够耐下心来，默默关注一下这些年轻的小人物，就会发现他们每一个人都怀揣着大梦想，为自己设定的梦想和目标坚韧地奋斗拼搏着。当然，由于缺乏客观经验的积累，他们也总是容易在生活和工作中遇到困难，甚至会短期失去斗志与方向。不过，我们会惊奇地发现，他们总是能在最低沉和困苦的时候体现出生命的顽强，扛过一段段难捱的漫长时光，一点点地蜕变得更加成熟。

天生我材必有用，还需微笑待世间。

探索的路上总是充满奇迹，想要改写自己的命运，就要去寻找自己体内的大能量，用理想激发能量的释放。这就要认识到身为小人物的真实处境，先要建立起强大的意志力，然后使用意志力强化信心和斗志，去推动自我在逆境中的改变。

曲折前进会成就一个人完整的人格魅力。处低位不气馁，时刻以完善自我能力为行为准则；上升中不骄傲，要常反省自身，以求更上一层楼；居高位，需放低姿态，虚怀若谷地包容、接纳一切。无论遇到什么情况，无论处于哪个人生阶段，要在心底告诉自己，一切伟大都是来自于微小力量的累积，厚积才能薄发。

中国的青年群体是具有鲜明时代特征的人，每一代青年人都有不同的时代特征的印记。在每个不同的时代当中，他们拥有相同的金不换的青春，多数青年人都出身普通家庭，没有优渥的基础条件，在相似的起跑线上向前奔跑。而唯一带来不同的，可能就是个人头脑中对未来所持有的态度，有了好的态度，就能为更好的未来勾画蓝图，就会进一步体察自己的不足，进而为自己充电，蓄势以待发。

将大能量隐匿在小小的身体中，更能快速潜行，在关键时刻释放能量，取得意想之外的效果和决定性的胜利。

小人物和大能量之间最大的通路障碍就是匹配度。构成匹配度的关键词就是思维模式和行为路径。

一个人处于社会底层并不可怕，可怕的是思维模式和行为路径也全是小市民主义风格，那这个人想挣脱原有阶层对他的各种束缚相对就比较困难，哪怕他有再大的理想和目标，也会由于原生环境对其的巨大负面影响，无法突破固有思维和习惯行为的禁锢，甚至教育都无法抹除这种刻画在骨子里的狭隘、懦弱、自卑的基因。

关于小人物的生存和发展，思维的严重固化是一个制约性悲哀，远比行为惯性更致命。思维的改变能带来行为的随行变化，但是固化的思维意识让一代代的小人物最终成为历史长河中的砂砾，既在历史长河中存在过，却又无从证明其存在痕迹。

其实，所有人对自然来说都是渺小的存在，但是一个具有大能量的小人物，可以利用一切可变资源和大能量去影响更多人，并给人生增添一抹浓厚的色彩，让社会和历史由于他的存在和影响，给世界带来一点点美好的变化。这种能量就是正向的输出，既能极大提升自我格局和人生高度，也给周边的人和世界带来积极的改变。

归根结底，都是思维意识对实践行为的能动性使然，也是将这种能动性通过影响力放大给更多同行群体，缔造更大驱动力的自然发展的诉求，以荧光照亮周围人，将光和希望传递给更多人。

大能量要配合正向价值观，否则一个没有社会责任心和道德底线的小人物就极有可能爆发出错误的破坏能量，给社会和人们带来伤害。而一个小人物如果坚守正向价值观，并对社会和周围人有极大责任心，那他滋养蓄积出来的能量就是阳光和温暖的，感召更多人去追随，不断地创造更多社会价值，由此真正改变自己的人生轨迹。

把一切世间美好与你我环环相扣，将积极、努力、奋斗、拼搏、责任、理想等化入体内，将自己和身边众多小人物的生存、发展的悲与苦，作为恒久的人生事业方向，才能开拓一番伟大而坚实的事业，才会给自己带来意想不到的丰厚回馈。

小人物也有大能量，首先我们得从相信一切皆能改变开始，然后我们才能真正改变一切。

以愚昧相守，小人物难破生存局；

以智慧为伴，小人物亦有大能量。

发挥蚂蚁精神与群体智慧

【章节核心】不管时代如何变迁，社会主旋律一定是趋于群体利益的，而体现群体利益的核心所指，就是团队的集体向心精神。未来的群体经济中的群体智慧就是群体意识的体现。

小团队，大理想，众行动，智慧家。

各位读者朋友不要误会，这不是广告词，而是蚁族的核心团队文化，也是团队获取恒久生命力的秘诀。

美国有位科学家曾经对蚂蚁做过一个不太人道的实验，他把一段点燃的蚊香放进一个大蚁巢，开始时巢中的蚂蚁惊慌失措，大约过了十几秒钟，一只又一只蚂蚁向着烟火中冲去，并喷射微弱的蚁酸试图灭火，打头阵的蚂蚁"勇士"都葬身烟火，可是它们仍然前仆后继，大约一分钟后，才将火扑灭。一段时间后，这个科学家又把一支点燃的小蜡烛放到这个蚁巢进行观察。尽管面对的"灾情"更加严重，蚂蚁们这次却有了经验积累，迅速调兵遣将，协同作战，有条不紊地处理突发事件。在很短的时间之内，就借助蚁巢内的各种杂物将火焰扑灭，而蚂蚁却少有"遇难"，科学家感慨地说："蚂蚁创造了团结灭火的奇迹。"

单只蚂蚁的力量很弱小，也没有什么特殊之处，智力更是显得很平庸，但是整个蚁群以小团队出现的时候，却可以创造诸多奇迹。团队协作建造的蚁巢复杂而精妙，让人类的建筑师们也叹为观止；它们聚集力量，搬运和分解物品的迅猛速度惊人；遇到突发灾难的时候，蚂蚁们能够为种群延续而选择自我牺牲的精神也令人唏嘘，这体现出来的就是群体智慧。

不管时代如何变迁，社会主旋律一定是趋于群体利益的，而体现群体利益的核心所指，就是团队的集体向心精神。因此，团结协作才是走向恒稳胜利的基础，团队也是创造奇迹的必然承载，只有依靠团队的合作才能实现多赢。

构建团队理想是蚂蚁精神的另一个核心特征。

只有短期目标和追逐眼前利益的团队，是不可能形成持续繁荣的。

团队大理想的落地需要依靠分割成不同阶段和板块的细节才能执行，最终组合而成伟大的理想，就像蚂蚁对家族大理想的合理化分工一样，无条件、各司其职、默契合作，推动觅食、建设、防卫、繁衍等目标的稳步实现，以此保持蚁族的生存和壮大。细究蚁族团队的理想得以无差别地执行，依靠的就是它们能够建立即时而有效的沟通。

沟通是一把万能的钥匙，它能够使团队积极有效地传达群体意识，并高效地加以实施，还可以即时反馈行为信息，在修正行为路径方向后继续执行目标理想。沟通可以为团队获取各种通向成功的构成元素，如需求、数据、矛盾、立场、底线、期望、条件等，这些细化的问题正是贯串事物发展始末的必要条件，也是做事情必须时刻面对和解决的。

蚂蚁精神最亮眼的另一个魅力，就是团队的执行力。

就目前而言，人类所知的生物协作中，蚂蚁族群的成员是最突出、最默契、最高效、最无私的执行者。

相比之下，人类的团队协作可谓是一塌糊涂，只有在外力强制性和身关切身利益的驱使下，才能调动起人类的执行力；而我们个体的梦想、理想、兴趣等也多是基于自我利益的体现。人类能表现蚂蚁精神的地方，就是对革命理想的追求，只有革命理想才能让人类暂时忘掉自私和狭隘；可是人类一旦得以实现目标，又极容易重新堕入自私和狭隘的思维路径，继而得依靠强权、利益、生存等条件，才能继续推动执行力的落地，这里面多是人性本质上的趋利避害因素的束缚和影响。

人类的文明持续，还需要我们多虚心地向大自然中的生命万物汲取智慧，发掘和拓展我们所缺失的各种非凡自然生命的智慧创造力。

蚂蚁智慧家族的形成也是群体最大协作性和智慧的集中体现。

群体智慧是未来共产主义新经济体制下群体经济富有的一种群体意识的体现，也是缔造人类最大创造力、最大福祉的核心方法，更是推动人类文明向地外空间探索的唯一途径。

硬实力的塑造一定是以群体智慧为依存，而个体智慧更多地只能在艺术、文学、传媒、娱乐等软实力中发挥重要作用。

保障群体智慧创造力的通行规则就是严格的纪律，纪律永远是群体事业成功的基础，没有纪律性和组织性的团队永远是一盘散沙。就像一个国家中的军队，永远是最有执行力和战斗力的，也是最强实力的极限表达。

学习蚂蚁精神，就要讲团队精神，就要树立团队理想，还要为了团队理想和利益孜孜不倦地谋划更多生机，灵活而变通地为实现目标而努力。

要能够根据实际变化，调整自己的行动路线，迂回触达目标；不能成为二维世界的蚂蚁，画地为牢地把自己困于原地，无法挣脱低维思维和盲目行动的局限；要多角度、多维度、多方法、多路径地去组合团队的智慧和行动，力求达到只有分工不同，没有高低贵贱之分，盯紧一个目标，为群体发展和群体未来做最大的努力，与群体共荣辱。

拥有群体智慧的蚂蚁，永远是去适应环境的。只有适应环境，才能对小范围的环境进行改造。

就像在新市场经济大潮中起伏的企业家和创业者们，大环境是不可逆的，至少在相对的时间和区域内是稳定进化发展的，不能因为自我思维的僵化退行和新时代冲击下的无力感，就埋怨大环境不好，什么都不好做，什么都做不了，这样转嫁矛盾，唯一结果就是这些人不再适应这个社会，其思维和心态已经老化，逐渐进入被时代淘换的名单。

觉悟出群体智慧的人，永远是能够用最饱满的热情去拥抱永恒变化的那批革新者，他们不以年龄为界分，只以奋争的心声为感召，积极适应环境变化，用群体的智慧面对一切问题。

做一匹吃肉的狼

【章节核心】生存和更好地生存，永远是世界上所有物种的首位需求。不能把自己的懦弱和无能，当作自我麻醉的借口；只有对自己狠起来，才会发现命运开始变得温柔。

人类研究狼已经有非常成熟和系统的成果，而狼性对于人的启发意义也经由不少学者、科学家、企业家等做了诸多诠释，这方面就不过多阐述，这里只探讨为何一个人或团队因为狼性而更具有战斗力和竞争力，以及在未来，狼性基因为何能带给人们更多的生存空间。

前文中关于小人物、蚂蚁精神之议，并不是让弱小的我们困守原地，反而是为了鼓励大家努力向上，激发潜能，通过协作博取更好的未来。在残酷而现实的社会生活中，蚂蚁般的小人物除了要具有大能量之外，还需要拥有狼性精神，要像狼一样凶猛而果敢地获取地盘，猎夺食物。把蚂蚁和狼共有属性的团结、协作和纪律进行强化，把差异化属性共生，这样才能塑造优秀的品质。

当今社会，人们若想取得某方面的成功或成绩，不仅要具有复合能力，还要能够掌握和发挥好这种复合能力。要调动这种复合能力产生强烈的战斗力，否则留给我们的永远只有愈加萎缩的生存空间，直至被逼进生存的死角。

未来的社会是越来越智能的时代，是人工智能、智造极大替代人类的时代，尤其是体力劳动、高危工作、标准化工作、机械重复工作、筛查检测工作、低脑力工作、经验累积型工作等领域的人员，都将面临被重新洗牌和被替代的命运。在文学和艺术创作、纯逻辑性、哲学和科学等领域，还会多残存一些属于人类的空间，还仅仅是属于精英人类的生存空间，处于中低阶层的绝大多数人都将进入更加残酷的狼性竞争，只为了那极不匹配、少得可怜的剩余生存空间。如果那个时候的人们没有极强的狼性战斗力，那么被生活淘汰跌入最底层的概率很大。

当然，在未来的社会中，由于社会总财富的极大丰富和人性光辉的双重福利，社会最底层的群体也不至于生活在水深火热之中，但是以未来时代人类更多的精神需求而言，可能那种基层群体的供养生活就是一种精神的极大贫困和意志没落，精神食粮的缺失才最可能是对未来基层群体的致命摧残。在未来，那狼嘴里的肉就不再是现在我们所谓的物质财富，而是支撑我们精神世界不倒的精神食粮。

狼性是相对较长时间内适用于人类的生存之道，具有狼性的人一定是对自己也异常狠的角色。极限要求的自我约束体现高度的人类自律，从文明诞生开始，人类的前进就伴随着本性与自律的恒久对抗，而每次大进步，无一例外都是自律战胜本性的结果。

生存和更好地生存，永远是世界上所有物种的首位需求。

不能把自己的懦弱和无能，当作自我麻醉的借口，大脑中的小白兔思想一旦主导你的言行，那可以预料到结果就是必然被吞噬。所以不管什么时候，请在自己的大脑中放一匹狼，一匹吃肉的狼，让自己更有搏杀力，敢为自己、家人和团队、理想去奋力战斗。

没有力量的善良，最多算是卑微的怜悯，不能改变任何东西。这个世界很大程度上还是强者理论，胜王败寇的故事在事实上依然是成立的，有了狼的能力，自然能保护自己、家人和团队，哪怕弱小如蚂蚁，也能依靠团队协作取得生存的庇护。就怕这二者都不是，而是一只可爱又可悲的小白兔。

自己成为一匹吃肉的狼，必然会吸引和感染身边的人成为狼性的跟随者，才能承受更多、更大的挑战，也才能对抗更加严苛、残酷的环境考验。在未来，只有采取主动的进攻策略才能守住生存空间，生活的真实永远不是表面的光鲜亮丽，而是生长与生存之下无尽的明争暗斗，这个世界没有真正的公平，只有相对公平的时间和自由选择的人生态度。

青年群体的身体中燃烧着炽热的血液，是一匹匹跃跃欲试的有行为底线的狼，一定要保持对生活、事业和未来的这份热情。胸中炽热的火焰是理想燃烧和走向成功的动能，也是从精神和行为上区分强者和弱者的依照。要保持这种强者为理想燃烧青春的势能，把蠢蠢欲动即将喷涌而出的激情，带入奋斗的脚步中，只为理想成功找方法，不为懦弱退缩找借口。

请对自己狠一点，严格要求，不断磨砺锻炼，把迎接挑战作为自己前进的基石，将失意和挫折看作走向成功的训练场。

只有对自己狠起来，才会发现命运开始变得温柔。

此刻，让我们开始强大，做一匹吃肉的狼。

群体感情

【章节核心】只有共同阶层感情的人，才能相扶相助地走下去，才能建立持续而稳固的战斗协作，为了共同的愿景和革命理想而奋斗不息。

群体感情的说法是笼统的代称，其他的叫法还可以是阶级感情或是阶层感情，为便于叙述，我们统一用群体感情说明相同的问题。

前面讲过，社会阶层越来越趋于固化，也把以人为单位的社会群体默默地分成了三六九、高中低、富贵贫等，虽然很多人不承认逐渐分化的社会阶层，但事实是拥有资源的人还在加速拥有更多，而失去资源的人一直在加速失去，马太效应在社会的很多地方时时发挥着它巨大的作用。

这样的分化，让一个处于上位的阶层群体，对处于下位的阶层群体抱有极大的综合优势，而下位的阶层群体习惯性地对上位阶层群体抱有迎合和攀附的媚态，一条鄙视链从上到下开始产生，羡慕嫉妒恨的心态却从鄙视链的最低端向上逐步蔓延。

人性在阶层日趋分化的环境中变得异常强烈和躁动，不但少了内敛和敬仰，还变得更加狂傲和逐利，他们的大梦想只有一个，那就是用尽一切努力，爬进压在他们头顶上的上位阶层，向上再向上。

阶层固化和贫富差距的问题，只能通过体制和市场分配制度去消解。但是追求群体化的跃升也是一条变通的道路，也就是在番外篇群体经济的独立章节中所要讨论的内容。这里先行讨论群体如何凝练感情，以及为何跨越阶层的感情不容易缔造，为何我们要放弃"靠"的文化，转向围绕建立群体感情去布设事业和理想。

为更容易理解群体感情的话题，先以代际感情为例进行启示。

代际感情主要涵括老中青三代，即我们常说的三代人。老一代的祖辈由于特殊的历史背景和生活经历，极其困苦节俭，而且对新生事物拥有与生俱来的抗拒性，不愿尝试新鲜事物，坚守绝对的经验主义，他们属于收音机的一代人；父辈属于电视机和改革开放的一代，虽然理解时代的变化，却也抵触改变，失去了改变的动力和能力，在祖辈的眼里，父辈们这代人是不靠谱的；而到了子孙辈，他们所面对的社会和未来是高度变化和不确定性的，不管是否愿意接受改变，改变已经是存在和生存的基础，这代人在长辈眼中同样也是不靠谱的。

可是，当我们静下心来回望过去，每一代被看作不靠谱的人的时候，他们都很好地在时代的巨轮和夹缝中生存下来，虽然生存条件千差万别，但依然算是站起来的人。每一代人都有他们的历史使命和奋斗风格，长辈对我们这代人的不理解一样会存在于我们对自己晚辈的不理解，这种代际感情一直很激烈地对抗着，不容易实现沟通和交融。但这就是历史进化所赋予新生代的前进性和优越性，只有时刻保持心态与新生代同频，才能不被时代所抛弃，才能跟随新生代的群体跨入未来世界。

没有相同价值观和文化背景的人，在以后是不容易共处的，更难以建立跨越群体的感情。因为，不同的群体所代表的文化属性和阶层属性，自然地成为阶层屏障，要想在不改变自身的文化属性和阶层属性的条件下就跨阶层地实现无障碍互动，几乎是痴人说梦。不同群体阶层化的界限会越来越明显，但是这些群体阶层的意识形态在社会活动中会越来越被淡化，社会需要和谐的声音，更高阶层的群体一定会做出或真或假的姿态来传达大同的理想，但是转身就会维护起自己的既得利益，这是人性的本质使然，不以个人意志为转移。

只有更高的社会理想才能超越人性的桎梏，为代表广大群体利益的基础阶层去谋求生存的空间。

群体感情的建立，对于成就事业和缔造神话非常关键。就像建立一个国家之前需要大众群体感情的凝聚和依靠，做事业也一样需要凝练群体感情，这里既有团队的群体感情，也有三教九流、分门别类的群体感情，只要把控了群体感情这条主线，那依靠群体感情去实现共振的理想和对产品、服务的共同需求就不再是一件难事。千万不要试图去用强制和压制的手段去组织、欺骗群体感情，其结果一定是极其惨痛的。要真心地去挖掘群体的共同愿望、需求、原动力，把这些美好冀望以相对可行的事业理想融通起来，以共同的理想作为推动群体的动力，实现不同阶段的群体理想。

这里给青年群体的朋友几句忠告，不要试图与超出自己和团队太多的阶层群体建立紧密关系，多数时候，这种关系是完全不对等和不稳固的，因为这种跨越阶层的互动合作关系没有群体感情基础，从一开始就埋下了未来分裂的伏笔。当然，这也不是让青年群体去拒绝来自高阶层群体的助力，只是要坚守一条底线，要能对自己的群体事业拥有完整的话语权，将高阶层的资源作为助推理想的燃料，而不是救命稻草。更不要对高阶群体挥舞的资源马首是瞻，趋炎附势，退步忍让，要明白，愿意帮你的会一直帮你，而一直拿未来机会和梦想忽悠你的高阶群体只会一次次地收割你免费的劳动力，最后不仅消耗了你的青春，还耽误了你原本有前途的事业和理想。

只有共同阶层感情的人，才能相扶相助地走下去，才能建立持续而稳固的战斗团队，为了共同的愿景和革命理想奋斗不息。没有阶层感情和相同价值观的群体，很难走到胜利的终点，对无阶级感情的跨阶层交互存有幻想的人，只会被别有用心的阶层群体延误时机，截取胜利。很多成功的企业家喜欢研究历史，是因为大到一个国家，小到一个公司和家庭，其基本运行规律和法则是相通的，有很多可以从历史经验中借鉴的地方，否则什么事情都要从零开始经历、学习和总结，那所有人的生命长度都不足以支撑我们的探索。

符合群体感情的事业才能获得共鸣，才能感召和调动更多人加入群体，在此基础之上才能建立起群体理想。因此，青年群体的朋友们要多从自身的基础出发，为团队谋取利益。群体利益是逐渐建立群体凝聚力和战斗力的开始，有了群体感情的加持，一个人和团队才能走得更远。

群体感情，会逐渐成长互融为社会群体感情，并会向共产主义理想靠拢，成长为共同富裕的重要组成部分，在未来让大多数人共享文明和发展的果实。

建立完整人格

【章节核心】越早实现自我认知和建立完整人格，就能越早形成成熟的思想，也就能够更早地获得更多的机会，进而为自己带来本质的变化和成长。

按照心理学的说法，人格是指个体在对人、对事、对己等诸多方面的社会适应中，行为上的内部倾向性和心理特征。人格可具体表现为能力、气质、性格、需要、动机、兴趣、理想、价值观和体质等方面的汇集整合，是具有行为一致性和连续性的自我，也是个体在社会化过程中形成的独特的身心意识行为。对于个体的人，其人格的基本特征由整体性、稳定性、独特性和社会性构成。

一个人的人格可以视作他过去整个生活历程的综合反映。

稍具体地来说，人格是个人带有倾向性的、本质的、比较稳定的心理特征，是一个人思维和行为表达的总和所传达给外界的印象。人格表现在认知、情感、意识等心理活动的多个方面，包括认知能力、行为动机、情绪反应、人际关系协调度、人生态度和信仰体系与道德评价体系等。可以说，人格是人在一定的社会历史条件下，通过具体的社会实践活动而形成和发展起来的意识形态和心理特征。

既然人是社会的动物，又是意识主导行为的动物，在其生活、成长的自然过程中已经潜移默化地具备了初步的人格特征，那为何还要强调去建立完整的人格呢？难道一个成年人不具备完整的人格吗？

可以肯定地回答，确实如此。其实，绝大多数社会中的人都不具备完整的人格，更多的是某几个人格特征的极端表现，或是多数人格特征的集中压抑。很多人对自己的具体人格特征的认识是模糊的，只是浅显地表达个人喜欢什么，在哪方面有什么优势，未来想过什么样的生活或拥有什么样的事业，再说下去就没有什么深度了。这样笼统的人格认知不能够给人以更加积极的人生引导，也不能对自我有清晰而客观的认识和评价，因此，也就无法塑造和展现更加完美的人格魅力。

民国时期的著名教育家、革新北京大学"学术"与"自由"之风的校长蔡元培先生，曾经在《普通教育和职业教育》中对人格做过如此描述："所谓健全的人格，内分四育，即体育，智育，德育，美育。"中华人民共和国成立以后，随着社会主义教育体系的建立，我们把五育作为基本人格培育，这就诞生了"德智体美劳"教育大方针，并取得了良好的教育成果。类似这样基础性的人格教育，学校已经对广大学子进行了朴素的概念认知，也建立了基本的人格评判标准，在对人格引导的核心观点上也无可厚非。

遗憾的是，普适性教育体系对人格的培养也是朴素而普适性的，由于过于关注群体人格的价值观导向，对个体的人格建立就无法实现差异化引导，当然也不可能建立针对个体的适时的人格培养方案，所以个体在离开学校以后，其人格是不完整的，需要在社会中继续锤炼和提升。但是进入社会后的青年群体是独立而自由的个体，其自律性和持续学习能力又不能得到保证，如何能保障其不被负面人格特征所侵蚀，以及如何以第三视角的客体身份对其后继人格完善进行补偿性引导，就必然成为异常棘手的问题。

在大学毕业之后的五年内，是逐渐形成完整人格的关键时刻，也是思维体系、意识形态、行为特征形成和固化的时期，此后的中青年时期的人生走向，基本都是这前二十年所建立的完整人格或残缺人格影响下的践行性表达，且此后人格影响下的人生走向和发展基本轮廓就界定了，也就是人们常说的"江山易改，本性难移"。在犯罪心理学中，对一个人青少年时期的成长环境和心路历程的研究是推导犯罪动机的标准思维模型，原因亦是如此。在这个特殊的成长时期塑造的人格会产生诸多延伸影响，小到对个人生活和工作的直接影响，大到对家庭、社会的间接影响，都是这个时期青年人的人格是否能够完整建立所决定的。

那又该如何帮助自己或青年群体建立完整的人格呢？难道还用传统的填鸭式教育和书本培训吗？

当然不是。一定要用其乐于投入精力的引导性事件去帮助他们建立这样的人格认知，让其对正能量的人格魅力产生真正的认同感，并渴望成为具备这种人格魅力的人。这样的引导性事件的组成多以实践性的、有参与感的成长事件、公益事件、慈善事件、商业互动、成长旅行、生存挑战等为主，通过对思想、意识、行为、实践的融合提升，把他们的人格逐渐塑造得更加丰满，并能客观地评价和分析自己，成长为可持续发展和进化的新青年。

多数人的人格都由显性主要人格和隐性从属人格构成。很多人不清楚自己还有一个潜藏在内心深处的从属人格，这并不是人格分裂，而是身体自我保护机制的需要。在面对生活和社会中的诸多方面时，显性人格起主要作用，在独处和静谧的私人空间中，隐性人格起主要作用。很多时候，人们不敢以真实的人格示人，这也是没有建立完整人格的延伸影响，是深层次的不自信和自卑的表现。

通过对青年人后续人格的建立和完善，就可以让其对世界、社会、生活、工作、自我、价值体现等方面有独立而客观的认知，实现自我思维和行为正确的主观表达，也就达到了完整人格的建立。这样，人格的建立就涉及了对自我的能力、气质、性格、需要、动机、兴趣、理想、价值观和体质等方面的本质思考，可以用有针对性的实践活动检验适用于自我人格塑造的方向，确定其人格完整性。

因此，可塑性更大的青年群体，更应该多去参加社会性实践，结合深度学习来构建自己的知识体系，并将实践和知识进行有效融合，对自我进行科学、客观的审视，了解自我人格和自我认知，疏导、改变过于极端、偏执或过于软弱、自闭的人格特征，使人格特征趋于相对平衡，还不失个性的展现。这样在未来面对复杂人生历练的时候，他们才能准确表达自己，把握机会，创造价值，改变命运。

越早实现自我认知和建立完整人格，就能越早形成成熟的思想，也就能够更早地获得更多的机会，进而为自己带来本质的变化和成长。

自爱、自律、自信、自立

【章节核心】征服自己的弱点，是一个人强大的开始。一切优良的个人品质，都是促使一个人走向成功和幸福的基础保障。

我国著名作家沈从文先生曾经说过："征服自己的一切弱点，正是一个人伟大的起始。"自爱、自律、自信、自立就是征服自己弱点的四大行为准则，它们能够帮助我们建立强大的内在世界，实现与外界更加贴合的衔接。

这一切的开始要源于我们是一个自爱的人，自爱指一个人要爱护和珍惜自己的身心，重视、呵护自己的名誉。

当今时代，社会正在发生着翻天覆地的变化，在时代旋涡的裹挟中，很多人迷失了自己，尤其是青年人，在面对多变而复杂的社会时，很容易呈现出没有自主性的迷失，随波逐流，拥抱享乐主义和物欲需求，并由此一步步放弃自己的人生底线，沉迷于各种虚拟的、短暂的快餐文化般的快乐。同时，泛社交软件的大规模爆发，让人与人之间呈现零距离的交互，这也带来了虚假的社交繁荣，并让这种社交娱乐化的节奏像病毒般泛滥。青年人受到了太多泛娱乐的荼毒，迷失在短暂的即时满足中，不愿意用毅力去一点点触达自己的理想。

这种现象是时代发展带来的衍生负能量，让一些人不再爱惜自己和别人，把自己置身于空洞的陌生社交、泛娱乐、游戏之中，甚至导致个别青年女孩以自己的身体作为筹码去换取欲求的东西。在社交娱乐、短视频、直播等领域，为了增加虚无缥缈的粉丝数，人们一次次突破道德和法律的底线，以低俗、暴露、恶搞、作妖、自毁等多种形式吸引陌生人去观看和打赏，在平台上抛洒自己的血汗钱，就为了那虚荣的、短暂的回馈和互动，或转成线下的、越过道德和法律界限的违法交易。

不自爱、不能自控的人，没有了健全的人格和理想，也没有了健康和人生目标，只能放纵自己迷失于时代的洪流中，最终在时代大潮的涨落中化为一捧泡沫，在阳光下破灭。

只有建立正确的人生观，对自己的人生负责，爱惜身心，并为更阳光的人生理想去健全人格，做一个自爱的人，才能在此后逐渐建立更多的优秀品质，才能承载更多更大的人生考验。

再谈自律。自律的人是很可怕的，他们常能实现超出普通人的自我约束，并能够用强大的思想意识去指导自己的身体，这是追求卓越的人不可或缺的伟大人格力量。没有自律的人生，设定的所有计划、纪律、目标等都会变得形同虚设。自律的人往往能爆发超出想象的能动力，强力推动事物的发展，并感染身边的人。所以说，真正的自律更像是一种信仰，它能让人拥有自省、自控、自爱的归属感，它也能让一个人发觉健康之美，并让人感到幸福和快乐、淡定与从容，使之长期充满积极向上的爆燃力量。

自律的人一定有着良好习惯，积极且有执行力，没有拖延症等坏习惯。自律像一个让人上瘾的东西，只要一个人开始了自律的人生，就会品尝到自律带来的胜利、成功的果实，从此爱上这种积极而规律的状态。

自律是遏制眼前短暂的诱惑，以在未来实现更大的成就。

自信，是科学审视自己之后，能准确把握和自由发挥内在自然状态的一种独特的气质展现，是对自身所携带能力、能量的确信，也是发自内心的一种自我肯定与相信。自信本身可以说是人生练达的巨大能力的外延展现，是对自我评价的相对稳定可靠的积极的态度。自信关乎勇气、力量、毅力的萌发和输出，具备了自信的人生，才有可能击破和战胜各种困难。

自信是一种健康的特殊心理状态，是我们承受人生挫折、克服困难的保障。英国哲学家弗朗西斯·培根曾经说："深窥自己的心，而后发觉一切的奇迹在你自己。"在这里要注意的是，千万别把自信当作毫无理由的自负，盲目的自负就是傲慢地刚愎自用，有这样行为思想的人很容易犯低级错误。自信应该建立在稳固的内在世界的丰富和强大基础之上，而不是依靠外在装饰和衬托去表达自信，那样做反而是最不自信的表现。

有一次，去看望我的书法师父，他是一位银行出身的企业家，文化程度和社会地位相比一般商人来说比较高。见面寒暄之后，他老人家说刚送走一波朋友介绍来的客人，他感觉有两个人挺有意思。两个中年男女带着秘书和助理来拜访他，据他观察，这两人骨子里没有一点自信，而且打眼一看就是出身比较卑微的人。我不禁问师父何出此言，他说这两个所谓的精英人士一身混搭名牌，喷着浓烈的香水，戴着不合体的领带、手表和很多重复的首饰，还刻意安排秘书和助理在其身后记录谈话重点，对我师父点头俯身，转头又对下属傲慢跋扈，态度冷热切换非常大。这两人给人的感觉就是小民乍富、短期得志的小老板，借奢华而不搭调的奢侈品衬托自己的身价，由于不懂得品牌搭配反而显得格外拙劣而土气，对比他们面对更大的财富和权力阶层，表达出来的迎合和面对手下人趾高气昂的姿态，完全说明这两人的骨子里是没有自信心和真东西的，只能通过外在的形式去掩盖其内在缺失的东西。

说到这里，他还不忘赞扬了我几句，我欠身点头，谢过了他老人家的谬赞。

由此可以看出，一个骨子里没有自信的人，在高人眼里几乎就是透明人，且难以通过外在伪装，因为肚子里没货，嘴里没话，手里没功夫。

最后，我们来说一下对于青年群体很有意义的一个词：自立。

自立指的是自我的独立，是思想和行为上双重意义的独立。自立要求我们独立去承担自己的事情，不要一味地依靠亲朋好友的关照，能够运用独立的思想和行动力，独自去完成各种事情。

自立的过程是持续性演变的，就像任何一种生物的生长，在早期都会依赖于原生环境，但是随着个体的逐渐成熟和成长，必然会在某个时期逐渐进入越来越独立的姿态，并在某一时刻进入完整的独立生存状态。

青年群体可以尝试在初进大学或初入社会之时，将对家庭的依赖性慢慢减弱，把自己的物质和思想都逐渐独立起来，进入快速的成长期和磨炼期，并学会对自己的选择努力和负责，认真规划生活和工作，有条不紊地进步和成熟，最终让自己勇敢而自立地面对生活，面对不确定的未来。

对于我们所有人来说，自爱、自律、自信、自立的思想和行为的养成，能够让我们的一生走得更加稳健而有成效。在年轻有为、怀揣理想的青年时代，我们没有理由不去努力获取更加美好的人生，这一切需要我们付出的只是更加律己的自爱、自强、自信、自立的良好人生习惯。

感恩的心

【章节核心】拥有感恩思维的人，是生活中怀抱大智慧的人。这种思维会让我们感知到更多与人交互的美妙，能促使我们保持积极、健康、阳光的良好心态。

感恩是一种处世哲学，也是一个人修养和素质的体现。

怀有感恩之心的人不仅是以回馈的态度对待人、事、物，更是以尊重万物的谦恭来肯定其存在之意义，对自然存在怀有敬畏之心，生发心中的善念。

德国哲学家、思想家卢梭曾说："感恩即是灵魂上的健康。"

如果一个人没有阳光和健康的灵魂，就不可能带给身边的世界以光明，更不可能获得来自各个方面的支持和帮助。只有学会感恩才能增加彼此间的紧密关系，因为感恩带有特定的互动性的情感社交属性，能给帮助自己或恩惠自己的人以温馨的正向回馈，表达自我对其给予帮助的感激。

人都是社会性的动物，也就必然回避不了社交性需求，而一个人若想在复杂的社会生存中获得更多良好的交互性，就需要建立良好的社交关系。影响社交关系的因素有意愿表达、被需要、给予与奉献、沟通回馈、存在感等，其中可以通过感恩思维和行为产生交互的就有奉献、回馈、存在感。感恩可以加深人与人之间的互动关系和紧密联系，并能建立情感通道，更快实现真诚而牢固的社交信任，为自己构织广大而可靠的社交网络。

拥有一颗感恩的心，就是为自己播撒更多收获的种子，因为感恩的心不是单纯地报恩，它是一种存于内心的责任感、自立性，追求坦荡人生的精神境界。感恩是让人拥有积极的思考和谦恭的态度，是由衷而发的行为。当一个人真正懂得感恩之时，就会将感恩的心化作各种充满大爱的实际行动，去帮助身边更多的人。

从人们成长的角度来分析，心理学家们大多认同这样一个普遍规律：一个人内心价值观改变，其态度就一定会跟着改变；态度改变，一个人的习惯也就跟着发生改变；习惯发生改变，会逐渐影响性格发生改变；而一个人的性格如果发生了改变，一生的命运也必然就跟着发生了改变。

没有感恩就没有真正的美德。

拥有感恩思维的人，是生活中怀抱大智慧的人。让我们感知到更多与人交互的美妙，能促使我们保持积极、健康、阳光的良好心态。有感恩之情的人，对别人、对环境就会减少一份挑剔，增多一份欣赏和感激。

感恩，是一种美好情感的释放和表达，是灵魂的净化剂，也是一个人事业上深层次的原动力和内驱力，更是人的高贵品格之所在。感恩的心将使你所热衷的事物关联得更紧，也将使你坚定对美好事物的信念，从而吸引更多美好的事物。

感恩的思想和舍得的思想有异曲同工之妙，舍得思想讲不求回报地帮助、避让别人，多舍于他人，不与之争；而感恩思想讲获得他人帮助和慷慨后要记得感激和回馈，哪怕不能对原主实现感恩行为，也要把这份感恩的情怀借以舍得的思想回馈给其他需要帮助的人。长此以往，怀有感恩思想和舍得思想的人会越来越多，大家都愿意拿出一份爱心帮助需要的人，也都以被帮助者的感恩的心对人和事寄以回报之情。

处于成长阶段的青年人是这个社会中最有朝气的群体，要更多地带动这个群体对社会的正能量和积极性的作用，感召他们在力所能及的时候用具体的行为给予身边人以帮助，在获得更多社会实践的同时，也为自己建立更加阳光而丰满的人生观，这对以后从事更加宏大和复杂的事物会有巨大的帮助，可以让自己以更大的视野、更多的责任心和担当迎接时代机遇。

感恩的心是无条件的，感恩行为带来的二次回馈也是自然而然的，不能掺杂索求和条件，否则就变成了有预谋的投机行为。但是，我们会发现，怀有感恩思维，并能把感恩的心付诸于行动的人，在社会活动中总能获得更多人的信任、支持和帮助，正如汉代的贾谊在《新书》中所言："爱出者爱返，福往者福来。"人生从爱出发，并能一路与爱相伴，生命就会获得本质的诗意和快感，同样的人生至理在《圣经·马太福音》中已有表述："你们愿意人怎样待你们，你们也要怎样待人。"

把一粒种子交给大地，大地就会还你一片绿色。

现代的人都爱讲佛系，这并不是说他们就是信佛或皈依之人，而是说他们向往和追求佛系心态带来的清净、少欲、修心、感恩、奉献的生活状态，让自己的幸福指数增加，也带给身边人更多爱的表达，使一切事情都种下善因，在不远的将来都得善果，这都是表达友善的好态度，也会获得友善的回应。

懂感恩之人必有多方相助，感恩也是在为自己积累福报，并会在未来的人生路上获得源源不断的二次回助。青年人要在年富力强的时候，多为自己蓄积世间的阳光，在长远而孤寂的成长路上，它会照亮我们前行的路。

悯物主义

【章节核心】悯物主义是智慧人类柔性对待协同生存环境的善意行为的表达。这种对万物的大爱，能帮助人们构建更伟大的世界观和人生观，放大眼界和格局，让人能够站在万物视角，审视生命的存在和其意义。以良善之心待世间万物，视万事万物为身体发肤，关爱备至以无所加害，融置身心于自然。以我为阳光水露，普照滋养万物，终得万物所护佑。

善待万物者，必被万物所护佑。

悯物主义是我个人感悟生活后所杜撰出来的新词组，以往并无此叫法。我对它的含义的理解就是：以良善之心待世间万物，视万事万物为身体发肤，关爱备至以无所加害，融置身心于自然。

那何来悯物主义的说法呢？它源于何处，又有何意义？

这要从两个小故事说起。首先说明，本人并非佛教徒，亦未皈依佛教，只是比较喜欢研究佛教的哲学体系，也就是佛教得以源远流长的普世自洽理论，这也算是故事的前因吧。

故事是这样的，前几年，我在设计院主持工作的时候，去开发商那里签订项目规划设计委托合同，这个开发商的售楼处在城北某处环城水系的独立岛上。我签完合同出来，怀揣刚拿下的几十万元的设计合同，并未感到格外欣喜。我沿着河岸信步往停车场走去，途中，看见很多人用自制的网兜在河里捞泥鳅。人们把超过半掌的泥鳅分拣出来，带回家做菜吃，小于半掌的泥鳅就被扔在河岸一旁的淤泥里。淤泥由于暴晒已经开始干裂，很多小泥鳅裹挟在干裂的淤泥块中。于是，我从岸边树丛里捡来一根小棍子，在河岸烂泥带的南端蹲下来，用手里的小棍子一点点地拨开混杂了水草的淤泥，把裹在其中的泥鳅一条条拨回水中。好在泥鳅这个物种的生命力极其顽强，它们回到水里后很快就能恢复生命迹象，一个猛子钻进深水中。

这个挽救小泥鳅的随机行为持续了近两个小时，大概救回去了几百条泥鳅，直到家人打电话喊我回去吃饭，我才发现已经日照当头。随行的朋友逛完水系景色，回来说我是吃饱了撑的，还说泥鳅的生死有它的宿命，管它作甚，有谁在乎你顶着太阳干这样的傻事。那一刻，我心中欢喜无比地回了他们一句话："这几百条泥鳅在乎，我也在乎，这就够了。"

后来得知，那个开发商反而是所谓的虔诚的佛教徒，甚至给国内某千年古刹捐赠巨款以求荫福，可是其开发的房地产项目经常不按设计图纸进行施工建设，偷工减料都是家常便饭。这些恶劣的行为让我深深怀疑其信仰的虔诚，后来几年，其项目和资本一直发生各种意外，烂尾停工至今，债务和官司缠身，偌大的公司濒临破产。

以上两个小故事并非想引申说明佛教的因果报应，而是想说人类作为高等文明的动物存于纷繁的世间，应该以博爱为诸事的出发点，以良善对待接触的人和物，以自己有限的行为和能力为世间多播撒阳光的种子，并把这种善良的意识根植于自己内心，用点滴行动让身边的一切因为有你的存在变得更美好，这才是人的一生应该具有的生命高度和意义，也就是我体味出来的悯物主义。

悯物主义并不是极端地悲情万物的玻璃心，而是倡导对万事万物抱有善良的初心。以良善作为行为处事的始点，以平常心待物，视万物存在为平等的客观必然，求与万物之共存。

先贤孔子在《论语·颜渊》中有言："上天有好生之德，大地有载物之厚，君子有成人之美。"有的人可能会跳出来说，难道对待敌人、竞争对手、罪犯等都要实行悯物主义吗？凡事都讲方法和策略，不能以极端思想和偏执行为对待日常的人和事，敌人和竞争对手等都是关乎人与团队生死的对立面，如不能化干戈为玉帛，就要在与其对峙战斗的过程中做出了结，并以时间最短的止战之策留存仅存的良善。

悯物主义是一种高贵的品格，是智慧人类柔性对待协同生存环境的善意行为的表达。这种对万物的大爱，能帮助人们构建更伟大的世界观和人生观，持续放大眼界和格局，站在万物视角，审视生命的存在和其意义。

悯物既是指悲悯万物，也是怜悯、悲叹万物生存之不易，进而以意识和行为对万物之艰难生存抱有同感之心，融心融情与自然万物，亦收自然万物之灵，静修自己超脱俗世的欲念，聚精会神地将毕生倾注于所热爱的事物，这样才能在有限的生命里创造伟大的奇迹。

如果一个人拥有了悯物的胸怀，就会逐渐建立高尚的理想，也就不会再堕于俗世杂念。综观当今伟大的企业家，无一不是对万物生灵的生存之艰难有切身体悟的，并将这种大爱用实际行动表达出来，用终生积累的财富设立各类基金，致力于人类、自然环境和生物多样性的融合、延续及可持续发展。

当一个人能力不够的时候，可以从身边的小事情开始，把良善作为种子播撒出去，它会在不久的将来开出遍地的花朵。千万不能寻找各种借口，将善良的心封在心底，释放出侥幸和懒惰，期待救世主的出现，这是最不可取的。

善不分大小，只论是否怀有善念，并愿意身体力行地践行悯物主义的理念。哪怕只是给世界一个微笑，甚至是随手扶起一株遭风雨摧残的草木，只要这种悯物主义在我们的体内生根发芽，就会发现世间更多的美好。

汉昭烈帝刘备在其遗诏中嘱咐后代："勿以恶小而为之，勿以善小而不为。惟贤惟德，能服于人。"这句名言讲的就是以善利万物亦是常利于己的道理。只要是善，哪怕是极小的善也要去做，只要是恶，哪怕是很小的恶也不能去做，三国之明君刘备留下的千古名言值得世人铭记于心。

以我为阳光水露，普照滋养万物，终得万物所荫福护佑。

悯物主义，其言虽简，其意深远，愿读者朋友多体味之。

当公益统治商业

【章节核心】在未来社会，更有生命力的商业组织，一定是将社会责任主动承担起来，把公益和慈善纳入商业制度，持续为大多数人的利益而奋斗不息，其共享属性会表现得更加明确，在组织形式上也更趋向于群体经济的市场组织方式。

本节主题来源于《当行善统治商业》，这是我很喜欢的一本书，其商业理念也非常契合我一直构思的商业模式。这本书的作者就是 1999 年被英国女王伊丽莎白授予爵士头衔的理查德·布兰森，英国维珍集团的创始人，一位极具传奇色彩的白手起家的"嬉皮士资本家"。他让维珍品牌在英国的知名度达到骇人听闻的 96%，成为英国最大的私营企业，其产业涉及航空、铁路、金融、宽带、汽车、出版、日化、商场、酒店、饮品、婚纱、唱片等多个领域。并且，他热衷于演讲和公益、慈善，把公益的理念正式导入企业经营体系，产生了很大的正向影响，让其个人和事业上升到了更高的维度。

记得几年前在阅读这本书的时候，我在扉页写下了这样一段话："当一项事业的创始人有了兼爱的行事思想，就能在其事业中展现出不凡的格局，并会由此产生积极的衍生反应，让其开创的事业变得易行和伟大，并成为以全新的价值观凝造为基因的更有生命力的商业有机体。"

当时，我在进行人生的第三次创业，正处于商业思维梳理和事业落地的关键时刻，具有了公益和商业融合的萌芽，还没有形成系统的商业逻辑，很偶然地读到了这本书，欣喜之余写下了前面那段话，旨在鼓励自己要放大事业格局，不能局限于有限的商业视角。只有打开了视野和格局的创始人，才可能把团队和事业带领得更远，也才更有希望走向成功。

布兰森爵士的这本伟大著作，把行善的方式分为三个阶段，植入进商业经营管理体系，并逐步让他看到了行善带来的意想不到的良好回馈。

一开始，布兰森爵士只是想给企业员工增加福利，就设定了一个小金库，专门用于企业员工及其家属遭遇意外事件时的救助，没想到这样的行为带来了企业员工满满的幸福感，他们把感恩付诸日常工作，团队更加凝聚和积极，业务也更加快速地增长。其后，布兰森爵士干脆把福利范围和帮扶对象扩大到企业的目标客户和消费者，不难想象，他再一次获得了空前的胜利和美誉，其财富不但没有缩水，反而极大增长了。最后，他考虑自己百年后也会捐赠毕生财富，还不如在有生之年看到这笔巨额财富发挥最大的积极作用，于是把巨额财富转化为慈善事业，并把行善深深植入商业模式之中，作为一种更大的企业责任。这样一来，布兰森爵士和维珍集团几乎成为英国市民的救世主，所有人都知道维珍集团，他们的吃穿住行都和维珍集团有关系，也因此带来极大的社会正面影响。

鉴于理查德·布兰森为社会做出的卓越贡献，在1999年，他被英国女王伊丽莎白授予爵士爵位，这也是平民所能获得的最高的贵族荣誉。

公益在相对成熟的大企业已经成为独立且必然的主题，也是创始人成长为企业家后核心精神的表现形式之一，体现了创始人和企业的社会担当。而公益的植入也给企业和创始人带来了更多的美誉，进而反哺创始人企业的营收和收益，这是一种互惠互利的阳光行为。

在国内，我们也可以看到诸如阿里巴巴集团的蚂蚁森林公益计划，带动几亿用户，用积累的群众力量去改造沙漠，植树造林；腾讯公司专门在其社交软件上设立公益端口，大力扶持公益事业的发展，成立腾讯基金会持续而稳定地输出公益力量；京东集团依靠其扎实的物流分仓，对全国的公益事业和国家公共危机提出了无条件的救助帮扶声明，并在实际行动中默默地付出，比如，在新冠疫情暴发伊始，京东就第一时间把临近武汉的分仓物资无条件捐赠给定点接收单位，为疫情控制争取了宝贵的时间。这样的企业还有很多，如华为公司、格力公司、福耀公司等，这些都是低调推进公益、慈善事业的伟大的有担当的民营企业。

社会的发展是趋于文明的，也是趋于文明的高级奋斗目标共产主义的。因此，构成社会活动主体的自然组织、市场组织、经营者、活动者等，一定会朝向更加文明、自由和平等的方向发展，每个独立的个体和组织最大的成功不是单纯的财富积累，而是其承担了多少社会责任和聚集的庞大财富带给世界的积极改变，以及对文明、自由、平等的社会关系的推动。

这让我想起乔布斯的遗孀罗琳的一句话："个人累积大量财富并不对，那相当于是数百万人的财富，这样累积财富对社会很危险。"因此，她捐赠了她和乔布斯的财产 280 亿美元，约 1940 亿元人民币，用于教育方向的非营利性基金慈善。这样裸捐的超级富豪还有很多，如比尔·盖茨、巴菲特、蒂姆·库克、扎克伯格等，可能有的人质疑这些欧美富豪在借用慈善基金和裸捐避税，但是要明白一件事，就是有人在为积极的事情努力，这就足够了，这总比一个人手握巨量财富，而对社会毫无积极意义来得好一些，我们要看到事件的正面影响。

在未来社会，更有生命力的商业组织，一定是将社会责任主动承担起来，把公益和慈善纳入商业制度，持续为大多数人的利益而奋斗不息，其共享属性会表现更加明确，在组织形式上也更趋向于群体经济的市场组织方式。公司和企业愿景一定不是单纯以营利为目的，与现在的公司和企业目的有着天壤之别，这不是痴人说梦，是在未来一定会实现的理想。

我坚信，在将来，公益一定会统治商业。

互助成长

【章节核心】社会生产力的最大体现，一定是趋于群体化创造，而不是单体创造。在社会文明发展的未来阶段也一定是群体化的，这是由群体力量叠加后的巨大能动性决定的，代表了更大的群体性竞争力，抑或破坏力。这就需要正确的社会主义核心价值观去引导。

在海洋之中，有很多种鱼类的幼苗具有群体性活动的特征，它们以庞大的数量聚集生存，远观犹如一个巨大的海洋生物，如金枪鱼、大马哈鱼、鳕鱼等，都是多仔多卵的鱼种，以数量换取生命的衍生。这种群体性的鱼群既能在活动中节省体力，又能在一定程度上抵御大型鱼类的攻击，有利于鱼群种类的整体生存。

人类文明和人类群体行为，也多以群体性社会活动为主，并由此产生文明的积累。但是，随着社会的进步和个体依存关系的弱化，个体行为和小群体行为变得越来越多，社会活动开始以个性化的组织方式存在了，尤其是近些年移动互联的普及和自媒体的爆发，更是催生了单体生存的繁荣。不过，这种单体和个体化的存在形式只是表象，只是我们看到的最浅显、最活跃、最直接的部分，倘若认真观察这些现象，就会发现这些表象背后都有一只完整而无形的大手，把这些社会分布的单体进行连接，在这个大手之上的个体和单体才能呈现不同的姿态。我们把这些无形的大手统称为平台生态，而平台生态就是群体聚集性的系统化表达。

社会生产力的最大体现，一定是趋于群体化创造，而不是单体创造。在社会文明发展的未来阶段也一定是趋向群体化的，这是由群体力量叠加后的巨大能动性决定的，代表了更大的群体性竞争力，抑或破坏力。

当今的时代处于巨大的潮涌期，人们犹如澎湃潮水中的鱼群，随着时代沉浮动荡，甚至让一部分人迷失在沙滩和礁石之上。但我们要永远相信一个大方向，只有群体的力量才能对抗更大的群体意志和时代阻力，才能带领群众从重重困难中走出来，形成新的群体竞争力。虽然当今社会中的群体组织很分散，但是它们无一例外地朝向生态化组织去发展，这是群体化生存的高级体现，也是更为复杂的协同生态，它们能够保持更大的群体生存和利益的稳定性。因为这样的生态组织能对抗更大的生存竞争和竞争破坏，甚至能碾压和同化潜在的竞争群体，加固和健全生态链的完整性。

青年群体是当今社会的全新血液，也是未来社会的主角，更是主导社会发展的接班人。这个群体的思想意识高度也就决定了其未来的能动力，尤其是其所秉持的事物的发展观念和组织形式，也会在未来形成不同的成长曲线。

现存的生态型组织机构和平台为了自身存在和利益考虑，多会渲染为青年人做更多支柱和扶持，甚至宣扬其生态链和平台的存在就是为了维护青年群体的利益，这完全是高明的商业公关宣言。它们担心的是具有巨大创造力和破坏力的青年群体，一旦舍弃其生态链条和平台，转而自发形成群体组织，以完全不被其理解的形式开拓了全新的产业和未来，甚至都来不及给他们一句正式的告别，就遗忘了这群意气风发的青年群体。因此，原有生态型组织机构和平台都用尽各种办法去留住青年群体在其构筑的舞台上表演，满足青年人所渴望的各类欲求，宣扬个体主义思维和自媒体思维，最终导致青年人都根植其上，难以形成真正的竞争力，去撼动既得利益阶层的商业帝国。

因此，在群体经济核心思想指导下的群体化创富，才会是未来青年群体的唯一出路。只要青年群体能够互相帮助，共同成长，就能诞生伟大的时代奇迹，并在未来的时代中依靠更加公平和公正的运作机制，彻底瓦解资本固化的资源头部聚集，让资源和资本变成群体共享，然后通过群体化协作最终实现大多数人的共同富裕。

互助成长的双重意义多存在于有群体感情的人，尤其是处于社会底层的青年群体之中，这是实现底层青年群体集中优势力量，去争取改变自身生存状态和外部世界的最好方法，也是既得利益阶层最担心和害怕的改革方法。这非常像我们伟大领袖毛主席所运用的斗争理论，团结弱势群体的力量，重新去打造属于新人类的世界，并让人民群体共同享有奋斗的果实。

互助成长的群体就像一架精密运作的机器，虽有分工的不同，但是没有阶层和身份的不同，其追求的本质应该是人类的终极幸福，而不是个人和部分人的大量财富所带来的社会两级分化。在未来恪守互助成长的青年群体之中，物欲与私欲一定不是人们的第一需求，探求生命的本质和人类文明的延续发展才是更多人思想和行为的终极目的。

在不远的未来社会，一定是怀抱群体创富理想的那批青年人在带领时代前进，并依靠更具先进性的组织形式，为社会带来更多和谐与美好。

为了群体创富理想，我们愿意成为最早的探路者。

第七章

不负时代

最坏与最好的时代

【章节核心】每个时代都有其时代特征，也都并存矛盾的两个方面，对于不同的人、场景和阶段，所有时代都会呈现出其完全迥异的面貌。

19世纪中期，英国著名作家查尔斯·狄更斯发表了世界名著《双城记》，开篇便书写了这样一段话："这是一个最好的时代，也是一个最坏的时代；这是一个智慧的年代，这是一个愚蠢的年代；这是一个信任的时期，这是一个怀疑的时期；这是一个光明的季节，这是一个黑暗的季节；这是希望之春，这是失望之冬；人们面前应有尽有，人们面前一无所有；人们正踏上天堂之路，人们正走向地狱之门。"这段话无比生动地描述了在历史改革大潮中，极度动荡的巴黎和伦敦两个城市所发生的巨大的社会变化，也将人性的丑陋和基层群体的抗争淋漓尽致地表达出来了。

放眼当下，我们何尝不是处在一个特殊的时代，一个人文、科技与经济巨大变革的时代。面对如此复杂而巨变的时代，有多少人欢欣雀跃，又有多少人迷离彷徨？

每个时代都有其时代特征，也都并存矛盾的两个方面，对于不同的人、场景和阶段，所有时代都会呈现出迥异的面貌。相对于以前，我们所处的时代一定是更加先进和具有生机的。对于时间维度上的时代迭代而言，其实没有好坏之分，只有加入了人类这个视角标尺以后，才有了好与坏的不同认知。

我更愿意相信，我们面临一个前所未有、继往开来的伟大变革时代，充满了可能性和包容性，每一个人都可以从自己的兴趣、爱好、能力等出发，去寻找和实践自己的理想，时代也给予了人们尝试改变的所有可能和机会。

说时代是不好的朋友们，你们可能失去了把握时代脉搏的能力，不能与时代的气息相吻合，不会借用时代的工具创造更多价值，不愿意尝试去改变自我的认知和获取持续的学习能力，更多时候是你们自己停下了前进的步伐和探索的勇气，并将对时代的疑惑作为懒惰、懦弱、自卑的借口，放任自己沉沦下去。朋友们，请振作起来，只要从思想开始站立，时代已经在你脚下。

说时代是好的朋友们，相信你们正怀揣伟大而美好的梦想面对未来，更有魄力和能力的你们愿意与时代接轨，时刻保持对当下和未来世界的好奇心，并把这种好奇心付诸于职业化和事业化，你们也必将逐步成为新时代的宠儿。只是，在你们意气风发、挥斥方遒的时候，要记得以虚怀若谷的姿态俯下身子去践行理想，而不是只停留在对时代的解读上，进而浪费大好的时光和青春。面对当下和未来持续变革的时代，我们都要保持心态的积极性、思想的理智性、落地的可行性，将智力转化为生产力，把自我能动性发挥到极致。

新时代赋予了我们存在的新意义，那就是面对更多未知的探索和体验。

人类探求生命意义的历程早就迈过了旧时代物资的匮乏和思想贫瘠的洼地，迈进了精神文明的领域，在当前历史时期出现的变化和迭代中，催生了无数的新技术、新领域、新模式、新思维、新人类，也让这个世界呈现出前所未有的复杂和繁荣。在这样缤纷繁复的时代中，很多意志力薄弱、自控力较差、缺乏理性的青年朋友，很容易迷失在物欲的享乐主义中，不能分辨前路的方向和掌握自我的命运。当前时代的即时满足文化充斥交织下的世间万象，很多中年人和老年人甚至也集体性迷失其中不能自拔，丧失残存的迎接时代变化的斗志，堕入保守的观望者阵营，对新时代生出驳斥、批判、诋毁、嘲笑和无奈的复杂心理感情。

人类虽然创造了很多生存极限的纪录，寿命也实现了巨大的提升，但是在相对较长的时期内，生命仍然是极其短暂的，生命之于人类的终极意义，也不过是百十年的一场生命之旅的体验。这场单程的生命之旅对于每一个人都是非常珍贵且不可逆的，我们虽然决定不了自己的出身，却能主动选择未来的生命是否灿烂，好的心态会一直给生命带来好的运气，让我们都能以更加积极和主动的态度去拥抱艰难、困苦、短暂的人生之路。

就个人对时代环境的能动性而言，其主观性改变是微乎其微的。

我们个人对时代好与坏的判定，并不能改变时代变革的脚步；反而一个人对时代好与坏的判定，会更大地影响个人命运的起伏。

在时代变革的大潮中，所有的东西都犹如被大潮裹挟着的贝壳，踩到时代的浪头就逐渐地上了岸，踩到时代的浪谷就沉入了海底。我们改变不了时代的大环境，就一定要及时、积极地调整自己去适应时代的发展，不让自己掉队，走在时代的前列，这样才能看清这个时代中最美的风景和最大的机遇，也就一定会汲取时代大潮带来的奔涌的力量。

时代的好与坏，在于人们面对时代所选择的心态，以及不同心态之下做出的不同的选择和准备。

当前的时代，在过往的时代中是最好的，在未来的时代中是基础的开始，勇于挑战、肯定、相信自我的人，一定善于主动拥抱时代的变化，也一定会走进更美好的时代。

选择大于努力

【章节核心】有效性选择，主要是指可以给我们当前和未来的生存、生活、事业带来持续性变化或阶段性可见变化的关键类选择。

多年前，持续创业中的作者经常陷入思维和行为的死角，某次与曾经的上司、现在的前辈、好友聊天时，被其几句话点醒。他说："你不要用战术上的勤奋掩盖你战略中的懒惰。你每天玩命透支健康为事业付出的勤奋、努力和汗水，只是对自我无效付出的安慰，持续拼搏才能让躁动的你心安。但是，你要明白一个道理，人生在世，选择大于努力，你做了这么久的商业策划和架构，有没有对自己的人生和未来做过策划和定位？不要用一个虚无缥缈的梦想支撑你去投入拼搏和奋斗。"

那次谈话以后，作者有一段时间陷入了理性而系统的思考，并对自我进行了认真而彻底的剖析，结合自己的特长和资源，逐渐梳理清晰了未来可以更加务实而稳健推进的理想。

如果我们认真观察生活中人物的千姿百态，就不难发现，为何越成功的人

185

越看似无所事事地喝茶、吃饭、聊天，反而越勤奋、努力、拼搏的人却起早贪黑地守着仅有的温饱，难道真的只是仇富心理推导出的所谓出身不公、起步不公、权利不公、资源不公吗？当然不是，更多的差异主要在于不同思维层次的人看待问题的角度和处理事物的方式不同；富人思维更多关注影响事物的本质条件，以及组织和架构事物的方式方法，面对人生机遇时更多地在做优化选择；而穷人思维更多关注事物的表象问题，以及现实的回报和既得的眼前利益，面对人生机遇更多地在拒绝选择和回避风险，进而短视地抱守稳定、安全和固化了的基层群体的低风险生活。

身处基层群体的读者朋友一定会反驳说："我们每天也面对无数选择啊，而且还对很多难以取舍的事情做出了选择，怎么能说我们没有选择？"诚然，我们每天都在做着不同的选择，可是知道选择之于选择本身有何不同吗？相信很多人无法完整回答这个问题，那是因为很多人根本无法区分高质量、可变性的有效选择和大家所谓的每天面对生活琐碎事物所做出的鸡毛蒜皮的、斤斤计较的、堕入死循环的事务性选择。

有效性选择主要是指可以给我们当前和未来的生存、生活、事业带来持续性变化，或阶段性可见变化的关键类选择。只有多做有效性选择的人生，才能逐渐从低谷走向高山，才能让选择成为稳步改变命运的台阶。

但是，我们千万别掉入另一个误区，单方面提升选择的重要性，而忽略努力的必要性。选择绝对是人生在不同阶段上的战略性问题，但是如果没有了努力和勤奋作为选择的后续支撑，那么空有选择而不见努力奋斗的战术落地，也不过是所谓的纸上谈兵的幻想而已。一定要把战略高度的选择和努力实施的战术综合起来考量，把选择作为司令部和参谋部，把努力作为指战员和战士，这样才是拥有智慧和战斗力的结合体，才能无往所不利。

青年群体，由于缺乏生活经验和知识体系的积累，很容易做出错误的选择，进而影响努力带来的结果。要想弥补这种不足，就只能在学习和磨炼中去不停地论证、检验自己的选择，以充足而饱满的知识体系和丰富实用的经验，结合趋于稳定的实践，在相对更短的时期内，促使自己快速成长起来。

在一个成熟而多识的人眼中，所有的选择一定是架构在其庞大的知识体系和经验体系之上的简化浓缩的直觉判定，是达观人生举重若轻的自然表现，也是那些成功人士看似闲散喝茶、聊天背后深厚功底的体现。这种依靠巨大底蕴的直觉选择和判定，能够帮助一个人快速实现更高目标，这是一种特殊的综合能力，也会助推他的进化，巩固他的人生高度。

所以说，面对所有能影响我们命运走向的选择的时候，千万别贸然投入所有的努力，傻憨又勤奋地埋头苦干，那只会让我们看起来很忙碌而已，并不能带来真正的人生变化。我们要在努力之前，认真思考需要做出重要选择的事物，在未来所能给自己带来的真正改变，然后再有计划、有步骤地去努力践行选择后的道路。

选择大于努力，是告诉我们一个基本的人生道理，在行动之前应该且必须要有一个理性的思考过程，把思考后的结果作为选择的重要依据，结合实际情况后再有条不紊地去努力实施，这样的行事路径才能让我们事半功倍，从根本上解决陷于事务性选择的无休止的循环怪圈。

人生的路上，学习、生活、工作、社交等各个方面带给我们的不同体验，无一不是选择和努力互相依存的结果，选择很多时候扮演了指路者的角色，努力更多地扮演了负重奔跑的角色。之所以说选择大于努力，只是要告诉大家，如果人生道路上选择的方向错了，那么再多的努力也换不回我们失去的时间，甚至还可能通过努力的行动带领我们走向一条不归路。

因此，我们一定要在做关键选择的时候冷静而果敢，在努力付出的时候迅猛而坚韧，并在过程中时常检验和论证自己的判定，不断给努力以正确的引导和加速，让选择和努力相辅相成，助力我们实现人生大理想。

给即将涉世的青年以忠告

【章节核心】青年人只有大胆地去实践和试错，才能让自己获得深刻的成长经验，也才能突破束缚，开创事业。

青年人永远是社会最大的财富，青年群体的未来就是一个国家的未来。

当今的青年人面对的是前所未有的大变革时代，物质与精神两个方面都空前丰富，在享受这些时代成果的同时，青年人也面临最大的不确定性，并且要迎接来自未来的最大挑战。

本节所讨论的青年群体有三个梯度：第一个梯度就是进入大学前的青少年群体；第二个梯度就是大学时代具有相对独立的思想和行为的青年人；第三个梯度就是进入社会的具有完整独立人格的青年人。

由于教育领域多年来的扩招政策，第一个梯度的青少年，直接面向社会的人数越来越少，和改革开放后很多人初中毕业或肆业就进入社会完全不同。这个时期的青年人由于约束在完整的教育体制之下，并不需要太多的特别忠告，只需要明白，面对大千世界、芸芸诱惑，不能舍弃进入大学的机会，因为他们还不具备完整的人格和生存能力，过早地进入社会必然给自己和社会带来极大的不可预见性后果，也容易丢失提升自我和深化学习的大好机会。如果没有稳固的基础知识积累，甚至连进车间当产业工人的资格都没有，社会越发达，需要人的岗位越稀少，如果不掌握系统的专业知识，真的会没有生存空间。

第二个梯度的青年人主要是当代大学生，这是最朝气蓬勃的一群人，大学时期他们进入相对自由的学习环境和社交圈子，对身边一切事物抱有极大的好奇心和探索欲。由于大学生多超过十八周岁，已经属于具有完全行为能力的成年人，可以享受成年人享有的任何权利，开始拥有选举权和被选举权。《民法》规定："十八周岁以上的自然人为成年人。""成年人为完全民事行为能力人，可以独立实施民事法律行为。"十八岁以上的公民，完全可以以自己的行为进行民事活动，只要不违法、不违背公序良俗就是有效的。这就赋予了大学时代的青年人与成年人平等的权利和义务，可以依照自己的意愿设想去安排未来的人生。但是，需要注意的是，这个时期的大学生青年群体，由于从高中时期的约束性和紧迫感中忽然解放出来，有了一定的自由支配力，就很容易陷入盲目释放性状态，加上缺乏生活经验和自我约束力，在面对社会诱惑和价值观选择时，非常容易被误导，走向错误的人生道路，甚至是堕入犯罪的深渊。

这个时期的青年人，要想在毕业后有所建树，就必须在大学时期建立相对完整的世界观、人生观和价值观，并在学习期间对自我进行阶段分析，逐渐完善和锻造更加坚韧、勤奋、乐观、理性的性格特征，通过学习和社会实践尽早发现自己未来的兴趣所在，树立近、中、远三个时期的人生理想，一点点去思考和细化实施的计划，并为理想计划付出持续的、可行的行动。

这个时期的青年朋友们，要明白一个亘古不变的至理，那就是《礼记·中庸》中所说的："凡事豫则立，不豫则废。言前定则不跲，事前定则不困，行前定则不疚，道前定则不穷。"毛主席在《论持久战》中也引用道："'凡事预则立，不预则废'，没有事先的计划和准备，就不能获得战争的胜利。"前人对于计划性都有着异常清晰而重要的思考和认同。除此之外，还要尽快建立独立的思维和判断能力，并在大学这个相对集中的时间去紧密地学习和思考，以在大脑中形成自我知识框架和认知体系，此后不断地灌溉和修剪这两棵思想意识的大树，因为它们会伴随和影响你的一生。

第三个梯度的青年人主要是指刚进入社会，还没有进入稳定社会角色的新人，主要包括实习生、应届毕业生和职场新人。

实习生和应届毕业生所处的是关联性最强而连续的人生阶段，这个阶段的青年人是最迷茫而无助的。由于要告别安逸的校园生活，出入陌生而残酷的社会职业生涯，处于这个短暂时期的青年群体多会呈现因外部环境巨变带来的不适应症状。这种不适应状态会有一个过渡期，大概半年到三年不等，度过了心理的这个坎，实习生和应届毕业生才算真正成为社会中有用的一分子。所以，处于这个时期的青年人最重要的两项任务就是摘掉应届生的帽子，尽快进入社会角色。想摘掉应届生的帽子，就要严格而残酷地逼自己成长起来，舍弃身上浓郁的学生味和脆弱的自尊心，坚强而果敢地面对全新的社会，拥抱生活中的不完美带来的成长的伤痕，尽快找到自己的位置和社会角色并投入其中，让稚嫩的心和自由的思想在更广阔的天地中迅猛生长，为自己的未来撑起一片空间。

职场新人既有工薪阶层的青年人，也有马上进入创新创业阶段的青年人。

工薪阶层的青年人，在进入职场以后，更多需要注意的是如何把稚嫩的学生模式切换为工作模式，积极主动地把身上的学生标签撕掉，切换为严密的、积极的、主动的、协作的、果敢的工作战斗状态。刚进入职场的青年人多从基层做起，在工作中要多观察学习和积累经验，善于汲取有利于个人成长的正能量，保持积极和乐观的心态，与周边的同事相处，要在恭敬的为基础上主动协作，通过与工作环境内的人、事、物的多方互动，尽快掌握工作流程和步骤，在勤奋学习和努力工作的同时把自己最好的状态表达出来，这样才能尽快获取工作的最佳节奏和行事规律，打下良好的开端，铺就通向未来职场的美好前途。

有志创新创业的有能力、有理想的青年人，最先需要掌握的不是专业技能的凝练，也不是快速把团队和事业做大，而是尽快把自己导引进入一个相对理性和成熟的思维状态，为未来预设好一颗冷静且高效的智慧大脑。这样才能让事业走得更快更平稳，才不至于在行进途中翻车落败，这也是所有创新创业的青年人最容易出现问题的所在。

同时，还要尽快明白在个人和事业成长过程中，导师和贵人所处位置的问题。青年人各方面的资源、知识和经验的积累都严重不足，如果身边有导师引导或贵人相助那再好不过。只是在当前的社会中，能承担导师和贵人角色的人很稀缺，其能力和道德水准也良莠不齐，生活中更多的是假师父误人子弟。所有的外部借力都不如自我强大，在面对所谓高人的时候要有一颗恭敬加质疑的心，不能尽信其言，也不可不听其劝；最好的状态就是在聆听之后要学会自我分析和辨别，留其传授之精华，弃其传递之糟粕，这依然要依靠自己逐渐习得的独立思维能力和深厚知识体系。

谆谆善诱，难书冀望，一代人有一代人的路。

青年人只有大胆地去实践和试错，才能让自己获得深刻的成长经验，也才能突破束缚，开创事业。在持之以恒地坚守初心，并为之不懈奋斗的时刻，一切努力付出都是值得的，更何况青年人才是未来的主角，没有不去奋进的道理。

最后借用伟大领袖毛泽东主席对青年人的一句话忠告和激励大家："青年是整个社会力量中的一部分最积极最有生气的力量。他们最肯学习，最少保守思想，在社会主义时代尤其是这样。"

人生就是漫道行车

【章节核心】人生就是漫道行车，只要向前开，总会领略不同的美景。

关于人生，一经讨论就容易掉入老生常谈之中，尤其是针对青年群体的朋友们，一旦涉及人生的话题，就显得既沉闷又无趣，我们尽量说得通俗一些。

可能很多人没有认真思考过人生这个话题，尤其是生于这样一个日新月异的超燃时代，每个人都被时代的巨浪裹挟，在时间的夹缝中博取和保护着那可怜的生存空间，根本没有空闲去思考这个略显严肃的话题，哪怕这个话题会影响一个人的未来。

我们抛开大众群体所谓的对人生的共性特征的界定，先讨论一个泛泛的话题：人生对于我们到底是怎样一种意义？

就当今的人们而言，人生对于很多人只有一个普遍性意义，那就是苟活，这个词在这里是很中性的表达，不带有任何贬义和歧视。实际情况是不是这样呢？不但是，而且可怕的是这种苟活的人生被一种难以摆脱的阴霾笼罩，劳苦大众大多没有清晰目的，仅仅是为了活着而活着，为了非常具体的每一天、每个月、每一年的最低生活需求活着。有人会说："难道你不是天天这样活着吗？"确实，寻求生活保障是我们所有人的基本需求，但是在当今的社会，仅仅就温饱而言，早就不是问题了，正如先哲亚里士多德所说："平庸的人他们活着是为了吃饭，而我吃饭是为了活着。"我们生在了丰衣足食的好时代，除去基本的生活需求，精神层面的需求才是最终造就不同人生的关键，否则我们的人生和植物、动物的生长、生存又有什么明显区别呢？

有了精神需求，人生也就多了很多关乎梦想、理想、价值、意义、存在感、幸福感等延伸的追求，由此交织出五彩斑斓的社会生活百态。

人生的意义不能由他人定义，而应该由自己赋予。富裕、自由、理想、价值体现等都是我们不同的人生追求，却并不是统一标杆。

不要太多听取隔代人和所谓前辈的人生建议，青年人要主动去寻求属于自己的人生意义，那些在基本的物欲之外的，那些真正丰富我们一生之体验的意义和对万物之观察的意义。

人生本就没有统一的意义及方向，如果一定要为人生寻一个方向，我个人认为：人生就是漫道行车，向前是唯一方向。

在短暂而又漫长的人生道路上，我们就像一台汽车在不断行进，体现汽车活力的就是前进的过程，只要前面的大方向是对的，哪怕中间偏离了一点，终归会朝向唯一的方向行进，逐渐接近遥远目标的路总是在缩短着。这个目的地就是每个人精神所渴望的人生状态。只要我们在这条漫长大道上整体不偏离路线，就一定会慢慢实现人生的意义，哪怕期间欣赏路边风景略有停顿。唯独别妄想通过捷径和超速去抵达目的地，否则等待我们的可能就是更大的人生事故和停滞，不但无法更快地接近目的地，反而可能因此失了方向和性命。

人生基本上就是由理想欲求和感性欲求交织而成的，不同的是我们面对欲求所采取的态度。

时代在加速前进，我们的人生长度依然如故，在越来越趋于复杂化和多样化的纷繁世界中，把握好人生路上的方向盘，让自己安然而冷静地行进，适当驻足和休憩，阶段性修整和思考，平稳恒定地朝向目的地行驶下去。可以预见，不论外面的风景如何变化，时代如何变迁，路途如何遥远，只要大方向正确，我们自己的人生目标永远是在拉近的。

在人生的宽广大道上，你是不是一个优秀的驾驶员，取决于你平时经验的积累和应对前方突发状况的能力。不能由于胆怯而不敢面对未来的人生道路，终归是要自己驶上这条道路的。

人生就是漫道行车，只要向前开，总会领略不同的美景。

成功的定义

【章节核心】成功，是人生中实现自我价值和存在感的过程体验。不要努力追逐狭隘定义的成功，要先努力成为一个有真正价值的人。

成功是所有人孜孜以求的人生结果，却在不同的人那里有着多重的解读。相同的是人们更迫切地渴望着成功，追逐成功的脚步也在不断加快，冀望成功带给个人欲求和渴望的满足。

现实中，大多数人都处于寻觅成功的迷雾之中，把成功归类为财富、地位、权力和拥有，却不知成功只是对自我价值实现的集中表达。

诚然，财富自由能带给我们诸多的快乐，支撑我们追逐更多的爱好，但是财富自由的标准和尺度，又是一个模糊的字眼，很多时候我们把财富自由作为一个成功的标杆，却从来没有为了这个标杆对自己进行刻苦坚韧地改造。每个人都心疼和爱惜自己，保护自己的那身漂亮羽毛，对外部世界中的残酷和竞争保持回避和惊恐的态度，全然不知他们眼中所谓的成功带来的财富自由，是别人异于常人的付出所获得的人生奖励。

任何一位渴望成功的人，都要有一个良好习惯的开始。只有勇于开始，才能踏上通往成功的道路。持续地付出就一定会有回报，有时是直接的财富，有时是蓄积的更大的势能。不能把自己的付出作为一种绝对的交易，干了一点点事情就渴望获得倍增的成绩，那是很不现实的幼稚思想。

实践派作家冯两努说："世界会向那些有目标和远见的人让路。"

我们在当下所有日积月累的辛苦付出，一定会在未来的日子里转变成甘甜的浆露。自媒体人罗振宇曾说："真正做事之人的远见，是及时掌握目前及未来的趋势，可以从不同视角看待事物，为迭代保持充足的可能性。"千万别像美国思想巨匠史蒂芬·柯维描述的那样："许多人拼命埋头苦干，到头来却发现追求成功的梯子搭错了墙。"

生活的公平是奋斗和思想的公平。

人生的道路上，开始吃了很多苦，会比在中晚年吃苦要更容易承受一些。

只要在奋斗和进取的时候能坚持下去，就一定会有所收获，即使最后为之拼搏的目标归于失败，也获得了别人所不具备的独特的人生经历。毕竟人生本质上就是羰基生命的一段时间周期的存在，除了体味、观察和记忆之外，我们从这个世界上带不走任何东西。

人生的道路上，真正能保护自己的，是我们努力后的强大。

一个人的奋斗，不论从什么时候开始，重要的是不要轻言放弃；也不论在什么时候结束，重要的是明白过后就不要纠结难舍。从来没有白费的努力，更没有偶然的获得，成功就像挖井取水，不是井里没有水，而是挖得还不够深。所以说不是成功来得太慢，而是很多人放弃的速度太快，习惯了追逐速成和即时满足，失去了等待花开的耐性和静气。

成功应该是人生中的某种自我价值实现的特殊体验。

青年人是最有希望和未来的一批人，应该先认识自己内心的渴求，解读内心，抛去浮于表面的物质成功，把能实现自我人生价值的更高理想作为对成功的设定。任何一个对社会友好和博爱的理想，都是有机会获取更多机遇的，而且社会友好型的理想也更容易获取社会力量的支持，也更容易实现阶段性成果的累积，并逐渐汇集成最终的成功。

追求利他型事业是更容易接近成功的道路之一，青年群体应该将面向这方面的努力作为持续的探索。单纯地追求财富、地位和权力的梦想，是自私且狭隘的，很难获取来自社会各方面的支持。我们的世界依然还有很多不完美的地方，需要通过所有人的努力去修补，只要带给身边人和社会更多积极的能量和价值，那么来自推动社会进步的嘉奖就一定是超出我们期许的，这样的成功才是实至名归的名利双收。

不要嘲笑任何一个心怀理想、追逐自我价值实现的青年人，正是有了这些一个个甘于从微小的梦想开始去实现自我价值的青年人，才能构筑我们和谐伟大的民族大梦想，我们每个人的梦想都是中国梦的构成元素，只有让自己的梦想实现更多利他的衍生价值，才能成功实现梦想。

成功的定义不应该是别人赋予的，我们应该给自己期待的成功以符合实际且可行的定义，并把对成功的追求作为一种持续性投入，不断用理性堆砌成功大厦的砖石，终有一日会看见成功的大厦巍然耸立在眼前。

"不要努力成为一个成功者，要努力成为一个有价值的人"，这是阿尔伯特·爱因斯坦的一句话，送给所有为理想拼搏的有志之士。

时代的机遇

【章节核心】百年未有之大变局，是当今时代未见之大机遇。一个异常特殊的历史时期，民众的思想和心智空前解放，让环境包容一切勇于创新实践的人。

每个时代都有属于它独特的历史机遇。

当今时代，是一个异常特殊的历史时期，民众的思想和心智空前解放，对于新事物的出现也空前包容。这个时代的机遇就像退潮后的沙滩，埋藏着无数奇异的贝壳。这些在古代作为货币的贝壳就如同那无尽的机遇，陈列在了时代的沙滩上，就看大家如何去攫取。

时代的快速进步带来了巨大的机遇浪潮，所有人都在其中搏击和进取。很多时候，人们都迷失在其中，把自己接触到和听到的所有新名词、新模式、新机会当作改变命运的救命稻草，没有经过深思熟虑和切实的调研就贸然投入，最终血本无归还负债累累。这多是犯了冒进主义和机会主义的错误，把一切浮于表面的所谓机会当成自己最大的机遇，其真相和本质往往被掩盖了。对时代浪潮中的泡沫现象没有辨识能力和判断能力的群体，就很容易误入歧途。

这就给所有人带来一个问题，现在的社会中有哪些机会和机遇是可以深入探究，哪些是要谨防深入的？

现在的社会中，很多见诸媒体和谈资的新字眼充斥人们的嘴边，如互联网、大数据、物联网、5G、VR、AI、IP、ChatGPT等，还有一些关于模式的，诸如

C2C、B2C、B2B、C2F 等，这些交织使用的科技时尚术语作为交流的关键词，出现的频率极其高。很多处于热血、亢奋中的"双创"青年，把这些热点词汇天天挂在嘴边，似乎不去思考颠覆世界的商业模式，都不足以彰显自己伟大的梦想，这样虚无缥缈的空谈主义者落地性往往极差，成功的概率也极小。

在这样高速进化和演变中的特殊时代，还有一些现象级的经济假象让众多人迷失其中，认为创造现象级经济泡沫就是伟大梦想的实现途径，这样无长远前途的短视意识行为都是极其危险且不切实际的。

让我先忽视即将飞奔而来的砖头和反驳的声音，拿直播和直播带货作为一个现象级的例子加以讨论吧，在此声明：本文中的有关讨论仅代表我个人意见。

我认为直播和直播带货就是一个现象级的、娱乐至死的、毫无底线的、不可持续的、过渡性的经济现象。此领域中个别的成功案例并不具有普适性和规模复制性，这种模式带来的更多是负面的、短期的、短视的、粗犷的、放任的、散养式的个体化泡沫经济。当然我不能否认这种商业模式中头部聚集所带来的流量和销量，可是大家冷静下来思考过没有，这样的流量本质是什么？不过是毫无底线的哗众取宠所带来的类似直销的过度宣传的常规商品和服务，而且都是建立在过度透支诚信和消费信任的基础之上。随着时间和时代的推移，人们一定会逐渐唾弃这种烂俗且没有深度的商业模式，因为从本质上来说，这种商业模式没有什么根本性创新的贡献，不过是满满的虚假套路和对人性缺点的极致而充分的利用。

说到这里，一定会有人跳出来反驳说："那你如何解释众多机构和平台都力推直播和带货呢？"我告诉大家，这非常好理解，对于商业机构和上市公司来说，这是最快的变现渠道，能够在短期内提升流量和流水，并拉动估值和市值。

新经济模式是可以尝试的，但是要恪守底线，要明白本质上的东西，才能真正地给社会创造价值，而不仅仅是同质化产品和服务的搬运工。

那什么样的机遇才能算得上时代的机遇，或是什么机遇才是这个时代中具有生命力和张力的代表机遇呢？

在回答这个问题之前，我们先来想两个问题，一是这个社会在未来会以什么样的形式展现在世人面前？二是未来社会中的组织最有可能的构成形式和组织形式是什么？这两个问题稍微有一定的难度和深度，我们带着思考进行下面的讨论。

先从宏观来说，未来的世界和社会，从体制到经济形态一定是多样化并存的，而且全球化链接和扁平化一定是趋于无限延伸，竞争关系也一定会从区域竞争提升到国家乃至全球性竞争。

从微观来说，我国的基本经济形态是架构在社会主义体制基础之上的市场经济，最终的经济导向一定是趋于负担更多社会责任、具有更公平的分配制度、更群体化、环境友好型和符合共产主义理想的群体共享经济体制。

所以在未来的社会中，有利于群体造富、群体福利、群体生存的组织机构和商业模式才会是社会的主流和主体。有的人可能会疑惑，这样是不是就磨灭和削弱了个人价值的体现和创造力的驱动？其实不然，物质在未来会越来越丰富，单纯的产品利润会趋于零，增值性的服务收益会逐渐提升，也就是差异化的精神需求会更大程度上以特殊商品形式体现出来，实体产品最后只不过是物化的承载，真正的社会需求会快速转变，这是不可逆的时代进步的选择。

青年一代，从出生起就接触和接受了新时代下的经济发展理念，能够最好地利用科技创新的工具，把这种新时代发展轨迹加速演化下去，甚至对传统思维和传统企业来说是摧枯拉朽式的升级、转型和改造，青年群体最终会以颠覆者的姿态主导社会意识形态，成为占据市场经济活动的主体。

时代的机遇，更恰当地说是青年群体的机遇，老一代的人甚至连保驾护航的必要性都省却了，因为一代人有一代人的责任和担当，新一代人会有全然不同的行事法则，完全没有必要担心他们会失败，哪怕伴随失败成长起来的青年，也永远是未来的主人。

在未来社会的价值体系中，我们现在的判断标准都是保守且过时的。所以，最好的状态应该是，老一代的人乐观并积极地看着新生代踏上时代的征程，并坚信他们能够把未来建设得更加美好、和谐。

新时代的机遇眷顾的青年群体，必然是未来的天之骄子。

融入与发展

【章节核心】科学发展观念是客观而有效的指导方法，是保障我们能够理性对待事物的基本要求，只有遵行此观念的人和群体，才能获得持续性上升。

我们肯定青年人对未来的主导地位和支配地位，但是这并不能够保障新时代的青年人做好了迎接未来的准备。

由于社会的快速进步，时代的高速发展，现在的人们根本没有过渡适应期，学习期和成长期也极大缩减了，这就导致青年群体会面对一个小问题：适应性和融入性。对这个问题的处理直接影响了他们之后的发展。

任何人在初入社会的时候都是需要先融入的，那个时候的个体力量非常薄弱，完全不能与外围环境产生良好互动与抗衡，更何谈对外围环境的主动改造。个体在初期融入环境的好坏和快慢，直接影响了他后续的成长性和能动性，如果在早期进入的时候就没有打好基础，那么以后的深度融入和改造性发展，就不可能有突出的优异表现。融入社会是个人独立生存的开始，只有融入了环境，才能对环境采取进一步的改造。

融入与发展不仅是对个人的职业生涯影响较大，还是未来所有的经济体、组织机构、国际组织都很重视的关键问题。

世界因为科技的发展变得越来越小，经济体之间的互动也成为常规化的经济行为，所有国家之间都在密切寻求融合与协同发展，这是时代的大趋势，也是必然的社会发展的结果。如果想在这样的经济大熔炉里获得生存空间，并渴望对经济和环境有所创新和改变，那么先融入进去就是很必要的路径选择。在融入的过程中深化了解其内部运转的规律，寻找规律运转中的冗余、缺陷和不足，利用自己的特长和能力对身边客观事物和外围环境进行解析，逐渐依靠自我优势，从内部的某一个点上开始，对整体事物进行由点及面的延伸改造和创新发展，这是最可行的落地操作。

在恶劣环境中的主动性适应，是判断一种生物是否具有更强生命力的标准之一，这条生存力判断标准同样也适用于人类自己。

如果我们留意观察身边比较成功的群体的共性，就会发现他们对于新环境、新事物的适应性和融入度有着更好的驾驭能力，这些能力可以通过后期养成。越是优秀的人，越是能够融入环境，这是他们迈向成功的必要前提条件，之后才是基于融入的能动性改造。

当今时代的青年群体，很大一部分都是独生子女，在其人生的成长过程中，多以自我为中心，对外形成了强烈的个性表达和存在感诉求，与人协同、合作、分享、共事的能力相对较差，对外部环境和人群的融入性和适应性也比较差，这就很容易给自我设立闭合的防御，对周边环境和人群容易怀有潜意识的对抗性和敌意。虽然迫于生活会选择妥协，但在其骨子里和心理上隔离和排斥仍然存在，内心和精神层面上也有一定隔阂。

要解决青年群体的这种内心和精神层面的隔离感和排斥感，最好的方式就是在青少年和青年时期大量参与社会性互动，尤其是和不同环境、不同人群的互动，加深对身外世界的体察和感应，并引导自己建立正确的人生观和价值观，也是对青年群体最大的帮助。如果放任处于青年期的人自由发展，会让他们滑入更深的泥沼而无法自拔，最终还可能形成病态的反社会心理。这不是危言耸听，而是都在孤独的青年人内心反复生长和覆灭的火苗，只是每个人在社会中都太善于"伪装"自己的真实思想，导致彼此无从知晓内心想法。

融入是青年人走向成熟和成功的必然选择，只有懂得了在生活和工作中去融入的重要性，才能在融入后的互动协作中催生更大的力量。借助群体的力量才能把理想中对现实世界所进行的创新和改造推行下去，进而实现个人和团队的集体理想，获得由此带来的荣誉与收获。

科学发展观念是客观而有效的指导方法，是保障我们能够理性对待事物的基本要求，只有遵行此观念的人和群体，才能获得持续性上升。这是由发展观念的正确性决定的。事物是运动和发展的，不是静止和停顿的，要用适于时代的思维意识和架构理念去组织事物。融入事物、掌握事物、发掘和发展事物的基本规律才是永葆成功的不二法则。

未来世界的图景何其壮哉！

作为未来主人的青年群体，如果能够将融入、融合的心态作为自己和团队的行事理念，把科学发展观念作为自己和团队的指导思想，那么具有融入与发展双重高阶思维的你们，必将所向披靡，战无不胜，攻无不克，并且能够更快地建功立业，成就不凡的人生。

不负时代

【章节核心】这个世界的脆弱面，已经给了我们以最大的呼号，我们面对的早已经不是个人生存和发展的问题，而是全人类生存和发展的问题。站在世界百年未有之大变局的当口，愿我们都能不负使命、不负时代。

2019 年，国家主席习近平在第二届"一带一路"国际合作高峰论坛欢迎晚宴发表的祝酒词中说："站在世界百年未有之大变局的当口，愿我们都能不负使命、不负时代。"

纵观历史发展轨迹，任何历史的巨变之中都蕴含着无比巨大的机遇，同时这样巨大的机遇也给所有人的奋斗带来前所未有的挑战。

前观世界，从没有一个历史时期像当今这样纷繁和复杂，所有的规律都在打破，所有的规则都在重构，所有的事物都在重新赋予意义。文明的高速发展给了世人最大的包容度和开放度，面对如此巨变并开放的局势，所有人都有重新来过的机会，要反问的是我们有没有做好迎接的准备。

时代中的危难与机会，就像我们青春中所需要面对的困难与成长，二者总是相辅相成地存在。危难带来了机会，成就了事业，困难磨砺了心智，促进了成长。对于危机和困难，我们最应该怀抱的态度是包容和感恩，因为这是促使我们成长，铸就我们成功的基础条件。只有经历过磨砺的成长，才能驾驭动荡和危难中的机会，温室中的花朵虽然娇艳，但是总没有经历过风雨的花朵那样傲然鲜魅，在青春的岁月年华中，不负韶华的最好方式就是让青春尽力绽放。

那么，青春韶华绽放在哪里才是最适合和恰当的？

有的朋友可能会开玩笑，鲜花开在牛粪上最鲜艳。话糙理却不糙，鲜花开在牛粪上，从植物生存角度来讲，当然是最好不过的选择，基础环境带来的营养异常充分，非常适合鲜花生长，有何不妥之处啊？无非从人类视角去看，鲜花那样娇美的东西，竟然和如此粗陋恶臭的牛粪混在一起，显得非常突兀。拥有这种狭隘思维的人，可以说是非常令人无语与愤慨，他完全漠视了生物的自然生长规律。

回过头来说，鲜花般的青春韶华如果和身处基层、底层的社会联系在一起，是不是也应该孕育出最鲜艳的花朵，是不是也应该值得大家尊重和鼓励？我个人认为，鲜花真正的归宿就是生长在肥沃的土壤中，这是它最踏实、最自然的生长状态。就像我们青年群体的朋友们，最应该去体会的一定是真实的、大众的、基层的、底层的、差异化的社会化生活，而不是每天生活在象牙塔和温室中，幻想无尽的奢华与安逸，这种温室花朵思想，只会让自己成为别人手中的那捧鲜花礼物，在实现了极其短暂的作用和目的后，就被无情地丢进垃圾桶，最终依然会腐败分解为自然中的肥料。

在这个深化改革开放的转型时代，最具有潜力、机遇和意义的所在一定是广大的基层。在基层的庞大市场容纳着最有潜力价值的机会，青年群体应该把眼光、汗水放在对基层群体生存现状再提升的思考上，努力建构具有社会责任担当的群体经济模式的革新团队，才会最终获得广大群众的支持和国家政策的扶持，才能对商业本质改革实现群体经济血液的改造。

世界早已不再是那个遥远而陌生的存在。

世界上发生的很多事情都和我们有着千丝万缕的关联，其影响也会在最快的时间传导给我们，所有人都无法再独善其身。不管是环境问题，还是可持续发展问题，包括粮食安全、资源短缺、气候变化、网络攻击、人口爆炸、环境污染、疾病流行、跨国犯罪等，这个世界的脆弱面，已经给了我们以最大的呼号，我们面对的早已经不是个人生存和发展问题，而是全人类生存和发展的问题。

人类命运共同体就是最好的解决方案。

人类只有一个地球，各个国家共处一个世界，国际社会活动日益成为一个你中有我、我中有你的"命运共同体"。不论人们身处哪里、何种信仰、是否情愿，实际上所有人都已经处在一个交织而成的命运共同体之中。

2012年11月，中共十八大明确提出要倡导人类命运共同体的意识，其理念必将超越种族、文化、国家与意识形态的界限，为思考人类未来提供了全新的宏大视角，为推动世界和平、和谐发展，给出了一个最具理性和可行的行动方案。

2022年10月16日，中共二十大召开，习近平总书记做了报告，其中"构建人类命运共同体是世界各国人民前途所在。万物并育而不相害，道并行而不相悖"。"我们所处的是一个充满挑战的时代，也是一个充满希望的时代。"指明了未来时代发展的方向。[1]

心系国家，回报社会，温暖小家。

新时代、新生代的青年人应该以此为情怀，把自己的青春韶华、人生理想、伟大抱负都建构在有益于家国的基础之上，把一腔热血奉献在为更多人谋求最大福祉的探索上，让短暂而平凡的一生因为无私付出而变得伟大和有意义。

愿我们脚踩华夏大地，目光坚定，勇往直前。

愿我们珍惜韶华，只争朝夕，不负时代。

---

[1]《习近平在中国共产党第二十次全国代表大会上的报告》，新华网2022年10月25日。

第八章

成为平凡而伟大的人

形成完整的世界观

【章节核心】世界观总是和人的理想、信念紧密联系，它处于意识思维的最高层次，对人的理想和信念起支配和导向作用，直接影响着人的个性及品质。人们的世界观总是在不断更新迭代、丰富完善、逐步优化的。建立新的世界观，既是时代进化的必然要求，更是社会发展的必要选择，也是我们得以更好和更有意义存在的基础。

世界观是人们对整个世界以及人与世界关系的总的看法和根本观点。

人类从古至今，为了实现自身的生存繁衍和文明发展，必须进行基础物质资料的生产和创造，在持续改造自然和社会的具体实践中，形成了个体间、群体间的复杂的社会关系，并在这个持续的过程中，逐渐形成了对世界以及人与世界的关系的思考和观念。

可以说，世界观就是社会意识对社会存在的综合反映，人们认识和改造世界所持的态度和采用的方法都是由世界观输出的。所以说正确的、科学的世界观可以为我们认识和改造世界的实践活动提供正确的思路方向，错误的世界观则会给我们的实践活动带来方向性的误导。

当今时代，世界形势瞬息万变，社会文明飞速发展，人们在用前所未有的速率接受着时代的变换，新的世界观也正在逐步替代旧的世界观，以此才能让人们保持对未来相对客观、科学的预判，并作出相应的实践性活动。同时，由于世界观具有实践性的特征，人们的世界观总是在不断更新迭代、丰富完善、逐步优化的。世界观的核心基础问题是意识和物质、思维和存在的辩证关系问题，世界观和方法论是相一致的，拥有什么样的世界观就会有什么样的方法论。在资本主义国家的阶级社会里，世界观具有明显的阶级性，资产阶级的世界观强调自由，保护个体的私有利益，自由高于平等；而在社会主义国家中，无产阶级的世界观强调公平，建立更加公正、合理、平等的社会主义、共产主义制度。

世界观的建立始于人对自然、环境、人生、社会和意识的科学的、系统的、丰富的认知基础之上，包括了自然观、社会观、人生观、价值观、道德观、恋爱观、婚姻观、职业观、历史观、物质观、运动观和时空观等，所以说它不仅仅是认识和认知问题，还包括了坚定的个人信念和积极的实践行动。由于世界观总是和人的理想、信念紧密联系，它处于意识思维的最高层次，对人的理想和信念起支配和导向作用；同时它也是个性倾向性的最高层次，是人的行为的最高调节器，制约着人的整个身心面貌和行为特征，直接影响着人的个性及品质。

人类文明如长河般流淌至今，每个人从出生开始都在以不同的视角寻找其存在性的意义，这都基于其所生存的地域、国别和成长、教育带来的个人意识形态的形成，而意识形态结合其后带来的实践活动，逐渐形成了具有个人色彩特征的世界观，伴随个人对身边环境、社会等开展着实践改造活动，并由此诞生了丰富多彩的文明世界和社会百态。

作为社会性动物的人类，以何种世界观行走人生路，是会跟随和影响一个人终生的核心问题，有了这个框架才能构建其后的人生观和价值观等，才能丰满一个人从骨骼到心灵的人生信念。

随着人类社会快速步入信息化、智能化、超链化的深度交织的新时代，我们的各种观点、观念都要随着新时代的来临刷新，尤其是要在原有旧的世界观基础上构建全新的世界观，更加客观、真实、贴切地与新世界接轨，使得新的世界观可以承托我们应对瞬息万变的世界。

站在通向未来的路口，我们要以更加开放的新世界观去面对，迎接来自真切的世界各地的不同挑战。世界各国、各区域全然不同的文明、文化、思想，必将给新时代的我们带来无与伦比的新机遇和新挑战，经过新的世界观梳理过的人生观和价值观等，必将更加符合这些新机遇和新挑战，这就增强了我们处理未来不可预见事物的能力，使得我们可以借助新的世界观提炼出更高的思想维度。

我们不可能抛开世界观的宏观影响去单独思考具象化问题，也不可能像动物一样只将基础生存和繁衍作为存在价值，我们必然要去寻找在物质需求满足后的精神家园，这个处于意识活动中的精神家园就是由新的世界观构建起来的，它必然带有时代进步和发展的特征，也蕴含对未来世界的预期和预见，只有以开放的新世界观和其附带的思维、活动，才能实现我们对新的精神家园的框架建构。

建立新的世界观，既是时代进化的必然要求，也是社会发展的必要选择，更是我们得以更好和更有意义存在的基础。

作为最有可塑性的新青年群体，其人生信仰、信念、思维还没有完全定型，对世界和社会的认知还处于相对浅显的阶段，犹如刚刚落笔的白纸，亟待书写全新的精彩篇章，而新的世界观就是这个精彩篇章的提纲，它会定义出精彩篇章的主体脉络和构成要素，也会让篇章有了客观稳健的书写基础。一定要认真思考这个问题，我们将以什么样的姿态和信仰看待这个世界和社会？这个思考必将会影响我们其后的人生，并时刻校正我们的人生方向。

形成完整的人生观

【章节核心】人生观是世界观在人生问题上的具体表现。它指导着人们的生活方向，影响着人们的道德品质和道德行为，决定着人们一生的价值目标和生活道路。任何人都是处在一定的社会关系中，并从事社会不同实践活动的人。

人生观是世界观的重要组成部分，是人们在实践活动中形成的对于人生之目的和意义的根本观点、看法，以及对人生道路、生活方式和人生选择的总的看法和根本观点。它决定着人们实践活动的目标、人生道路的方向，也决定着人们行为选择的价值取向和对待生活的态度。

谈到人生观，我们首先要对"人是什么"或"人的本质是什么"有一个相对科学的认识。人的自我认识、认知，既是个老生常谈的问题，又是一个现实的问题。在中外的思想史上，许多优秀的思想家都从不同的角度提出了自己的见解，其中不乏饱含哲理的真知灼见，为科学地揭示人的本质提供了海量的研究素材。影响力最大的当属思想导师马克思运用辩证唯物主义和历史唯物主义的客观的、科学的立场、观点和方法，揭开了人的本质之谜，他坚定地指出："人的本质不是单个人所固有的抽象物，在其现实性上，它是一切社会关系的总和。"从而使人的本质问题在人类思想史上首次得到相对科学的阐释。

根据马克思的思想理论，任何人都是处在一定的社会关系中，并从事社会不同实践活动的人。社会属性是人的本质属性，人的自然属性也深深打上了社会属性的烙印。我们身边的每一个人，从来到人世开始，就立刻从属于一定的社会群体关系，并同身边的人们发生着纷繁复杂的社会关系，如从属关系、家庭关系、地缘关系、职业关系、经济关系、政治关系、法律关系、道德关系等，以上所述的社会关系的总和就决定了人的本质。

所有人正是在复杂的、客观的、现实的、变化的社会关系中逐步塑造自我，慢慢成为真正意义上相对思想独立的个体化的人，成为具有鲜明个性特征的人。在现实的生活中，人们不断面对和处理各种问题，逐步地认识和领悟到人生的真谛，随着年龄增长，不自觉中，我们都会形成与自己的生活阅历、实践体验深度关联的有关人生的根本看法、价值判断和生活态度，这就是一个人完整的人生观。

说到人生观是世界观的重要组成部分，它必然受到世界观的制约。人生观主要是通过人生目的、人生态度和人生价值这三个方面综合体现。我们每个人的人生观会在不同时期发生微妙变化，究其根本变化的外因是日益疯狂演化的世界，导致我们很多人的直觉和感受发生了根本性变化，由此产生了人生观的错解、错位等，这是人类世界高速发展所带来的不可避免的社会性问题。

在刚萌发文明的自然界中，那个时期的人生观必然是生存和占有第一；但在文明进一步发展后的阶级社会里和特权制度下，人生观有了优劣之分，具有了明显的阶级性，从身处的阶级和阶层逐渐演化出了不同的人生观信仰。

在我们人类文明发展的历史上，混杂着以下几种具有代表性的人生观。

1. 享乐主义人生观：以人的生物性本能为诉求，把人的存在依附于过度满足生理性需要，追求极致的感官快乐，满足于物质生活享受，精致的利己主义者。

2. 利己主义人生观：一切活动都以利己主义为核心的人。特点是高智商、高情商、世俗、圆滑、善于表演、懂得配合,更善于利用各种资源达到利己的目的。

3. 厌世主义人生观:部分宗教的厌世主义者们认为,人生是所有苦难的汇集,生活充满着无尽烦恼与痛苦,只有脱离俗世,压制欲望,才能实现真正解脱。

4. 幸福主义人生观:以幸福作为人生的最高目的和价值,并能给他人带去幸福,以幸福感、满足感、正能量去影响和感染家庭及身边人。

5. 乐观主义人生观:乐观主义者认为人生是积极而有意义的,社会发展的前途是光明的。人生的目的伴随着无比精彩的过程,对人生怀抱着积极乐观的态度。

6. 悲观主义人生观:对立于乐观主义的人生观,认为人生是消极而失望的,认为社会发展的前途是灰暗的。人生的目的伴随着无比悲观和绝望的过程,对人生抱着消极、悲观、绝望的态度。

7. 共产主义人生观:基于无产阶级信仰的人生观。它把我们的生命实践活动的历程,当作认识和改造客观世界的持续过程,并把消灭阶级,实现共产主义,为绝大多数人谋求共同福利,当作是人生的崇高目的。认为人生的价值和意义在于对社会所尽的责任和所做的贡献,在于努力地为人民服务,为了共产主义事业而贡献自己的一切。

人生观是世界观在人生问题上的具体表现。它指导着人们的生活方向,影响着人们的道德品质和道德行为,决定着人们一生的价值目标和生活道路。人生观的内容同样包括幸福观、苦乐观、荣辱观、恋爱观、友谊观、生死观等。由此,我们终究要直接面对和回答的人生基本问题:作为人究竟为什么活着?人生的本质意义和真正价值是什么?人应当怎样去度过一生?应当成为什么样的人?我们的人生对其他人的意义?

人在社会的具体实践中所处的地位差异性,导致人们对于人生的价值、生活的目的和意义等问题,均有着各种不尽相同的观点和态度,也形成了多样的人生观。在资本主义国家的阶级社会里,不同阶级有着不同的人生观,纵观历史上的剥削阶级曾有过诸如享乐主义、悲观主义、实用主义、权势主义、极权主义等人生观。反观社会主义国家,广大的无产阶级人民群众也有着优秀而独特的人生观,如为自由和正义而奋斗的爱国主义、奉献主义、集体主义、牺牲主义等人生观。无产阶级的人生观完全不同于剥削阶级的人生观，它批判地继承和发展了人类一切进步人生观的科学的、合理的部分，是在思想导师马克思主义宏大的世界观指导下，在无产阶级革命和社会主义建设实践中产生和发展起来的人生观。

　　在未来的生活中，建立完整的人生观能够保障我们可以用饱满而富足的精神去面对一切，并指导我们历经一个更加有意义的人生。

形成完整的价值观

　　【章节核心】价值观是指人们在认识各种具体事物的价值的基础上，形成的对事物价值的总的看法和根本观点。在新的时代、新的社会生活环境中形成的价值观是富有其独特标签性的，反映着特定背景下的面貌，以及透射着特定时期的人的物质及精神生活状态。

　　价值观是指人们在认识各种具体事物的价值的基础上，形成的对事物价值的总的看法和根本观点。是在人的特定的思维感官经过处理之后的认知、理解、判断或抉择，既人认定事物、判定是非的某种思维或取向，以此体现出人、事、物存在的价值或作用。

　　价值观在相对时期内具有稳定性和持久性、历史性与选择性、主观性和被动性的特点。同时对行为动机有导向的作用，并反映人们的特定的认知和需求状态，是一个人行为和习惯的直接驱动力。具体表现为人的价值取向、价值追求，并以此组成具体的价值目标；还可以表现为价值尺度和准则，形成人们判断事物价值有无及大小的评价标准。

　　人的价值观一旦确立，在一定时期内具有相对的稳定性。但是，以社会和群体作为参照系统来说，由于系统内的成员构成的复杂性，以及系统内成员的新老更替和环境变迁，社会或群体的价值观念又是在时刻变化着的。传统的价值观念会不断地受到来自新的价值观念的挑战。

人们对事物的看法和评价在内心中的主次、轻重的排序，构成了价值观体系。价值观和价值观体系决定着人的行为的心理基础和行为基础。

德国哲学家黑格尔说："存在即合理。"任何事物和思想意识在没有被绝对的否定之前，那它形成所依赖的背景、视角、判断、标准及所述意义，均有着某种程度上的客观价值。

在新的时代、新的社会生活环境中形成的价值观是富有其独特标签性的，反映着特定背景的面貌，以及透射着特定时期的人的物质及精神生活状态。

一个人的价值观的形成是从出生就逐渐塑造起来的，在家庭生活和社会活动的影响下，慢慢具有鲜明的个体价值观特征。人们所处的社会生产方式及个体所处的经济地位，对其个体价值观的形成有着决定性的影响。同时，人们还受到来自新老媒体、互联网、广告宣传、书籍等主观意识观点和父母、朋友、老师、公众人物的主观观点与行为的综合价值观念的影响。

从宏观层面来说，人在特定社会环境中形成的价值观，具有复合性和趋同性的特征。在华夏大地上世代繁衍的中华儿女，必然受到传统文化、民族精神的持续熏陶，会在民族价值观的大框架中形成具有一定相似性的个人价值观，如敬天爱人、忍辱负重、仁义礼智信、忠孝廉耻勇等。人的宏观价值观的形成与国家、民族、文化等息息相关，并汇集凝练出群体性和民族性的价值观。

从微观层面来说，人在以个体主观意识指导下的实践活动中形成的价值观，具有着鲜明的个体色彩和明显的差异化，这反映着社会实践活动的多样性和包容性，受每个人的性别、年龄、性格、身份、职业、受教育程度等多种方面的影响，但是个体的价值观总体上架构在民族的核心价值观基础之上，是枝叶与主干的逻辑关系，并受到民族核心价值观的约束和影响，而由个体价值观汇集而成的群体和人民的价值观，也间接、累积地作用于民族核心价值观。

人们的价值观的成熟是有阶段性和成长性的，青年群体和青少年群体是价值观还未成熟的特殊人群。因此，在青年和青少年时期对自我价值观的养成阶段，要格外谨慎和甄别，这将会持续地影响一个人未来的成长和成就，且在中年及中老年时期逐渐固化，不再容易修正和调整个人的价值观，那时将付出极大的辛苦和努力，才能将长年累月形成的价值观进行渐进式替换，并伴随其后的痛苦的行为习惯和实践活动的修正和调整。一个价值观固化了的个体，他的思维、行为、习惯、选择等，从人的本质上来讲都是极难改变的。

良好的价值观是一个人无形的财富，它将赋予我们看待事物时更为科学的价值参照，使得我们不以事物的表面浅显的价值去估判，让我们能够坚守客观而长远的价值理念，为人生道路做好每一个价值选择。

党的十九大报告指出，要培育和践行社会主义核心价值观。要以培养担当民族复兴大任的时代新人为着眼点，强化教育引导、实践养成、制度保障，发挥社会主义核心价值观对国民教育、精神文明创建、精神文化产品创作生产传播的引领作用，把社会主义核心价值观融入社会发展各方面，转化为人们的情感认同和行为习惯。

社会主义核心价值观主要包含了三个层面的内容。第一是国家层面：富强、民主、文明、和谐；第二是社会层面：自由、平等、公正、法治；第三是公民个人层面：爱国、敬业、诚信、友善。社会主义核心价值观既深刻又全面，指明了我们国家、社会、个人的发展要求和目标。

我们在坚守自己科学的价值观的同时，要将自己的价值观与我们国家的核心价值观相结合。国家的核心价值观是一个国家总的组织文化的核心，社会主义国家核心价值观是社会主义核心价值体系的内核，体现社会主义核心价值体系的根本性质和基本特征，反映社会主义核心价值体系的丰富内涵和实践要求，是社会主义核心价值体系的高度凝练和集中表达。

只有立足于社会主义核心价值观发展出来的个人价值观，才能真正符合国家、社会、群体、个人的综合价值需求，也才能真正指导和引领自己走向更远的未来，开创有益于个人、家庭、组织、社会、国家的长远事业。

形成新的共富观

【章节核心】共富观是在全面理解国家层面对共同富裕的科学发展理念之后，对当下和未来社会、市场、组织形式等综合方面进行科学的认知，然后形成的具有先进性的思维意识形态和方法论，并以此指导自己进行实践活动。

随着时代的进步和发展，当下的社会物质财富已经进入相对富饶的时代，尤其是我国的沿海地区已经进入相对发达先进的社会阶段，随着国家大力推动西部大开发战略和东北经济复苏战略，相信我们国家会在不久的未来能够实现更多区域的平衡发展，而这些都是需要依靠共同富裕的宏观发展基调调控，实现一部分已经富起来的人和区域，大力帮扶尚未富起来的人和区域。从市场经济的角度来看，共同富裕应是经济学领域的概念，用经济学领域的知识定义更容易理解。富裕表示相对拥有的资金、物资、房屋、土地等的数量较多，贫困就是相对拥有的资金、物资、房屋、土地等的数量很少或无产。

共同富裕是全体人民通过辛勤劳动和相互帮助最终达到丰衣足食的生活水平，也就是消除两极分化和贫穷基础上的普遍富裕。共同富裕是邓小平提出的建设有中国特色社会主义理论的重要内容之一。中国人多地广，共同富裕不是同时富裕，而是一部分人一部分地区先富起来，先富的帮助后富的，逐步实现共同富裕。

共同富裕是社会主义的本质规定和奋斗目标，也是我国社会主义的根本原则。更是我国社会主义的基本国策。

2021 年 6 月 10 日，《中共中央国务院关于支持浙江高质量发展建设共同富裕示范区的意见》发布，国家级共同富裕示范区落地浙江。

在可预见的未来社会和市场经济下，共同富裕的科学发展理念已经成为鲜明的航向标，我们不仅要从国家政策层面解读共同富裕蕴含的伟大时代意义，更要给自己建立起一整套对共同富裕深度认知的"共富观"。

共富观是在全面理解国家层面对共同富裕的科学发展理念之后，对当下和未来的社会、市场、组织形式等综合方面进行科学的认知，然后形成的具有先进性的思维意识形态和方法论，并以此指导自己进行实践活动。

共富观衍生于世界观、人生观、价值观和社会观，是对这四观的思维具象化和实践融合化，更是对四观的社会实践的方法论，它的建立依赖于更加基础性的四观，是更贴近我们未来实践活动的科学观点。

建立新的共富观，是以科学、客观的认知态度去理解、消化、执行国家宏观市场经济发展指导方向的绿色通途，是给我们未来的各项事业寻找思维路径、实践方法的最全面的依赖和保障，减少事业发展的试错成本，从初始阶段就建立面向共同富裕发展理念的事业架构和分配模式，以此获得更大的前进动能。

一个完整的共富观，要具备对世界、国家、社会、民族的宏观理解，建立了相对完整的世界观，清楚中西方国家在未来世界中的演变前途，坚定社会主义和共产主义的科学性和先进性，把实现民族、群众普遍富裕作为共富观的实践目标。同时，还要具备对区域、群体、家庭、个人的微观理解，建立相对完整的人生观和价值观，切实明白身处的特定环境在未来社会中演化的局部结果，主动拥抱变化和提前进行实践，将自己推进必将到来的更加光明、和谐的共富时代。

共富观的基本内涵要求我们追求群体利益的最大化，而不是个体利益的最大化。要主动承担社会责任，富有奉献精神，把自己真正融入到群体化和系统化的组织中去，发挥群体力量和群体创造的巨大潜力，实现群体化的共建、共享、共富。要将自己的命运与群体的命运紧密结合，荣辱与共，共同前进，实现群体命运共同体，助力国家更早实现向全世界发出和倡导的人类命运共同体的伟大新理念。

共富观并不是要消灭个人对财富和价值的追求和创造，而是对个人事业更加明晰的引领，并准确地告诉我们一个在未来必然会呈现的社会价值观念："货币财富、物质财富等有形财富必将成为物质相对匮乏的特定时期的历史产物。在未来逐步实现共同富裕后的标志着高级文明的共产主义社会中，物质极大丰富，精神境界极大提高，人们得以真正自由发展其才能，人类实现真正解放，人类社会的史前文明时期告终，人类从支配自己生产和生活命运的外部力量束缚中解脱出来，不再会对所需具有所有欲，实现从必然王国向自由王国的跃迁，开始自觉创造人类自属历史的真正关于人的历史。"

只有建立新的共富观的人，才能实现思想和意识的解放，才能构筑全新的认知思维，不再执着于对资本性财富的创造和占有，不再对身外之物的所有权无尽追逐，不再沉迷于肤浅而滑稽的娱乐至死的精神鸦片，回归对人的意识和思想世界的全新而本质的认知解读，开始人的社会性实践体验活动，开展对事业、生活、理想、兴趣等的本质探索，在此过程中发掘人生的更高的存在意义，并逐渐拥有高尚的人格和光辉的人性。

形成新的道德观

【章节核心】道德观是人的道德意识和道德水平的融合系统，主要表现为个人在处理与他人、集体和社会的关系时所秉承的行为准则。个人道德观是指用来指导个人行为的原则或规则，受到社会大众的群体性评价和监督。

道德，是以人的意识形态为根本基础的在人类共同生活中逐渐形成的行为准则和规范。由于没有成文建制的条律来规范，它更像是社会历经发展沉淀下来的约定俗成的风俗良德，并主要通过社会舆论或某种群体性或阶级性的意识形态来实现对人们的社会生活构成某种秩序性影响，同时起到约束群体组织行为的作用。通俗地讲，就是社会实践活动群体的不成文的潜在调控规则或规范。

道德观是人的道德意识和道德水平的融合系统，主要表现为个人在处理与他人、集体和社会的关系时所秉承的行为准则。人的道德观主要以个人的主体利益在其行为中所占的地位为基本核心，包括两个方面的内容，即道德意识和道德活动。道德意识包括人所遵从的道德观念、道德情感、道德意志、道德信念、道德理想等。道德活动包括人所执行的道德行为、道德评价、道德修养等。

不同的认知阶层有着不同的道德原则。在我们的社会道德体系里，人们秉承的道德准则可以概括为四个层次：第一，自私自利的境界，这是一种不道德的孤立境界；第二，公私兼顾的境界，是一种道德水平的中间兼顾状态；第三，先公后私的境界，是初步树立了集体主义道德的较高境界；第四，大公无私的境界，一种最高尚的以共产主义道德为准绳的境界。

个人道德观是指用来指导个人行为的原则或规则。个人道德观正确与否及其水平的高低，必然会影响个人道德标准及道德水准的高低，并在个人的社会实践活动中展现出来，受到社会大众的群体性评价和监督。

社会道德观作为一种广泛的社会意识形态，具有无形的约束力量。它主要与社会法制体系相结合，对社会组织成员形成互补型的规范性约束。社会主义社会的核心价值体系要求我们成为"有理想，有道德，有文化，有纪律"的社会主义接班人，"四有"是社会精神文明建设的总体要求，而"有理想、有道德"又规定了它的性质和方向。一个人若离开高尚的思想道德，就不能真正具有相对高度的文化修养，也就不能形成自律的人生，继而无法成就自己承担起未来的事业。

在我国，社会主义荣辱观的提出，是对马克思主义道德观的精辟概括，是对社会主义道德的系统性总结，是社会主义市场经济条件下用以加强思想道德建设的强大思想武器和重要指导方针。其中，社会主义荣辱观以"八荣八耻"为基本内涵，把握其历史性与时代性、民族性与世界性、思想性与实践性的特征，体现出新世纪社会主义思想道德建设的主要内容和核心标准。

时代发展的巨轮迅猛向前，市场经济活动和人民社会活动在改革开放后的一派繁荣景象中如火如荼地进行，由于过快发展带来的区域、组织、阶层、收入等严重不平衡，以及相对物质化、娱乐化、自有化、资产化、自由化的新青年群体的思想意识形态，导致在当今的社会中逐渐出现了很多错误的道德观和价值观。新青年群体的思想建设开始出现群体性滑坡的迹象，他们不再以隐忍负重为美德，不再以吃苦耐劳为光荣，不再以爱岗敬业为操守，不再以博爱奉献为品德。这是异常可怕的思想道德观念建设的集体性下滑，是群体性的道德感迷失，是误入歧途的超自由主义群体的悲歌。

如何遏制新青年群体在物质快速发展过程中呈现的集体性的精神建设的缺失，是一个富有极大挑战性的命题。建设全新的道德观体系，是一个相对客观、科学、可行的方案。

新的道德观体系，倡导开放式地接纳物质世界的快速发展和变迁，以及迅猛发展中的意识流的社会现象性活动，秉承优良传统文化和道德观念，抛弃因循守旧的思想和过时的保守派观念，发展具有时代开拓精神的新时代道德体系，传承中华民族文化精华，传播社会正能量，建立共同富裕系统观念，以新青年群体的新知识、新力量、新观念、新工具去进行社会实践。

面向未来建设起来的新道德观体系，必然会与未来的社会发展方向相契合，也必须符合未来社会发展的需要。首先，不能用隔代的道德观念绑架处于新时代风口中的新青年群体，不能全面否定他们具有的新的道德发展进化尝试，要鼓励他们在继承和发扬的基础上去勇敢探索，作为新青年群体的人们也不能受限于老的道德观念的束缚，要科学地、合理地进行新道德观念的建设；其次，要与社会大众群体一起进行道德思想的升级和进化，完成在新的社会发展阶段的道德思想观念的转化，接受新事物、新流派、新思潮、新观念，面对浮躁的社会现象要拒绝随波逐流，去其糟粕留其精华；最后，保持个人道德观与社会道德观的形神统一，在宏观层面保持与国家弘扬的道德建设体系的一致步调，在此基础上再去发展和升华自己的个人道德观，并在社会实践活动当中去科学引导自己。

只有建立起新的道德观，我们才能在未来的社会中走得更稳健，才能面对更大的思想道德挑战，去实现共建、共享、共富的美好未来图景。

形成新的未来观

【章节核心】未来观是根据社会现有发展进行科学审视后得出的对未来社会持续发展、演化而做出综合判断的总的看法和观点。未来观将极大地影响着我们走向未来时的价值度、成长性和存在性。缺失未来观的人在社会进步发展中一定会被福利性的边缘化。

未来观是根据社会现有发展进行科学审视后得出的对未来社会持续发展、演化而做出综合判断的总的看法和观点。

未来观要求人站在未来的角度去看待问题和分析问题，并反向引导现在的自己进行更具有全局性的战略性部署，同时要求我们要先具备科学的世界观，对宏观世界的发展有预判，这样才能对未来社会进行科学的、符合发展规律的判断，才能以此引导现在的自己走向预判中的未来世界和社会。

随着时代发展，世界主要国家的市场经济中的各大经济体、社会组织等已经进入发展的快车道，所有事业的开展都在以高速度、快增长、可持续、未来性为主要构成要素，其中对未来性的准确预判越来越成为一项事业能否成长、发展、壮大的重要基础。当今时代留给人和社会组织的试错机会和试错周期越来越短，对未来社会和市场发展持有错误预判所带来的后果越来越直接，甚至影响到一个企业、组织的直接生存。

作为个体的人而言，未来观将极大地影响着我们走向未来时的价值度、成长性和存在性。

个人在未来的价值度取决于个体的人在未来社会中的直接价值角色，如果没有未来观的话，用现在和以前的发展观念，仅以寻找一份工作而混沌度日，或是以攫取社会最大财富为个人事业目标，那么可以肯定地说，这种人必将在未来的社会中被无情地淘汰。首先，我们要意识到一个不争的事实，在未来的社会中，社会物质财富的创造已经不依赖于人，主要会转移给更加高效、安全、智能的机器人系统，个人在生产型领域的存在度越来越低，而且对高精尖的研发和系统操作人员的需求会增大；其次，在未来社会中主要以共建、共享、共富的市场经济新理念、新模式为主导，以创造群体性财富和共有、共享的服务为发展基础，那就必然给创造个人、小群体的最大财富为目标的经济行为和事业领域带来直接灾难。

个人在未来的成长度主要受个体的人对未来社会的科学认知，以及此后所采取的面对态度。拥有良好未来观的人对未来社会的科学认知是全面而客观的，并会采取积极的学习态度去完善自我的成长，补全自己在当下依然缺失的知识和能力，以更加主动的姿态去拥抱未来的变化。这个成长学习的过程是连续的、长期的，不是对未来有了一个浅显的模糊认识之后做出几个动作就可以完成的，要做好认真对待和持久学习的准备，才能成为一个在未来路上持续成长的人。

个人在未来的存在性是基于其个人的价值度和成长度所带来的综合加成，如果一个人以健全的未来观去全面引导自己的思想意识及实践活动，并以积极的态度面对未来的社会，那他一定在未来的社会中占据一席之地，并获得更有存在感的社会角色。未来的世界是充分发掘人类灵性和创造性的伟大时代，物质性创造已经成为最普通和边缘性的事情，对人类意识和精神领域的探索和实践活动会变得极为重要，艺术性、文学性、故事性、超现实、新能源、太空探索等将迎来井喷式发展，要在这些领域中获得存在感，就需要从现在开始布局和改变自己，否则在不久的未来，缺失未来观的人在社会进步发展中一定会被福利性的边缘化。

未来观也可以通俗地解释成超现实维度观，是对还没有发生的某一个时空中的各种可能性的思维性感知。这种感知能力依赖于人平时所积累的对客观性、连续性、规律性事物的深度理解和超前预判，并在较大程度上保持理解和预判的准确性，继而可以为当前的自己实现事件预设。拥有超越现实维度的未来思维的人是认知体系相对完整和超前的，这种能力有助于一个人开展各种面向未来的事业，并能够以此获得足够大的事业成就。比如，富有争议性的技术创业狂人埃隆·马斯克，他就是可以用极为超前的未来观实现对未来世界和未来社会的预判，逐步去布局极具未来感的电子支付系统、新能源交通工具、人机接口、太空通讯和星际探索，他对每一个行业的探索性实践活动，都是对一个领域深度的颠覆，这都基于他深厚的超越现实的维度观，使得他的事业成为一个个惊掉人下巴的传奇故事。

我们还可以把未来观理解为走向未来世界和未来社会的通行证，有了这个通行证，我们就可以用更加自信的姿态面对未来的各种不确定性，胸有成竹地在现在布局自己的人生规划，并一步步朝向未来的那个预设目标迈进。

未来观关系到我们的未来，一定要认真对待这个问题。它不会让我们现在获得成功，却可以让我们从现在筹谋，并赢在未来。

健康体魄与健康心理

【章节核心】体者，载知识之车而寓道德之舍也。一个身心健康的人，才能有基础承载条件去备战未来，才能跨进未来新时代，也才能在未来社会中创造价值和成就事业。

健康问题会成为21世纪的人类最大的生命隐患，也会引起人类最大的关注。高尔基曾说："理想的人是品德、健康、才能三位一体的人。"

一个身心健康的人，才能有基础承载条件去备战未来，才能跨进未来新时代，也才能在未来社会中创造价值和成就事业。这里说的身心健康就是指一个人健康的体魄和健康的心理素质。

1917年，毛主席在《新青年》上发表了一篇名为《体育之研究》的论文，提出了著名的体育思想："欲文明其精神，先自野蛮其体魄"，并指出："国力弱，武风不振，民族之体质，日趋轻细，此甚可忧之现象也。"[1]他认为体育的作用在于能"强筋骨""增知识""调感情""强意志"，展示了毛主席早期"健身强国"的体育思想。纵观毛主席的一生，他早在青年时期就曾提出："体者，载知识之车而寓道德之舍也"，"无体，无德智也"。也就是说，支撑智识、

---

① 毛泽东：体育之研究（原文），载腾讯网2021年6月7日

躬行道德的载体是人的身体。

现代社会，由于基础物质供应的丰富和生活条件的提高，加上社会进步所带来的生产工具的进化，已经将人从直接参与生产型劳动的生产关系中解放和替代出来。很多体力劳动都改成了机械化劳作，很多车间生产都改成了自动化，很多社会型服务都改成了智能化，人们的生活、工作、交流都大量地迁徙到了互联网上，不再需要身体力行地通过行为实践方式去获取。这就导致人们在大规模实现脑力劳动的同时，人们的身体机能却在出现大幅度的退化，加速了人类肢体机能用进废退的演化。

身体机能的退化还能通过各种锻炼和康复手段去实现改善与提升，但是现在更让人担忧的问题是人的身体机能退化的同时还伴有新增的心理问题，这才是对人们的健康从精神到体能的双重摧残。

社会的快速进化，会带来各种事物不同程度的变革和演化，也会让参与其中进行实践活动的人们呈现不同的适应性问题，有的体现在身体机能上，有的是体现在精神方面，更有甚者就是复合性的双重问题。很难有人做到真正的身心兼顾，为了更好的生存，人们都在透支着健康，都不敢表达出自己那不拼搏奋斗时身心交瘁的真实一面，很多人都在装扮成一名"健康的正常人"，殊不知现代的大部分人都是真实不虚的亚健康人群。

中国近代著名教育家蔡元培先生曾经说过："殊不知有健全之身体，始有健全之精神；若身体柔弱，则思想精神何由发达？或曰，非困苦其身体，则精神不能自由。然所谓困苦者，乃锻炼之谓，非使之柔弱以自苦也。"

健康是一个人面向未来需要比拼的核心要素之一，没有健康承托的人是谈不了未来的。失去了健康的人只能拖着病躯对未来望洋兴叹，却永远无法触达未来，无论这个人是优秀异常还是光辉伟大，都会成为一闪即逝的流星，充其量被活着的人怀念时，惋惜地说一声天妒英才。

无论我们现在和未来会面对多大的压力、挑战和考验，都要把身心健康作为我们时刻要注意的重要问题。身体健康和心理健康是辩证存在的，二者之间是终生的依存关系，身体健康会促使我们的心理趋于积极和理性，心理健康也会影响我们的身体接收积极信号，这二者组合起来才有了我们完整的身心健康，二者相辅相成，缺一不可。

古希腊哲学家柏拉图也说过："身体教育和知识教育之间必须保持平衡。体育应造就体格健壮的勇士，并且使健全的精神寓于健全的体格。"

当代的青年群体正处于时代全新变革的风口浪尖，又裹挟在新媒体横生、娱乐泛滥、信息爆炸、道德滑坡、物质至上的洪流之中，对身心健康的重要性认知是处于漠视，甚至自我放纵的，这不仅是在群体性地透支年轻的身体，还是在群体性地透支未来。可以想象，如果一个时代中的人们都是这样浑浑噩噩地消耗身心健康的群体，该是一种多么悲哀和可怕的景象，那会让我们失去一个时代的奋争。

我们都身处一个爆炸式增长的伟大时代，能够理解身在这个时代中所面对的无限欲望和无尽变化，这都会给我们带来无数的烦恼，也给我们带来接连不断的压力。这些无法得到满足的欲望，无法控制的变化，无法舒展的烦恼和压力，长年累月地汇集起来，最终反噬了我们的身心健康。实质上，我们是倒在了对自我约束的失控。在近乎失控的世界变化中，我们所有人首先要去掌握的是自我管理，以自我管理实现自律的人生，以自律的生活管理自我的健康，以身心健康去面对失控的世界。

新青年群体是有机会主动调整自己的身心健康状态的，这个群体有年龄上的优势，身体机能和心理状态正处于旺盛阶段和适应阶段，拥有更多生理性弹性和改变自我的可能，给重塑自我身心健康留足了空间。

我们都要建立一个共识：绝不能在青年时代过度地透支身心健康。

很多时候，身心健康问题在失控之后，会逐步恶化成为重大的健康疾病，形成一个不可逆的严重结果，这直接关系到我们的生命。

在某种程度上来说，身心健康状态代表着一个人可能会触达多远的未来。我们要无比关爱自己的身体和心理，因为这才是真正属于我们的真实世界的所有构成。

发现爱、感受爱、奉献爱

【章节核心】爱是一种发自于内心的情感，涵指人类主动给予的或自觉期待的满足感和幸福感，并伴随着强烈的人际吸引。一个有爱的能力并能够奉献爱的人，才是一个情感健全的人。发现爱是爱的萌芽、生长状态，感受爱是爱的体会、沉浸状态，而奉献爱则是爱的绽放、成熟状态。

爱，是一个很难去界定的情感用词，涵指人类主动给予的或自觉期待的满足感和幸福感。自古至今，世界无数的文人、学者、科学家、哲学家、心理学家、人类学家及社会学家们，都想说清楚"爱"的定义，都想给爱以恰当的准确的解释和定义，奈何都无法准确而全面地去描述她。

一般认为爱即人类主动给予的幸福感，指一个人主动以自己所能，无条件尊重、支持、保护和满足他人无法独立实现的人性需求，包括思想意识、精神体验、行为状态、物质需求等。爱的基础是尊重，爱的本质是无条件地给予，而非索取和得到，爱是无条件的纯正的情感正义。

爱是一种发自于内心的情感，就是对某个人或某个事物有纯洁而深挚的感情，这种感情所持续的过程也就是爱的过程，并伴随着强烈的人际吸引。同时也伴随着诸多特性，如风险性、平等性、相互性、矛盾性、独立性、专一性、排他性、依存性和独占性。

爱在文化、艺术、哲学、美学等诸多领域，是永恒性的主题，也是永久探索的领域。爱的展开形式有多种，比如爱情、友情、亲情、博爱等，以及人对所有事物的我称之为"悯物主义"的根本情感。

爱是我们人类精神所投射的情感的正能量。她伴随着连续的认同、欢喜、情感交织和互动，不同层次和深度的爱对应着不同层次和深度的感受及结果。

一个有爱的能力并能够奉献爱的人，才是一个情感健全的人。

爱不是凭空诞生的，她的出现伴随着强烈的情感波动，这种波动的前提就是一个人具有发现爱的能力。很多时候，我们并不知道什么是爱，错把喜欢、占有、愉悦、兴趣等当作是爱，甚至错把爱与物质作为可交换的东西。对爱的认识是一个随着年龄和经历的增长逐步加深和清晰化的过程。有的人虽然年轻，但是人生经历诸多变化，也会提前让他明白爱的奥义；但是，也有的人临近暮年，都是一个狭隘自封、自私自利的不懂爱和奉献的人。

爱是一种能力，她既能使我们心甘情愿地付出情感，也能使我们获得意外的美好的情感。这种双向奔赴的情感伴随着彼此的毫无保留的奉献。

发现爱是爱的萌芽、生长状态，感受爱是爱的体会、沉浸状态，而奉献爱则是爱的绽放、成熟状态。

一份完整的爱，应该是如种子般萌发出情感，并逐渐生长为浓密的情感之树，在体验爱、奉献爱的过程中，让浓烈的情感不断被浇灌，直至这份情感恣意绽放，并在恰当的时刻结出爱的果实。不要以为这种对爱的描述仅属于爱情，她也可以是友情、亲情和博大的爱的事业。

在少年和青年时期的人，容易沉迷爱情的甜蜜，忽视亲情的绵长，这是源于人的动物性的荷尔蒙使然，并不代表他们不需要亲情，只是还未明白爱情也是亲情的一种猛烈的表达。

经历过跌宕起伏境遇的人，还会明白一个道理，爱是一味治愈的良药，她能以温润的和蔼的阳光的怀抱，包容一切缺失了爱的滋养的人，更能为人带来无尽的力量。

人的情感成熟体现在懂得了爱的奥义。

生命短暂的体验历程，是无数的情感交织的过程，所有真正属于个人的东西其实只有情感体验。不同的人，对情感体验的感知维度也不相同。有的人以爱情为生命的核心，有的人以友情为生命的构成，还有的人对亲情具有天然的依恋，这都是由个人生命成长的环境塑造出来的，均是正向的情感需求。

不可取的情感也在人和人之间诞生着，这些情感往往伴随着扭曲的世界观、人生观、价值观、社会观、恋爱观、婚姻观等，都不能成为正大的爱，充其量不过是个体的人对自我情感的单向表达，是由自私、占有、控制、剥夺、侵害、压迫等狭隘的情感元素构成，缺失了爱的主要构成因素：无私、奉献、包容、宽恕、给予、帮助、成长、快乐等，其情感表达的结果也多以失败告终。

作为新时代的青年群体的人们，一定要在形成自己三观的同时，逐渐形成自己成熟的对于爱的理解和感悟，以带给人热情、快乐、欢喜、积极、乐观、正能量的情感为爱的表达形式，坚守这样的观念并去播撒爱的种子的人，就是一个拥有成熟爱的思维的人，也容易获得更多爱的回馈。

爱的伟大在其奉献精神，而博大的爱更是奉献精神的最光辉的体现。这种具有博大奉献精神的爱多是向社会中的特定群体、区域、行业等进行的公益和慈善行动，体现着博爱的美妙，闪耀着人性的光辉。这种博爱蕴含极大的能量，她能影响被爱的人形成正向的人生观，照耀被爱的人未来的人生路，也会使被爱的人具有爱的能力和奉献爱的精神。

发现爱、感受爱、奉献爱，让更多人感受爱、理解爱、传播爱，这是让社会充满人性关怀和人情温暖的爱的裂变。

成为平凡而伟大的人

【章节核心】平凡讲的是心态，伟大指的是作为。只有甘于平凡的人，才能将心态放得最低，才能远离喧嚣的外部环境，沉下心来去做真正值得持续付出的事业。

无论世界如何纷扰复杂，平凡永远是生活的主旋律。

平凡充斥着生活的角角落落，平凡永远是生命的主流，平凡是人生的主色调，虽缺乏高光艳丽的时刻，却充满真实。也许，人生会有那么若干次辉煌闪亮的瞬间，但是从一生的历程来看，可能大部分生命时间还都是在平淡无奇之中度过。每个人都在自己相对稳固的小天地里忙碌着，即使是最平凡的人，也都在为他生存的那个小世界而奋斗。

从某种意义上说，在平凡的世界里，每个人都在不平凡地活着。

一个人生命的伟大之处在于甘将平凡的自己放置于平凡的生活当中，并将每一天过得认真和充实，时刻在创造力所能及的价值，为身边的人带去正能量。

人生就像草原上的羊群，大部分人都各守一处，相对成群，悠闲而和谐地吃着草。羊群的和谐生活不是自然而成的，既有领头羊对羊群的引领，也有牧羊犬对羊群的保护，以及牧羊人对羊群和牧羊犬的管理。这就像我们的生活，静谧美好的一切不过是有人在替我们负重前行，这些人才是真正伟大的人。

革命先驱和党的早期创始人之一的李大钊先生曾经说："人生的目的，在发展自己的生命，可是也有为发展生命必须牺牲生命的时候。"因为平凡的发展，有时不如壮烈的牺牲足以延长生命的音响和光华。绝美的风景，多在奇险的山川。绝壮的音乐，多是悲凉的韵调。高尚的生活，常在壮烈的牺牲中。

自 2019 年底新冠疫情暴发以来，截至 2022 年 7 月，根据世界卫生组织的统计，全球累计新冠确诊病例高达 5.58 亿人，每日新增百十万人，累计死亡病例高达 635.6 万多人，这是何等触目惊心的数字啊！西方资本主义国家放任自流和推诿的防疫态度，导致了全世界的疫情一直处于蔓延和肆虐的状态。反观我国数据，截至 2022 年 7 月，根据中国疾控中心数据显示，我国累计确诊病例约 470 余万人，累计死亡 2.2 万人，作为一个高达 14 亿人的超级人口大国，这样的疫情数据已经是异常优异了，同时也是全世界对疫情控制最好的国家之一。这得益于国家对抗击疫情所调动的全国性力量，以及那些奔赴在抗疫战线上的平凡而伟大的抗疫工作者们，正是有了他们无数个日夜的无私奉献、守护和巨大牺牲，才有了我们人民大众看似平淡、平凡的日常生活。但是他们绝大多数人都是再普通和平凡不过的医生、护士、警察、保安、志愿者等，可在百姓的心中，他们都是最勇敢和伟大的人。

平凡不意味着没有伟大的基因，每个平凡的人都会以他无私的爱和奉献精神而变得高尚和伟大，单纯的平凡是只关注个人生存境遇的人，而只要一个人能够将自己部分或是全部的精力贡献出来，给他人提供帮助和帮扶，那这个人相对来说就是一个拥有伟大基因的人。伟大不是绝对性的，更不能拿去与英雄和领袖人物去比较，相对与普通的大众来说，只要这个人做出了相对的突破自己的对大众有益的事情，那就可以说他是一个平凡而伟大的人。

平凡不意味着没有存在感，由于人生本质就是一段特殊的体验历程，并不是说所有人都需要像少数的杰出名人、英雄或领袖一样才能获得优越的存在感，只要将自己放在社会需要我们的位置上，并在这个位置上做出了杰出的贡献，提升了自己，服务了大众，造福了社会，那这个人的存在感就是不可或缺的。

平凡更不是没有价值感，一个人的价值不依赖于他人的定义，作为一个平凡的普通人，要想对社会、组织、亲朋具有一定的价值感，就需要意识到价值的定义，对外围环境、事物、人等带有亲善力、正能量，就是有其特殊的价值性。一个普通而平凡的人，首先不能妄自菲薄，觉得自己的人生和生活充满灰暗，要意识到这是生命的常态，而波澜壮阔只是生命特殊时刻的高潮；其次是不能将自己的价值拿去比较，要明白每个人的价值都是独特而有意义的，要充分发掘自己不同于他人的价值，将自己的价值用于改善自己和家人的生存环境，并在力所能及的时候，尽力将自己的价值用于帮助他人和回馈社会。

平凡讲的是心态，伟大指的是作为。只有甘于平凡的人，才能将心态放得最低，才能远离喧嚣的外部环境，沉下心来去做真正值得持续付出的事业。

我们经过思维跃升、认知重塑，将自己锤炼的文武兼备、勇谋双全，绝不仅是为了解决一日三餐、歌舞升平的小资生活，而是要用我们群体智慧去发现人生的本质外的深远意义，去探索世界的边界、知识的高峰，去触摸未来社会属于大众福祉的未知领域。

成为平凡而伟大的人，其实提出了一个高标准的人生标杆，我们既要意识到身为个体自我的渺小和普通，也要在这个客观认知之上明白个人潜能的无限和无数普通个体联合后所能创造的巨大能量，协同群体智慧做出超越自我能力限定的伟大事业，让平凡之中默默耕耘所积淀的知识、经验，为我们开拓面向未来的长久基业，成就自己，也同样去造福大家。

只有认知到平凡，才能实现不平凡，甚至还能缔造伟大。

第九章

我们在路上

与青春为伍

【章节核心】珍惜青春时光，对青春的散漫，就像是松鼠随机埋在森林中的坚果，可能会拾回一点青春记忆，但是失去的东西一定会更多。

与青春为伍，永葆内驱活力。

某次与朋友深谈，聊到我们近期所从事的青年人＋商业＋公益的创新事业平台，朋友说："很羡慕你们现在能够每天与大学生和青年人共事，这样你们的思想和行为都不会掉队，能够与青年人一起保持对这个时代的好奇，也能够每天与青年创新者们一起观察沟通社会在巨变后带来了什么样的机遇。"

我个人也非常欣慰能够时常与当代大学生和青年人在一块。

与青春为伍，我们每天都能感受到来自这个群体的超燃的青春活力，每时每刻他们都能诞生奇妙的想法和点子，虽然有些看起来是天马行空、不着边际，可这就是青春原本的模样啊。曾经的我们也如此遐想未来，只是面对沉重的生活压力，选择了伪善的成熟。是我们自己丢掉了青年时期对探索世界的好奇和冲动，如今，又回过头来艳羡青年人的灿烂时光。

青春无悔，是我们在青年时代同样呼喊的口号。为何如今那么多人怀念青春时光？主要原因还是我们很多人在青年时期没有做到无怨无悔。曾经的青年时代还是给我们留下了不同程度的遗憾，时光无法倒流，这种遗憾也就永远无法弥补。因此，青春成了我们所有人都格外关注的一个美好词汇。

所有成年人都渴望着青春。奈何，青春和成长是一个不可逆的历程，我们只会离青春越来越远，心态通常也愈来愈灰暗。如何才能找回青春的感觉和青春的心态呢？最好的办法就是选择与青年人站在一起，与青春为伍，倾听青春的声音，关爱青春的梦想，包容青春的成长，鼓励青春的探索，扶持青春的理想。与青春一路走来，你会猛然发现，自己的心已经是青春的，自己的状态也成了青春的模样，对这个世界又找回了曾经青春的感觉。

松下幸之助的著作《越勇敢越青春》中提到，所谓青春，就是心理的年轻。就是说人终会老去，但是精神会永远青春，没有比这更幸运的事情了。

我个人很喜欢爱尔兰诺贝尔文学奖获得者、现实主义剧作家萧伯纳的一段话："人生最大的感叹是：年轻的激情是从未实现；年老的追忆是从没发生。勇气是青年人漂亮的装饰。假若人生下来就是中年，然后再渐渐年轻起来，那样，他就会珍惜一切时光，决不会在无谓的事情上消耗自己。风华正茂的夜晚给老年人带来平静，给青年人带来希望。"可见，青春的风险和遗憾在于拥有青春的人不知青春对于自己的深刻意义和真实价值，将青春时光无谓地挥霍在毫无意义的事情上，行将暮年，才恍然大悟，每每想起，悔不当初，这是一个人不可挽回的最大悲剧。

青春的美好是有目共睹的，历代名人志士都对其不吝赞美。

青春时代是一个短暂的美梦，当你醒来时，它早已消失得无影无踪了，这是英国戏剧大师威廉·莎士比亚对青春的解读。所有美好的东西都是转瞬即逝的，如果不好好把握这一生中极为特殊的生命体验，那就是对生命的放任自流和不负责任。不懂得自我珍惜的人更不懂得珍惜他人，先自爱才能爱他人，先懂得真诚地爱与付出，才能获得更多无私的爱的回报。

身处青春韶华的年轻人，往往容易羡慕成功者的生活，却不知任何享受成功果实的人都历经了难捱的困苦的过去，急于求成就很容易误入歧途，用奥地利作曲家莫扎特的话来说就是"有许多人是用青春的幸福作成功的代价的"。选择追逐成功捷径的青年人，其结果往往是让人唏嘘的。

青春唯一的美中不足，就是成长来得飞快。很多时候我们还没有好好体味青春的美好，美好的青春就已经离我们远去。所以，当我们拥有青春的时候，内心要时刻记得珍惜它、体验它。没有人会直接感受到青春的流逝，可是在人生的某个时刻，我们会真切感悟到青春已经遗失。青春绝不是红酒，需要久藏和掩盖，千万不要浪费了如金年华。

对青春的散漫，就像是松鼠随机埋在森林中的坚果，可能会拾回一点青春记忆，但是失去的东西一定会更多。

德国伟大的思想家歌德曾说："要成就大事业就要趁青年时代。"

1957 年 11 月 17 日，毛泽东主席在莫斯科大学亲切接见了数千名中国留苏学生代表，并对大家说："世界是你们的，也是我们的，但是归根结底是你们的。你们青年人朝气逢勃，正在兴旺时期，好像早晨八九点钟的太阳。希望寄托在你们身上。"毛主席提出，"青年人应具备两点，一是朝气蓬勃，二是谦虚谨慎。"

与青春为伍，与理想为伴。

只争朝夕，不负韶华。

一颗善良的种子

【章节核心】一定要为短暂的人生铺设一条通向善良的道路，在路旁再撒上善良的种子，让它们结出五彩斑斓的、爱的花朵。

人世间最伟大的事业，就是在人的心中播种一颗善良的种子。

春天是播种最好的季节，春天是万物复苏的时节。青年群体的人生阶段正如春季般懵懂而孕育希望，在希望的季节里把善良的种子埋进青年人的心中，让它在成长期内努力吸吮环境中光明和良善的营养，为成才立业奠定高尚人格和利他思想。待未来善良的种子成长为大树，造福四方，也成就不平凡的人生。

善良不仅是一个人的品格，还是一个人的选择。一个人选择了善良，就必然会滋生散发光芒的善念，它会一点点引导人们走向光明的人生道路。

善良的基础不是懦弱，反而是更坚韧、笃定的信仰，对文明社会、智慧人类、和谐发展的忠贞信仰。没有信仰的人生是暗淡无光、看不到未来前途的，只有拥有了正确的信仰，信仰的力量才会让一个人爆发不可思议的创造力。这种伟大的信仰故事，在我们国家艰苦奋斗的革命历史上就体现得淋漓尽致，如果不是对马列主义、毛泽东思想、社会主义理想的坚定信仰，我们不会有今天这样美好的生活。时至今日，改革大潮已经走过了四十多载的艰苦岁月，到了进行深化改革开放的冲刺阶段，我们这代人要肩负起本世纪中叶的社会主义第三阶段的伟大理想，坚定不移地把个人的梦想追求与社会理想融合起来，为了同一个梦想挥洒自己的汗水，奉献自己的智慧，成为社会、家庭、事业中的顶梁柱。

善良的法则不是忍让，而是谦恭礼让和润物无声。

有人把善良看作小白兔思想，认为善良就是无用，就是忍气吞声，就是人善被人欺，这是完全错误和扭曲的论调。试想，是柔软的水能量大还是锋利的冰能量大，如果没有水承载寒冷，何来冰的坚固成型？更何况柔软的水利万物而不争，滋养了万事万物，搬移了百川山峰，塑造了广袤平原良田，水在大自然中周而复始地呵护着我们人类赖以生存的脆弱地球。

如果，你正处于青少年或青年时期，请静下心来听一个真诚而有深意的建议，一个关于如何绽放青春、拥抱时代、燃烧生命的正向建议。这个建议不一定能够让你很快成功，却能够让你在成长的道路上走得更快更稳，并为自己积淀迈向成功的重要经验。

这个建议就是，一定要为短暂的人生铺设一条通向善良的道路。

在这条路上，我们会有无数并肩行进的同路人，会有无数追求伟大革命理想的人，会有无数携手为更和谐和文明的将来而奋斗的人；在这条路上，我们所有同路人面对未来必将同仇敌忾，冲破险阻，化解困难；在这条路上，所有秉承良善选择和利他思维的人必将团结力量，友爱同胞，积极缔造人类命运共同体，把一切星火力量凝聚在中华民族的伟大复兴和为全人类谋求共同进步的伟大使命上来。

可能有不少人面对这个巨变的时代还没有明显的感知，但是我们要尽早明白一个亘古不变的道理：只有安巢才有完卵，只有民族复兴，我们才有光明的前途，任何精致的利己主义者不会取得长远的成功，也必将为身边人和社会所淘汰，只有多从他人的角度去思量，多去关爱身边的人和身处的自然环境，并将自身事业一定程度上关联更多的公益慈善事业，才能让我们真正成为一个有伟大格局和光明前景的人，成为一个对社会有益且有用的人。

与善良为伴，可以结出爱的花朵。

一颗微小的善良的种子，埋在青年人的心底，在他们最朝气蓬勃、热血奔涌的年华，被孕育和培养，逐渐萌发和成长。伴随内心善良种子的成长和绽放，这些青年人就会从内而外地散发出良善的温润气息，并从内心滋长出对社会和他人温暖的善意、善行。

善良是一种伟大的行为动力源泉，善良的人有最大的感染力和感召力，为了一个共同的、伟大的理想，以善良为本，携手去创造更大的有益于社会和群体的事业。在此过程中，以善良为始终的人，也将会收获善行的巨大回报。

让我们内心都种一颗善良的种子，并成为善良的播种机，把善的良田擎画成未来时代最美丽的蓝图。

一次伟大的尝试

【章节核心】积极者永远相信，只有推动自己才能带来改变，只有推动改变才能影响世界，所有微小改变的累积才能带来巨大的时代变革。

世界上只有一种真正的英雄主义，那就是认清生活真相后依旧热爱生活。

积极者永远相信，只有推动自己才能带来改变，只有推动改变才能影响世界，所有微小改变的累积才能带来巨大的时代变革。

改变是无数个连续性的动作，是从一个个具体而细微的尝试开始的。

纵观历史发展轨迹，在历史长河中留下影响的伟大人物所缔造的丰功伟业，均是从一次又一次伟大的尝试开篇的，并在实践的过程中团结了身边一切力量，反复去检验和修正自己的思维和路线，让每一次尝试都更加接近目标。

列宁同志曾说："只要千百万劳动者团结得像一个人一样，追随本阶级的优异人物前进，成功也就有了保证。"

我们渴望团结和凝练微弱、稚嫩但最有活力的青年群体，去对社会产生一些正能量的推动，让人类文明、社会和谐、光明未来通过这群人的努力来得更快、更早。在有限的生命里，要去追求一切美好事物的实现，并深刻相信，这样的美好未来一定会呈现在我们的面前。

尝试的步伐一旦迈开，所有的可能就在脚下。

由此，我们开始了一次伟大的尝试。

经过反复思考和论证，我们及身边同行的青年群体，逐渐树立起代表未来新思想的群体使命，关于"群体经济＋共同创富"的伟大使命。在使命的召唤下，大家开始从零起步，结合国家宏观政策去搭建符合国情的思想指导体系，寻找具体的落地方案，并慢慢形成了相对客观、科学的新理论思想，依靠新理论思想的指引开始了一次次伟大的实践尝试。

秉承群体经济和群体创富思想理念的人们，不遗余力地把自己的所学、所想、所行，积极而充分地结合起来。这些理想在质疑声中开始了落地尝试，这批对未来的一切有着全新冀望的青年群体，默默地用实际行动回应了所有的质疑。这些新时代宠儿，不屑与观望者们争执，他们相信在进步和探索中，只有先放下矛盾，才能更好地理解矛盾，并用跳脱出来的思维，从全新的视角去解读和化解这些时代发展中的矛盾，而不是高谈阔论没有行动。

青年群体以其独特的视角去理解和改变着当下的时代，并用新知识、新技术、新应用、新视角、新模式无声地参与社会大分工，以实际行动去影响和改变身边的人和事物。他们对新世界的想象不同于上一代人的理解，也不会沉溺于对自身命运的唏嘘和感慨，他们以实际行动推动着改变。

万分荣幸的是，我也成为这个群体中的一员，朝夕与一群有激情和活力的青年人在一起，听他们畅想不同的未来和生活，也让我重新开启了心中最初的梦想，渴望把生命重新燃烧起来。

我积极地投身于助力青年群体的事业，与大家同梦想、共畅想、大托举、稳落地，把自己的所有知识、能力、经验和心得等都无私分享给大家，迅速筹划了稳妥的落地方案，认真观察和引导大家更加理性地进行实践性尝试，并随团队一起创造了很多独特的社会实践体验，积极去践行社会主义核心价值观。比如，我们自发组织发起了"重走红色革命路"，接受革命先烈的事迹再教育，携手政府主管部门开展"共创文明城"大型公益性行动，积极投入参与城市文明创建，获得了各级政府多个单位的嘉奖，他们给予了大力肯定，也带来了与更多部门和单位互动的机会。这让大家更加坚信只有将商业、公益、互助、成长充分结合起来，社会的和谐氛围才能长久，只有把共享、共富、共爱融进新思想，付诸行动，才能真正给人们和社会带来积极的影响和推动作用。

我们生而渺小，但是生命的奇迹就是成长的伟大。

为了与不公平的命运抗争，新的无产阶层的青年群体必须团结起来，把微弱的力量拧成一股绳，并根据国家和社会意识把这股力量拉向同一个前进的方向，这样就能加快接近设定的奋斗目标。

使人团结的是善与美，使人分裂的是恶与丑。只有放弃自我的狭隘与成见，放低自己的姿态，以光荣的劳动者和创造者的身份去博取明天的收获，才是这个时代中最美丽的人。

我们都应该遵守基于共产主义基因的群体经济，把个人命运与民族命运紧密相连，将个人的生存放在群体的生存里。我们处于巨变的时代，百年未有之大变局中裹挟着危难与机遇，只有迎难而上，破除万难，才能有资格站在时代的前列，去迎接胜利的喜悦和欢呼。

人类发展史是一部苦难史，但每次苦难带给人类的反而是更深刻的思考和后续的高歌猛进。人类的每次危难，都是团结和进步的开始。

我们每个人都应该做好准备，积极迎接时代的机遇、选择和考验。

一次伟大的尝试，就是一切可能的开始。

社群互助化成长之路

【章节核心】社群互助成长的融合发展方案，是跳脱出原有的矛盾对立面，把未来社会活动和市场经济活动中的新生人文思维主体与原生人文思维主体进行有机融合，实现跨思维、跨阶层、跨时代的群体化互助生长，最终形成协同发展和共生融合的新的生态群落。

社会整体是向融合发展的，在实现社会大融合的过程中，会将具有互补关系的各种事物进行优化组合，出现很多新的融合关系，如校城融合、校企融合、产业融合、跨专业融合、产学研一体化等。

当然，在融合的过程中，也会出现很明显的阶层区分，尤其是在财富、权力、地位、学识等有巨大落差的群体之间，会出现异常对立的矛盾点，且极难调和；比如，拥有财富、权力、地位、学识的人群只会与更高阶层的人进行互动和匹配，不会或极少会与贫穷、低下、卑微、粗陋的社会最基层群体进行互动和匹配；反过来说，处于社会最底层的社群群体也极难与远高出本阶层的社群群体进行互动。这是很难跨越的鸿沟，除了思维、意识和物质差距问题，还有无法建立起平等和谐的对话机制，且彼此看不到能带给对方的价值。

在不同阶层的群体眼中，和他们相对的阶层世界是难以理解的。既得利益阶层不明白，为何社会基层群体不去通过人生规划和努力奋斗，循序渐进地改变自身处境；而社会基层群体也不明白，为何自己起早贪黑却换不回稳定的温饱，而那些富人甚至一天就能轻而易举地获得相当于他们一年的财富，而他们却仍然对基层群体如此苛刻和冷眼以对。

如果理解了阶层矛盾的不可调和性，我们就会放下对这个问题的纠结，因为这本身就是巨大的生存对立之争，通过自然演变根本无法实现人们所期望的公平，只有通过分配制度改革或社群群体的互助成长，重塑新生态群落才能解决这个基础性矛盾。

社群互助成长的融合发展方案，是跳脱出原有的矛盾对立面，把未来社会活动和市场经济活动中的新生人文思维主体与原生人文思维主体进行有机融合，实现跨思维、跨阶层、跨时代的群体化互助生长，最终形成协同发展和共生融合的新的仿丛林生态。

在这里面，就有了两个问题需要讨论，一个是新生社群与原生社群如何衔接和融合，另一个是融合后的新社群群体如何实现良性增长。

先说第一个问题，新生社群与原生社群如何衔接和融合。

新生社群代表了青年化的新人类、新思维、新动能，原生社群代表了传统化、老思维、经验性，如果想让新老社群实现衔接和融合，就需要寻找到一个合理的突破点，既能兼容新群体的朝气，亦能兼容老群体的暮气。在这个结合点上，我们要从求同存异的角度去实现，将新社群的弱势面与老社群的优势面相结合，把新社群的激情面与老社群的稳态面相结合，将新社群的开拓性与老社群的经验史相结合，以此类推地互补融合。这样既能在尊重的基础上保留和发挥彼此的群体性优势，也能实现各自的群体存在价值，实现最大限度的互补融合。

再说第二个问题，融合后的新社群群体如何实现良性增长。

在基于尊重和互补关系的融合后，新社群在某种程度上就是一个具有经验值的创新体，面对未来很多不确定性的时候，就具备了更大的抗风险能力。如不可预见的突发情况、组织架构问题和财政危机、传统化的基础市场调和、基于传统市场行为的人情处理等各类问题，都会由于老的原生社群的介入更容易实现落地，而不是以新人类思维去霸道地强制灌输。毕竟社会和市场还是具有很大柔韧性和伸缩性的，只有通过软硬措施的充分结合，才能以最小的代价执行下去。

社群是以最小的社会单位和最有凝聚力的团队为融合基础的，社群化的生存具有更强的生命力，也更容易与其他社群进行有机结合，并且能保障社群单位的根本性利益，从而实现以社群为细胞单位的机体融合，实现生态型共生。

这样的社群既可以是青年学生社群、青年创新创业社群、新生经济从业者、传统产业从业者、企业转型群体等，也可以是青年群体、中年群体和老年群体，甚至可以是按照不同行业、不同职业等划分的群体。

社群互助化成长之路，就是从基本的思路去解决个体未来发展问题，也就是从个体创富到群体创富的基本思路的大转变，把个体力量融合进不同群体里，实现群体能量的极大扩增。增强其在未来社会中和市场中的话语权、存在感，以社群化的生态依存为基础保障，实现更大的能动性和创造性，把群体性价值最大地体现在与不同社群群体的融合互助上，让彼此都能获得更多协同发展的支持，并获得持续的社群群体的成长性。

有机生命的诞生过程告诉我们一个基本概念：生命的萌芽阶段，相同特质的东西总能互相吸引。在获得初步生命形态之后，不同特质的东西就会融合共生，直至出现更加复杂的生命体，在极度复杂的有机生命体的深度协同发展的进化中诞生最终的智慧生命体。

我们本小节所讨论的内容，就类似于这样一个新的智慧生命体的诞生过程。如果把人类的文明发展也当作这样的发展进程，那么，社群化互助成长就是未来社会中必然呈现的文明状态，也是群体经济的基本发展脉络。

虽然，这条互助成长的路刚开始有人踏上，不同的组织和群体以不同的发展方式在推进各自的进化理念，但是归根结底，所有的组织和群体最终会在群体经济的大框架中相会，并逐渐形成极其相似的组织形态，类似于我们前面讲过的生态群落——无限融合的共生共荣的命运共同体。

大学生群体的爆发力

【章节核心】青年是整个社会力量中最积极、最有生气的力量，国家的希望在青年，民族的未来在青年。

近现代历史中，大学生青年群体一直是社会意识形态的主要参照面，也是社会意识形态的主要推动者之一，并在民族存亡和建党立业的关键时刻起到了重要的历史作用。尤其是 1919 年 5 月 4 日进行的以青年学生为主的爱国运动，直接影响了中国共产党的诞生和发展，从此无产阶级登上了政治舞台，并将此运动作为"旧民主主义革命"和"新民主主义革命"的分水岭。

习近平总书记在纪念五四运动 100 周年大会上讲道："青年是整个社会力量中最积极、最有生气的力量，国家的希望在青年，民族的未来在青年。今天，新时代中国青年处在中华民族发展的最好时期，既面临着难得的建功立业的人生际遇，也面临着'天将降大任于斯人'的时代使命。新时代中国青年要继续发扬五四精神，以实现中华民族伟大复兴为己任，不辜负党的期望、人民期待、民族重托，不辜负我们这个伟大时代。"

我毫不怀疑当代大学生体内所蕴含的爆发能量，在他们每个人的心中都有一座小火山，充满着对美好事物的迫切追求。青年大学生群体思想异常活跃，思维非常敏捷，观念前卫新颖，兴趣爱好广泛。他们探索未知事物的劲头十足，勇于接受新生事物，并对实现自我人生发展和自我价值体现有着强烈的渴望。这是青春所赋予他们的天性，这些天性也带给青年学生活力、激情、想象力和创造力，拥有如此蓬勃能量的大学生时刻期待着施展拳脚。

时代在加速进化，也推动和裹挟着所有人进入了时代变化的旋涡。困守在原地，没有挣扎能力和突围办法的人终会随旋涡沉入水底，而不甘于沉沦和有着极大爆发力的青年群体，就有机会跳跃出旋涡。

从社会高速发展的惯性动力来看，未来的社会竞争同样会是残酷的，还有着极其复杂的特性。这就给未来竞争局面的参与者设置了很高的门槛，既要具备过硬的专业技能，还要具有综合解决困难的能力，用创造性的、复合的方式去应对竞争局面。

大学生是青年群体中最有活力、动力、创新力和创新精神的人，同时还拥有着令人艳羡的充沛体力，因此，他们拥有无可比拟的战斗力，这是开创新局面、实践新路线、探索新方向的绝对保障。没有扎实有力的战斗力，理想和目标就不可能实现落地。

2020 年之后新入学的大学生主体构成为"00 后"，这股元气满满的新生力量已经开始在大学和社会中崭露头角，并带来了与"90 后"和"80 后"完全不同的世界观和人生观，他们对工作、事业、理想、生活的理解也极大不同于前辈。而且这群非常年轻的大学生是移动互联网的原住民，是带着移动互联网思维诞生的新生代，对当今的时代科技、产业发展都有着切身的直接性理解，对未来的社会构成、市场组织、人类文明、人生价值及意义都有着其独特的思考和专有的理想，这是其他社会主体的人们根本不能及的。

扛起未来理想的一定是当今的青年人。而有知识、有文化、有思维、有执行的大学生群体，理所当然地会成为未来时代的中坚力量。这群最有爆发力的年轻人也必然会接过这面革新的大旗，带领新人类冲向更远的未来，以我们所不能理解的方式和不敢相信的战斗力，去实践新时代中的群体理想。他们的视角将会更加宽广，他们的思维将会更加进化，他们的行动将会更加彻底，而在这一切努力之后呈现出来的新世界，也一定是我们这个时代中的人所不敢想象的，他们作为未来世界的主人必然是对的，因为他们本身就代表未来。

如果你就是本文所言的青年人或大学生，那么衷心祝福你，也请你把自己更多地投入社会实践当中，以更严苛的要求磨砺自己的能力，以更自律的努力锻造自己的战斗力，将所向披靡的爆发力以最聚焦的方式倾注在核心目标上，在未来开拓出全新的、更美好的伟大事业。

如果你不是本文所言的青年人或大学生，那么给你一个忠告，请你尽快与更加有活力的他们打成一片，融进未来世界的主人圈，积极地去帮助、扶持、助力他们。相信我，这是你面对未来所能做的最好的选择，也是在未来依然能够跟上和看懂世界的未雨绸缪。

大学生群体的爆发力是不容小觑的。我们现在还能稳妥地守护这些涌动着的大能量，但是随着这些更有原动力的群体逐渐成熟和走出校门，他们蓄积的爆发力，会以我们完全不能预见和应接的方式蓬勃爆发，并会以摧枯拉朽的发展趋势碾压一切旧事物。

可见，大学生群体登上历史主流舞台是时代发展的必然，主动拥抱而不是阻拦这种历史的前进，才是我们面对当今和未来最应该有的姿态和选择。

让我们一起期待青年大学生即将带给我们的一切未知的变化吧，因为这些未知的变化终会汹涌地到来，带给世界无尽美好。

大学生互助成长中心

【章节核心】伟大时代的机遇和使命，毋庸置疑地落在青年大学生身上。他们也一定会不负众望地携手并进，锐意进取，继往开来。

2018 年，一个偶然的机会，我与很多京津冀的朋友们交换了彼此对未来社会发展的各种预判，由于不同的视角和经验，大家得出了很多不同的意见和概念。但是，经过基本的梳理之后，所有人的意见和概念却又不约而同地指向了一个共同的方向，那就是在新青年群体主导下的未来社会与市场活动构成的大变革，且这种局面的呈现是肯定的。

那么，未来社会与市场活动的主要构成群体就成为讨论的核心话题，而大学生群体和青年群体必然就成了无可争议的主角。

当代大学生群体和青年群体的基本年龄在 18~35 岁，其最活跃的时期在未来10~25年，也就是说这部分群体基本覆盖未来发展的三十年，直达本世纪中叶，这也是我们社会主义建设达到基本实现现代化宏伟目标的伟大时刻。他们将肩负起最严峻、最复杂、最多变的世界和市场局面，也同样会迎接最开放、最自由、最辉煌的市场格局和全新世界，并且一定会在这三十年中缔造无数的伟大奇迹。

这是伟大时代的机遇和使命，毋庸置疑地会落在他们身上。

我既欣慰自己能部分参与未来三十年的大变局，也由于受年龄和体力所限，不能全力全程地与青年人一同并肩战斗而黯然神伤。

我无数次地思考，如何才能让自己对未来青年群体和大学生的奋斗有持续的参与和助力，推动他们一批批地、不断地快速成长。最终，得益于多年策划工作的职业优势和常年接触大学生群体的经历感悟，我逐渐生成了一条可持续参与下去的助力其持续成长和发展的方案：我要把自己二十年的心得体会，浓缩成一本思维成长辅导书籍，结合特定培训和落地方案，让他们能够在没有遇到贵人指点、扶持的情况下，同样能够用三五年或更快的时间建立起完整的世界观和人生观、发展观，并搭建起相对成熟和完整的知识体系，用知识框架和进化思维去审视和判定他们在未来成长路上所遇到的各种问题。

诚然，我确实有些贪婪，未敢保证通过自己狭隘的眼界让大学生和青年群体实现思维和阶层的跃升，毕竟这个世界从来不缺乏思想和主义，缺乏的是主动地参与改变这个世界的行动。

所以，我经过深思熟虑，计划将新思维传递和实践行动影响同时开动起来，把相对成熟但怀有部分理想主义的思考，带入实际的操练，在传播社会发展正能量理念的同时，积极带领更多的青年群体和大学生们参与到社会实践当中去，并把自己多年累积的社会资源、人脉资源等都导入到对新生群体的全力扶持之上，让新思想、新思维、新行动全面开花，给未来的社会主角以双重的助力，希望也能够将自己对社会所能做出的些许积极推动落地实践。

在此基础上，我们携手数十名青年人和大学生成立了大学内的多个组织、机构、公司，通过一段时间的实践磨合之后，又设立了基于平台发展理念的大学生互助成长中心，通过平台组织去最大限度地为青年群体和大学生铺设、创造满足他们成长和发展的多种机遇和机会点。"群体经济·燕邻学商"理论实践基地也是基于此种想法而组建起来的实操项目，通过校城融合＋心理健康＋群体创富为承载，以平台化的合伙人制为内核，实现了理论与实践的联动。我们还经常组织大型互动成长活动，并把商业创新和公益互动灵活结合起来，培养了他们对商业、公益的意识，和社会担当的基本认知，获得了广泛的好评，也收获了很多的经验、成果。

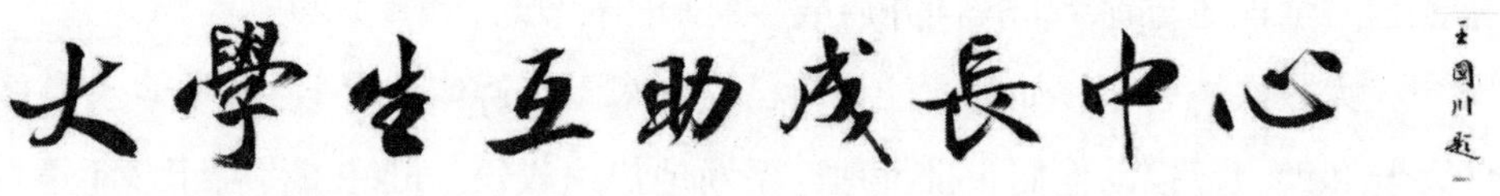

大學生互助戌長中心

图 9-1 王国川／教育部行指委工作办公室常务副主任，国家开放大学党支部书记

大学生互助成长中心探索的是辅助性的、客观化的、社会化的大学生锻炼成长之路，是更朴实而有效的青年成长方法论和实践论，能够以最直接、最快速、最深刻的组合理念和方法，帮助其成熟和自力更生，让大学生终身受益。同时，补充那些教条的、滞后的、填鸭式的传统教育理念缺失的实践板块，通过燕邻心理的相关机构和合作机构的创新群体经济理论，让大学生和青年群体以理论带行动，以行动建观念，以观念贯价值，以价值树人生。

青年群体和大学生是这个时代的骄子，更是未来时代的希望。所有加载在他们身上的正能量，最终都会以更大的、良善的方式释放给社会，一个民族的希望在青年人身上。

因此，我们更愿意通过他们的双手去践行社会活动，让他们切身去体会社会中的方方面面，建立对未来的强大信念，塑造有责任、有担当的胸怀，使其勇于面对挑战和机遇，积极而主动地拥抱变化，并通过自身的主动性去影响更多的群体践行社会主义核心价值观，坚定中华民族的伟大复兴之路，携手实现共同的、伟大的中国梦。

燕邻心理健康陪护中心

【章节核心】燕邻心理健康陪护中心是对特定目标群体进行心理健康预防、介护、陪护和疏导而设立的校企融合的机构，旨在通过科学、专业、规范、普适的方法，对基层群体、青年、青少年、儿童等目标人群提供普惠、福利化的心理健康监护、引导、重建。

心理问题和心理疾病已经成为当今社会中最突出的身心健康问题。

由于社会市场经济过快的递进式发展，导致物质财富迅速累积，而精神生活、精神需求、精神压力、精神问题等没有跟上社会和时代的同步发展，心理疾病的发生是相对普遍的，只不过程度轻重有所差别而已。而且现代文明的高速发展使人类也愈发脱离了其自然属性，环境污染、快节奏生活、人际关系紧张、暴增的信息量、社会关系复杂化、作息方式严重不规律、三观的部分缺失、道德感滑坡、在公平理念下不公平的事实事件、极度缺失的安全感等，都使心理疾病逐渐增多并逐步恶化。心理疾病的种类很多，表现也各不相同，而且可能出现以前没有重视起来的特殊心理疾病，或对出现的心理问题已经习以为常或合理化，这是极为可怕的现象。

2020年中国国民心理健康蓝皮书中统计：24.6%青少年抑郁，重度抑郁7.4%，中国精神疾病负担到2020年将上升到疾病总负担的1/4，在数据调研中，91%的受访者表示认为自己有心理问题。世界卫生组织统计报告显示每8人就有1人患有心理疾病，目前中国有心理问题和潜在心理隐疾的人数在2亿~3亿。

在所有心理疾病中，抑郁症是最普遍且具有代表性的心理疾病，在全世界已经成为仅次于心脏病的第二大的疾病。抑郁症将成为21世纪人类的主要健康杀手，严重的抑郁症患者中有15%会选择自杀来结束生命，2/3的患者曾有过自杀的念头，每年因抑郁症自杀死亡的人数保守估计高达百万，且患有抑郁症的人数在不断增长。在中国14亿人口中，约有1亿人患有不同程度的抑郁症，且每年都在以 18% 的速度增长，发病率在 3%~5%，每年近 30 万人因此自杀。

抑郁症是最常见的一种心理疾病，以连续、长期而持久的心情低落为主要的临床特征，是心理疾病最主要的类型。作为神经官能症的一个症状，它是由于用脑过度，精神紧张，体力劳累所引起的一种机体功能失调所引起的疾病。包含了失眠症、焦虑症、疑病症、恐惧症、强迫症、神经衰弱等多种病症。

作者本人也曾经饱受抑郁症之苦，好在阅读过大量心理学书籍，能够引导自己逐渐走出抑郁症的阴霾，但是回忆起来，那段时间真的是如身处炼狱般痛苦。而作者身边不少朋友和朋友的朋友及家人就没有那么幸运了，有几人都选择了用极端的方式结束生命，还有不少朋友的子女也患上了不同程度的心理问题，后来通过我来进行逐步引导。几年下来，这种普发性的社会状况引起了我的特别注意，并在业余时间进行了系统性研究，本意是自救和助人，慢慢演变成了救人以自救，随着与大学内专业的心理学院和附属医院的专家、教授、医生等交流的深入，逐渐筹划起了一项看似副业的主业，这就是"燕邻心理健康陪护中心计划和校城融合产学研一体化"的由来。

燕邻·心理健康陪护中心是由华北理工大学心理与精神卫生学院和中石易捷·燕邻学商共同发起的普惠型心理健康陪护机构，双方就心理健康陪护中心、产学研一体化等方向达成了战略合作。双方共同针对中国青年、青少年、儿童的心理健康提前介护、心理问题疏导、心理健康大数据、原生家庭与亲子关系研究、正向思维导向等领域展开合作，校方发挥科研、学术和专业能力及优势，企业发挥社会及市场组织能力和资金优势，双方共研科学、正向的理论研究和实践，并形成相关学术及科研成果。

中心是对特定目标群体进行心理健康预防、介护、陪护和疏导而设立的合作机构，旨在通过科学、专业、规范、普适的方法，对基层群体、青年、青少年、儿童等目标人群提供普惠、福利化的心理健康监护、引导、重建。

借助《群体经济 成长智慧 共享蓝海》理论实践项目，通过实际案例和数据分析、统计，实现教与学相辅，产与研互助，最大限度解决学以致用、学以有果的知识资本的落地化，真实有效地帮助和帮扶处于社会大变革中的迷途羔羊，为缔造和谐社会、和谐家庭、和睦关系贡献双方共同的一份力量。

中心的科研、理论、人才孵化等功能留置于学院和大学内，中心的专业化成果的具体应用会外延到不同城市的合作分支机构"城市运营中心"。校内对外部机构仅作理论指导、评测标准建立、数据分析、人才培育和锻炼等工作，校外负责所有基础类的工作，如数据收集、目标服务、场景搭建、公益宣传、市场组织、运营管理等。

关于"产学研一体化"云库平台的设立，平台的构建目的是为了从根本上解决科研、专业、人才、市场的四位一体联动问题，以产业化、市场化的基础角度去反推和承载上层建筑。

心理学、精神卫生、精神医学、脑与认知科学等专业化研究与教学是在近些年蓬勃发展起来的热门学科，这与改革开放后和深化改革带来的社会巨变和市场繁荣有着深厚的依存关系。整个社会经济的爆炸式增长带来了经济活动参与者日趋紧张和压迫的心理基本面的变化，几何加速的产业改革和思维变化也导致生活、工作节奏的提速，让人们变得不安、躁动、焦虑、迷茫、无助，逐渐演化出不同程度的心理问题，并且从偶发性到了普发性的程度，亟待需要将社会基层大众的心理健康问题作为重要的社会问题去认真研究，形成良性的监护、陪护、疏导、重建的连贯行为。

同时，心理与精神卫生专业方向的科班从业者和专业人才极度匮乏，国家取消心理咨询师考试之后，虽然有中科院心理所做了填充，但是培养体系过于松散，专业性得不到保障。准入门槛降低带来的心理咨询行业的鱼龙混杂，使得心理咨询和治疗行业难以发挥真正的作用，还会将此领域的发展带入歧途。

平台就是要通过专业化教师队伍所带领的专业化学子，通过理论知识与社会实践的充分融合，逐渐形成产学研一体的良性循环，把科研、学术、理论等根植于承载它的市场土壤上，并为学校和社会带来互助、共生的双赢局面。

平台是实现产学研协调性的关键所在，只有平衡好平台之上的各个组成板块的分工、协作、互动、奖酬，才能全面发挥平台的真实作用和价值。

社会化、产业化、市场化应用是平台依存的核心支撑，加大平台对具体化问题的解决，能够快速促进平台的稳定成长，也会最快发挥平台的实际作用。心理健康与精神卫生已经成为社会高速发展过程中的突出问题，是影响社会和谐、群体稳定、家庭关系的重要因素，它的隐蔽性和潜伏性让大众难以发觉，一旦形成显像行为就为时已晚，再进行干预就增加了引导和治疗难度，且容易遗留心理与精神层面的后遗症。所以提前介护和发现问题是在萌芽阶段进行干预、引导和治疗的关键时期，平台所有的存在机制均是为了这一大前提做工作。

如果我们在发展一项事业的同时，除却商业模式和受益上的成功之外，还能给受众带去真诚的价值和帮助，那么这项事业才是恒远和有意义的，才是值得用一生去付诸努力和实践的。

我们愿以小燕子的勤奋、努力和真诚，为天下每一位近朋远邻带去健康和吉祥，这就是燕邻品牌始初所蕴含的寓意，燕邻——有燕为邻，吉祥人家。

百城千校公益行

【章节核心】一百座城市，一千所大学，让公益之星火成燎原之势。

青年人是民族的希望，是国家未来之路的主力军和扛旗人。他们的思想意识和精神面貌，决定了我们国家未来主流社会将会呈现的面貌，因此，需要引起我们极大的重视。

截至 2021 年 9 月 30 日，根据教育部公布的数据，我国有 3012 所高等院校，在校生 4430 万人，2021 年毕业生 909 万人，2022 年毕业生人数达到 1076 万人；2021 年，高中阶段在校生 4401 万人，2022 年高考报考人数高达到 1193 万人，且每年均在高速增长。不久的将来，这两个群体的持续增长必然会让其成为社会的绝对主力。

习近平总书记在纪念五四运动 100 周年大会上讲道："新时代中国青年要自觉树立和践行社会主义核心价值观，善于从中华民族传统美德中汲取道德滋养，从英雄人物和时代楷模的身上感受道德风范，从自身内省中提升道德修为，明大德、守公德、严私德，自觉抵制拜金主义、享乐主义、极端个人主义、历史虚无主义等错误思想，追求更有高度、更有境界、更有品位的人生，让清风正气、蓬勃朝气遍布全社会！"

从某种程度上来说，国家之间的竞争就是人才之间的竞争。

在我国经济实现飞跃式发展，物质和文化出现井喷式、几何级增长的同时，我们不能忽视对当代大学生思想品德、精神面貌、生存能力、社会责任感的综合培养。鉴于此，为了更大程度上促进全国大学生的爱国心、民族心、公益心、公德心、团结心的发扬和凝聚，我们整装上阵，联合政、教、学、研、企等向全国大学生发起了大学生互助成长之"公益之星·可以燎原"的百城千校公益行动，统筹组织和联合广大院校和各大企事业单位，计划用三年时间，将互助成长的创新公益行动推进到百座城市千所大学，让大学生们在实现自我能力突破的同时，获得成长的磨砺和锻炼，助力祖国未来希望。

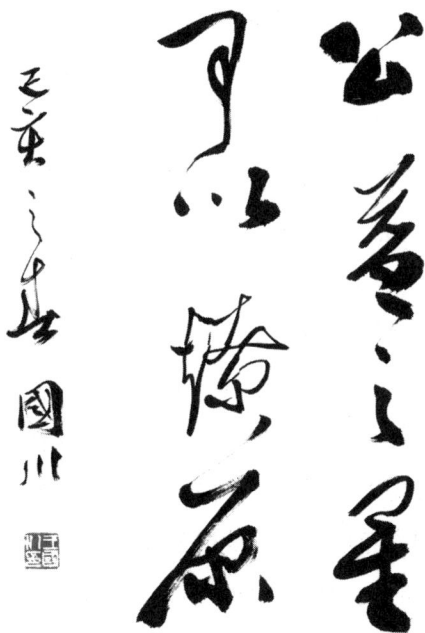

图 9-2 王国川/教育部行指委工作办公室常务副主任，国家开放大学党支部书记

社会的高速发展离不开市场的开放和人才的培养，高校为我国现代化建设不断输送良才。大学生作为未来社会群体的主角，应具有更高的素质和修养。

然而事实并不完全像我们所期待的那样。

大学生群体中普遍存在各种各样的问题和隐患，如错误的价值观取向，自我认知偏差大，缺乏责任感，缺乏主动性，脱离现实，不能吃苦耐劳等，目前形势比较严峻，不容乐观。

因为工作和生活的特殊性，我们日常接触大学生的时间较多。经过对大学生群体多年的观察、接触和思考，我们在肯定主流教育思想意识的前提下，对这一特殊群体的负面隐患进行了汇总。在诸多普通高校，状况较为严重，介入特殊的思想性和实践性引导迫在眉睫，并已经到了需要进行体系外干预的程度。经过筛选和汇总，以下九个方面的问题相对凸显：

1. 盲目追星、崇洋，爱国意识淡薄，思想道德认知存在偏差；
2. 人生观、价值观倾向多元化、利益化、短视化的发展趋势；
3. 就业压力导致学生中后期出现焦虑，甚至厌学；
4. 缺少优良的意志和品质，普遍较为自我和自私；
5. 社会公德和社会实践的思想意识和行为能力较差；
6. 日常怠学、考试作弊，学习认知能力和自我道德约束力降低；
7. 心理压力较大，抗压能力较弱，心理问题易累积成疾；
8. 迷恋网络虚拟世界，逃避现实追求和人生责任；
9. 贪图享受，好逸恶劳，沉迷物质和感官刺激。

这九点核心问题，仅是较为集中的普遍问题，很多个体大学生的差异化问题还没有进行列举，这都是亟待解决的大问题，且没有办法通过原有教育体制去贯彻性实施解决，需要用创新的视角去特殊化处理这些隐患。

在接触这群特殊的青年群体时，我们发现他们是那样稚嫩和单纯，像一张张刚铺在桌上的白纸，时刻期待书写他们自己的内容。当看到越来越多的社会糟粕文化混杂在日常知识中，通过各种途径一起灌输给他们时，我无比痛心，多年来一直在默默寻求解决的办法。

经过若干年的深思熟虑和认真筹划，我们逐渐将最具有可行性和持续影响力的方案精炼出来，就是基于互联网＋公益＋实践＋自立的大学生互助成长模式。以公益行动感染和唤醒学子的善心、孝心、责任心，结合社会中的诸多社区、单位、公司等合作机构去实践交互成长活动，让学子们提前接触富含正能量的群体和未来就业方向，通过同学间网状交织的社交关系，将这种互助成长的正能量传播出去，形成强而有力的创新性公益的青年化实践成长行动。

我们结合各级主管部门，逐步落实并充分组织大学生团体分批、分时地进入社区、街区、校区、养老院、幼儿园等，向周边提供互助学习、环境美化和尊老爱幼的公益活动。比如，学习帮扶、清除墙体柱体小广告，清除死点垃圾、杂草，关爱社区、街区孤寡老人、老弱病残，同时在地方政府宣传部、文明办各局委等主管单位的指导和辅助下，积极宣传精神文明建设和社会主义核心价值观。在进入养老院、初高中校区、幼儿园捐献必要公益物资的同时，陪护老人，与他们沟通，疏导潜在的心理隐疾，帮助他们修剪指甲、洗脚、按摩，建立与初高中校区内学生的互助学习，与小学和幼儿园的小朋友互动游戏、讲故事、画画、娱乐等。在做养老院、初高中校园、幼儿园公益活动的同时，培养大学生尊老爱幼的优良品德，使之成长为有责任心和有担当的品学兼优的人才。

有了实践经验，我们进一步推动了更有意义的创新模式的落地。

在经过详实的筹备之后，我们开始了两个围绕京津冀区域的落地性行动，一个是"共创文明城"，另一个是"重走红色革命路"。带领有奉献精神和创新精神、实践精神的大学生，开始了多达几十个的跨区域走访和互动，在联络点开展互动、交流、学习、慰问、采访、记录等工作。

与地方政府各部门携手开展"共创文明城"的活动，我们累积组织和派遣了千余人次的助力，默契地配合创城工作，圆满地完成了文明城验收。与此同时，我们还积极协助和赞助地方政府开展国际马拉松赛事，提供大量公益物资，输送志愿者，保障了国际赛事的平稳开展，并形成了较大的社会影响，获得了地方政府多个部门的认可和褒奖。

在"重走红色革命路"的爱国主义教育活动中，我们走访了京津冀十几处的爱国主义教育示范基地，并捐赠了大量爱心公益物资。这些足迹有李大钊纪念馆和故居、沙石峪纪念馆、韩东征纪念馆、中国人民抗日战争纪念园、平津战役纪念馆、卢沟桥事变原址、狼牙山五壮士纪念馆、冉庄地道战纪念馆、西柏坡革命根据地旧址及国家安全教育馆等。

以上这些都是前期实践工作，在总结了阶段性的落地行动经验后，我们积极思考如何在行动中优化和改进，为推动更大区域和范围的行动做理论性探索和实践。现在我们依然保持着热忱的心，筹划把创新事业推向全国。

大学生是青年群体中最特殊的一个群体，其思想意识和精神面貌在获得正确的价值观引导后，能够快速进入满腔热血的状态，并能爆发超越想象的行动力。这群异常特殊的群体在进入社会前，需要得到更多的关爱和帮助，让一棵小树，经过特殊的栽培和修剪，快速成长为参天大树，成为社会的栋梁之才，为我们的国家和社会贡献他们蓬勃的、伟大的新生力量。

青春为伴走得更远

【章节核心】新时代中国青年要勇做走在时代前列的奋进者、开拓者、奉献者，毫不畏惧面对一切艰难险阻，在劈波斩浪中开拓前进，在披荆斩棘中开辟天地，在攻坚克难中创造业绩，用青春和汗水创造出让世界刮目相看的新奇迹！

习近平总书记在纪念五四运动 100 周年大会上同时讲道："新时代中国青年要勇做走在时代前列的奋进者、开拓者、奉献者，毫不畏惧面对一切艰难险阻，在劈波斩浪中开拓前进，在披荆斩棘中开辟天地，在攻坚克难中创造业绩，用青春和汗水创造出让世界刮目相看的新奇迹！"

在党的二十大报告中，习近平总书记又提到："青年强，则国家强。当代中国青年生逢其时，施展才干的舞台无比广阔，实现梦想的前景无比光明。"[①]

时代总是更眷顾青年人，永远赋予他们更多期许和美好。

我内心异常欣喜能够在新时代的开端，与当代青年人和大学生一起重新站在新的起点，共同构织未来的大好蓝图。

不知不觉中，我已经将本书从一个朦胧的想法，书写成一本相对完整的青

---

① 《习近平在中国共产党第二十次全国代表大会上的报告》，新华网 2022 年 10 月 25 日。

年思维跃升的指导书籍。时值端午节凌晨，回望这半年多的撰写路程，不敢想象自己能够坚持到今天。如果不是心中那个对未来判断的坚定信念，我决无信心一点一滴地将自己多年的思考和感想，通过文字去系统而清晰地表达出来。虽然撰写期间经历了诸多困难和意外，但是我仍然坚持了下来。

我坚信与青年人携手，可以走得更远。

理解他们，融入他们，激励引导并学习他们，这是一个何等美好的可以让我们永葆青春的理性梦想。

人生在世百十年，应为后生留所念。

走近人生不惑之年，回忆当初从师范院校中走出大学校门，并在工作和创业若干年后又重新回到大学深造读研，时间过得何等之快，以至于自己几乎模糊了曾经的梦想，遗忘了儿时的愿望。

近些年，在与青年人和大学生持续接触的过程中，我又重燃起了单纯而美好的希望，希望尽快捡起自己曾经的师范生梦想，以特殊的方式、创新的方法去影响和教育更多青年人进入成长的快车道，以自己的所学、所长去帮助和助力青年人完成他们的未来理想。

将自己有限的生命，寄托到更多青年人成长后对未来的持续探索，这是多大的美好愿望！在实践这样美好愿望的同时，我也经常深刻自省，一定要严格整理即将输出给他人的思维和意识，决不能以自我狭隘的世界观去影响他人的世界观，要以客观的角度和言语协助青年人去认知、接触世界，通过他们自己的实践活动，逐渐建立属于他们自己的独立且正确的世界观。

深望自己的些许思考和实践行为能够真正有助于青年人的未来成长。

我将伴随更多青年朋友走在奋斗的路上，用自己的一切能力为他们保驾护航，身体力行地帮助他们成长和壮大，跟随他们走进未来世界的大门，并在我力所不及的时候，目送他们远去，祈愿他们在未来走得更远，前途更光明。

与青春作伴，朝夕欢舞。

与青春为伴，走得更远。

番外篇

群体经济概论

群体经济概义

【章节核心】社会主义的本质，是解放生产力，发展生产力，消灭剥削，消除两极分化，最终达到共同富裕。群体创富就是实现向共建、共有、共享的共产主义市场经济进化的萌芽，是代表更广大的群体性利益的未来市场经济，是具有上进性的经济模式，代表了社会生产力的发展需求，其呈现不以个人意志为转移。

群体经济是具有共建、共有、共富、共享融合基因的过渡式实践模型，在本文中，它的基本含义是指未来市场经济活动主体必然以价值规律向非价值规律和社会责任规律逐步转化，通过一定的价值规律创造来实现群体性权益升级的过渡经济形式。群体经济是共产主义经济的萌芽和生长阶段，也是主动地由个体创富到群体创富、先富带后富的社会资产大迁移，是以非占有和非利益为组织前提的共建、共有、共富、共享经济模式。代表群体性利益的市场经济组织会逐渐占据主要体量，并在持续的进化中逐渐成为社会责任的主要承载者。

群体经济模式的探索者都是时代的先锋，随着当今社会物质财富的极大丰富和精神文明的逐步提高，人们快速进入共享经济的同时，已经触摸到了群体经济的边界。通过最具有群体经济属性的华为公司，我们可以预见群体经济模式的超强生命力和社会财富创造力，以及对社会文明进化的推动力。

一个市场经济活动主体，其基本构架为具有群体经济基因的建构模式，就更容易获得组织成员的向心力和凝聚力，并可以获得更多社会中不同组织的认可。因为，从群体经济组织诞生的那一刻，其奋斗目标就是维护全体成员的利益和创造更多社会价值，承担更多社会责任，这给社会的进步和发展带来了更加积极和阳光的一面，也更多地体现了社会主义市场经济的基本思想内核。

社会主义市场经济以公有制为主体，以集体经济、混合所有制经济为活力，以达到共同富裕为目标。达到全体人民的共同富裕，是社会主义的本质规定和奋斗目标，也必然是社会主义市场经济最基本的特征。而具有更加公平的分配机制，以创造群体财富为目标的市场活动组织机构，也一定会获得空前的活力和吸引更多的资源。

马克思主义政治经济学的根本立场，就是要坚持以人民为中心的发展思想，发展为了人民。马克思、恩格斯还指出，"无产阶级的运动是绝大多数人的、为绝大多数人谋利益的独立的运动"[1]，在未来"生产将以所有的人富裕为目的"。

毛泽东首倡"共同富裕起来""共同的富""共同的强"。[2]他认为共同富裕是一个逐步推进的过程，不能一蹴而就，要实现共同富裕，必须组织起来。

邓小平同志也指出："社会主义的本质，是解放生产力，发展生产力，消灭剥削，消除两极分化，最终达到共同富裕。"[3]

党的十八届五中全会，鲜明地提出要坚持以人民为中心的发展思想，把增进人民福祉、促进人的全面发展作为经济发展的出发点和落脚点，加大收入分配调节力度，使改革发展成果更多更公平惠及全体人民，朝着实现人民共同富裕的目标稳步迈进。[4]这一伟大指导思想，把未来市场经济发展导向了以谋求广大人民的共同富裕为目标，代表这一先进性论断的市场经济组织，必然会获得更大的发展空间；而仅代表个体利益的创富行为会更多地被政府通过综合手段加以遏制，要推动个体思想意识的升级和进化，教育和引导其积极践行先富带后富的共同富裕发展理念。

群体经济模式是社会高速发展、人类文明快速进化带来的必然选择，是社会精神文明的高度体现，代表了在充实的物质基础积累之上，同步发展起来的精神文明的更高诉求，是符合全社会人民利益的必然反映，也是进入社会主义中级阶段市场经济的过渡性入口。

可以自豪地说，群体经济模式是利他型经济模式建构，是在思想意识和精神文明到达一定高度之后必然产生的事物，是追求个人价值最大化升华到谋求群体利益最大化的市场经济组织模式，符合社会主义生产力发展的需要，也是

---

① 《马克思恩格斯选集》（第2卷），人民出版社1995年版，第262页。
② 《毛泽东文选》（第6卷），人民出版社1999年版，第437页。
③ 《邓小平文选》（第3卷），人民出版社1993年版，373页。
④ 《坚持以人民为中心的发展思想》，载《人民日报》2019年11月20日。

未来市场经济组织必然要面对的主要经济模式，不以个人意志为转移。

如何去积极理解和实践推动群体经济在未来的更快实现，是摆在所有改革者、企业家、创新创业者面前的一个伟大命题。

令人欣慰的是，国内已经有若干机构带头实践了群体经济模式的部分经验，其中比较值得研究和学习的优秀代表就是华为公司。

华为公司是群体经济特征体现得最为明显的民营企业，其工会持股高达98.99%，创始人任正非先生仅持有1.01%的股份，以哲学和管理思想来带领集团生态实现高速前行，而军人出身的任正非先生的家国情怀赋予了企业独特的精神和文化内核。2021年10月29日，华为公司在松山湖园区举行了军团组建成立大会，在会上作为企业灵魂人物的任正非慷慨激昂地发表了主题为"没有退路就是胜利之路"的誓师演讲："我认为，和平是打出来的，我们要用艰苦奋斗，英勇牺牲，打出一个未来三十年的和平环境，让任何人都不敢再欺负我们，我们在为自己，也在为国家，为国舍命，日月同光，凤凰涅槃，人天共仰！历史会记住你们的，等我们同饮庆功酒那一天，于无声处听惊雷！"誓师大会伴随着聂耳创作的《毕业歌》"巨浪、巨浪，不断地增长，同学们，同学们，快拿出力量，担负起天下的兴亡"的嘹亮合唱达到气氛高潮，这是何等的企业家胸怀。整体而言，华为公司的群体福利和收益也可以说是最好的，这得益于群体性利益的高度统一，以及其对未来科研的持续性高投入，综合各种利他型因素，给华为公司带来独特的共建、共有、共享的企业文化，以企业的角度凝聚了巨大的财富创造力和承担了最大的社会责任，其企业文化内涵已经上升到理论和哲学思考的高度，是更符合未来社会主义市场经济发展的高智慧组织模式。

群体经济模式是在未来必然到来的商业组织模式，如果被动地看待这个问题，必然会面临被逐步淘汰的命运。当今企业转型最困难的是思想上的认知和转变，如果企业带头人不能从思想高度和认知高度去解读社会生产力的发展，就必然会在社会快速发展和进步的时候掉队，并被更有生命力的新生组织所替代，成为历史发展进程中的过去式。

主动拥抱社会环境变化，积极面对深化改革，调整团队组织架构，推动群体经济的更快落地，是在未来获得新生的唯一方法。

群体经济的底层架构支撑

【章节核心】共建、共有、共富、共享融合基因的群体经济，是在继承和发展马克思主义政治经济学基本原理的基础上，以更为主动、积极的态度去实践理论落地、理论发展的方法论和实践论，是以运动和发展的眼光去科学地贯彻深化改革、双创精神的主动探索。

探讨群体创富经济模式的底层架构支撑，就离不开学习我国社会主义市场经济体制的确立过程，这是一个比较漫长、曲折的发展过程。

1949—1978年，在中华人民共和国成立之初，涉及社会主义制度下商品生产和价值规律的讨论就已经开始，在最初主要是学习和借鉴了苏联模式，这是经济体制变革的萌芽时期。

1978—1992年，很多人在冲破僵化的传统观念，反思中国的发展道路的同时，积极探索如何建立社会主义市场经济体制目标，并阶段性地提出了形成以"计划经济为主、市场调节为辅"的改革思路和强调社会主义经济是"在公有制基础上的有计划的商品经济"，以及在党的十四大上明确提出中国经济体制改革的目标是建立社会主义市场经济体制。这是经济体制改革的探索确立时期。

1993—2002年，在这个时期主要解决了两个大问题。第一个是社会主义市场经济体制的基本框架构建问题。党的十四届三中全会胜利召开，认为社会主义市场经济体制的基本框架由市场主体、市场体系、宏观调控体系、收入分配制度和社会保障制度"五大支柱"构成，并制订了总体实施规划。第二个是社会主义与市场经济的结合问题。党的十五大报告指出："公有制为主体，多种所有制共同发展，是我国社会主义初级阶段的一项基本经济制度。"党的十六届三中全会明确提出："大力发展国有资本、集体资本和非公有资本等参股的混合所有制经济，实现投资主体多元化，使股份制成为公有制的主要实现形式。"这个阶段就是社会主义市场经济体制建立时期。

2003年至今，党的十六届三中全会召开，通过了《中共中央关于完善社会主义市场经济体制若干问题的决定》，标志着中国经济体改革进入完善社会主义市场经济体制的新时期。通过全面深化改革去完善社会主义市场经济体制，这个阶段就是社会主义市场经济体制的完善时期。

习近平总书记在党的十九大报告中指出，坚持全面深化改革，必须坚持和完善中国特色社会主义制度，不断推进国家治理体系和治理能力现代化，坚决破除一切不合时宜的思想观念和体制机制弊端，突破利益固化的藩篱，吸收人类文明有益成果，构建系统完备、科学规范、运行有效的制度体系，充分发挥我国社会主义制度优越性。①

"市场在资源配置中起决定性作用，并不是起全部作用"。市场这只"看不见的手"并非万能的"上帝之手"。一是市场自发调节具有盲目性；二是市场自身无法克服"外部性"；三是市场无法兼顾效率与公平。市场经济崇尚自由竞争、优胜劣汰，由于"马太效应"所导致的"强者恒强，弱者恒弱"，自由竞争最终会走向自己的反面，形成垄断；同时，也会导致社会两极分化、贫富差距拉大，与社会整体利益、长远利益相背离。可见，市场这只"看不见的手"并不能包打天下。②

当"市场失灵"的时候，就需要发挥政府这只"看得见的手"的作用。对此，习近平总书记指出，"我国实行的是社会主义市场经济体制，我们仍然要坚持发挥我国社会主义制度的优越性、发挥党和政府的积极作用"。"政府的职责和作用主要是保持宏观经济稳定，加强和优化公共服务，保障公平竞争，加强市场监管，维护市场秩序，推动可持续发展，促进共同富裕，弥补市场失灵。"③习近平总书记说："要坚持和完善社会主义基本经济制度，毫不动摇巩固和发展公有制经济，毫不动摇鼓励、支持、引导非公有制经济发展，推动各种所有制取长补短、相互促进、共同发展，同时公有制主体地位不能动摇，国有经济主导作用不能动摇，这是保证我国各族人民共享发展成果的制度性保证，也是巩固党的执政地位、坚持我国社会主义制度的重要保证。要立足我国国情和我

---

① 《习近平在中国共产党第十九次全国代表大会上的报告》，新华网2017年10月27日。
② 同上
③ 同上

国发展实践，揭示新特点新规律，提炼和总结我国经济发展实践的规律性成果，把实践经验上升为系统化的经济学说，不断开拓当代中国马克思主义政治经济学新境界。"①

党的十九届五中全会向着更远的目标谋划共同富裕，提出了"全体人民共同富裕取得更为明显的实质性进展"的目标。习近平总书记指出："共同富裕本身就是社会主义现代化的一个重要目标。我们要始终把满足人民对美好生活的新期待作为发展的出发点和落脚点，在实现现代化过程中不断地、逐步地解决好这个问题。"②

2021 年 3 月 13 日，两会受权发布《中华人民共和国国民经济和社会发展第十四个五年规划和 2035 年远景目标纲要》（以下简称《纲要》），提出"全体人民共同富裕要迈出坚实步伐"的目标和"更加积极有为地促进共同富裕"的要求。按照中央部署，此次在《纲要》中提出了要研究指定促进共同富裕行动纲要，明确共同富裕的方向、目标、重点任务、路径方法和政策措施。《纲要》还提出，支持浙江高质量发展建设共同富裕示范区，开启了共同富裕之路的新探索。③

2021 年 6 月 10 日，发布的《中共中央国务院关于支持浙江高质量发展建设共同富裕示范区的意见》，赋予浙江重要示范改革任务，先行先试、作出示范，为全国推动共同富裕提供省域范例。④

2022 年 10 月 16 日，习近平总书记在党的二十大报告中指出："共同富裕是中国特色社会主义的本质要求，也是一个长期的历史过程。我们坚持把实现人民对美好生活的向往作为现代化建设的出发点和落脚点，着力维护和促进社会公平正义，着力促进全体人民共同富裕，坚决防止两极分化。"⑤

共建、共有、共富、共享融合 基因的群体经济模式就是要在继承和发展马克思主义政治经济学基本原理的基础上，以更为主动、积极的态度去实践理

---

① 《习近平在中国共产党第十九次全国代表大会上的报告》，新华网 2017 年 10 月 27 日。
② 同上
③ 《中华人民共和国国民经济和社会发展第十四个五年规划和 2035 年远景目标纲要》，新华社 2021 年 3 月 13 日。
④ 《中共中央国务院关于支持浙江高质量发展建设共同富裕示范区的意见》，新华社 2021 年 6 月 10 日。
⑤ 《习近平在在中国共产党第二十次全国代表大会上的报告》，新华社 2022 年 10 月 25 日。

论落地、理论发展的方法论和实践论，是以运动和发展的眼光去科学地贯彻深化改革、双创精神和共同富裕理念的主动探索。

在国家宏观体制和政策的框架内，富有创新和改革精神的开拓者要大力发展和寻找与公有制、集体制、混合所有制深度融合的道路，并积极主动地承担更多社会责任，给不同组织的群体带来更多社会财富，为更快实现我国社会主义现代化而努力奉献自己的一份力量。

群体经济的生产关系与分配制度

【章节核心】群体经济的生产关系，不再是雇佣、合作、合伙关系，而是基于尊重和自愿的协作、共建、共有关系；要把"按劳分配"和"按需分配"折中考虑，将劳动者的需求进行分类处理，把基本生存、生活物资进行无偿的"按劳分配"，把差异化、个性化需求进行有偿的"按需分配"，合理地配置群体需求的多样性，将分配制度更加人性化和智能化地进行有机处理。

马克思在其建立起来的伟大理论中指出，未来社会的共产主义经济模式是产品经济，也就是社会化大协作下的自给自足的经济模式。在这样的社会中，所有人要去共同创造可以为全社会的人生活需要的物质和精神财富。

社会生产力和剩余价值是马克思理论的核心贡献，在讨论任何经济行为的时候，也都会涉及这两个基本理论构成。而针对经济模式展开讨论时也必然会涉及生产关系和分配制度，这是区分国家政治制度和其客观优劣性的基本方法，也是检验生产力发展水平的标准之一。

群体经济由于是不完全的共产主义经济，只是向其过渡发展的一种共产主义经济萌芽，这个基本特性就决定了群体经济的生产关系和分配制度具有鲜明的社会主义初级阶段、中级阶段和共产主义萌芽的多重复合性，不能以完整的共产主义经济理论指标去考核过渡阶段的群体经济。

首先，阐述一下群体经济的生产关系。

群体经济的生产关系是在社会主义初级阶段的"各尽所能，按劳分配"的基础上进化为"各尽所能，组合分配"。在对生产关系的调动上，低于共产主义阶段的"各尽所能，按需分配"的理想状态。

在不久的未来，具有群体经济基因的群体经济生产关系，不再是雇佣、合作、合伙关系，而是基于尊重和自愿的协作、共建、共有关系，是充分发掘和调动"以人为本，自然和谐"的生产关系，更是抛开了以利益和效率最大化的新型生产关系，转为以价值需求和社会需求为基本组织原则，是以群体性创造为社会基本单元的生产关系，具有进一步解放生产力的核心意义。

在保障生产要素集体所有制、公有制的前提下，进一步消除了私有制的因素对生产力发展的阻碍作用。

生产环节要在生产资料公有制的基础上，实行社会协作系统化、分工集约化的生产模式，生产任务要以需求为导向，根据市场需求确定生产种类及数量，要有合理计划、有组织性和秩序性地进行，也就是说在生产的组织上要积极实行现代化的公司管理制度。同时，生产的组织环节还要能够充分调动劳动者发挥自己的特长，劳动者要有较大自由度来根据兴趣和特长选择工作类别，发掘劳动者自发性、主动性的劳动热情。

其次，论述一下群体经济的分配制度。

群体经济中的分配制度要考虑到人类文明进化的不完整性和不彻底性，要明白这个阶段劳动者的综合能力和自觉性，距离共产主义经济阶段人类的高度文明之间的差距。要把"按劳分配"和"按需分配"折中考虑，将劳动者的需求进行分类处理，把基本生存、生活资料进行无偿的"按劳分配"，把差异化、个性化需求进行有偿的"按需分配"，合理配置群体需求的多样性，将分配制度更加人性化和智能化地进行有机处理，而不是贯彻一刀切的单一分配制度，更不能在分配制度上实行"平均主义"和"形式主义"。

在群体经济逐步发展的阶段，人性的觉悟还未能全面提升，存在较多的认知性偏差，以及区域发展的不平衡，这些因素都会导致分配制度不能实现绝对公平；要在基本生存、生活需求上尽量实现公平和公正，并在差异化和个性化需求上，实现区域性的相对公平和公正，还要考虑到不同区域、不同民族、不同认知水平的差别，客观、科学地将分配制度进行灵活调整，以更加适应具体群体的差异化需求，积极缩小分配差距和减弱差别分配制度带来的衍生影响，要遵守事物发展的客观规律，循序渐进地推动群体经济的发展，使其完成向未来社会主义群体经济主动过渡的特殊的历史使命。

运行在群体经济模式下的各种社会组织，会形成完整的社会生产系统和分配系统，并把全体社会的工作者相互有机地融合起来，协同共生、互助成长，进而形成相对统一的共产主义基因的经济整体。

群体经济是符合社会主义市场经济发展主旋律的，也是其发展共同富裕的进一步延伸，是在原有基础上更进一步的市场经济模式，是更贴近广大人民群众集体利益的市场经济组织方式，能够承接深化改革、供给侧改革和企业转型之需要，也能够给新生代的青年群体们更多公平的、自由的、光明的竞争和成长环境。群体经济是具有共产主义基因的过渡型生产力组织形式，是共同富裕理念的具体化实践，群体经济会在很大程度上带动社会非营利性和公益性事业的大量涌现，通过经济模式的进化升级来极大消融两极分化，逐步实现社会群体的共同富裕理想，推动社会更加稳定、和谐的发展。

群体经济相当于把社会中的所有人的能动力集合为按功能化区分的生态整体，就像人体组织一样既相对功能性独立，又实现内部的有机凝聚协同。而这种集合的整体生态系统，在未来社会中可以实现自给自足的交融生存，而马克思所说的共产主义中的产品经济，也就是更发达的社会化的自然经济，是集体的绝对性自给自足。

群体经济让我们在一定程度上触摸到了共产主义经济的边缘，更加坚定了我们对共产主义理想的切实追求。

从长远发展角度来看，作为环境友善型、利他型的群体经济和群体创富，是构建人类命运共同体和共同富裕理念的实践性落地，是具体而有效的可持续性经济模式，在发展生产力的同时，改善了生产关系，优化了分配制度，推动了社会文明的发展。因此，共产主义基因的群体经济模式在未来具有无比光明的发展优势，是必然出现的历史选择。

群体经济是全员所有制基因的过渡型经济模式

【章节核心】群体经济不是一个独立的、创新的经济模式，而是在社会主义初级阶段向中级阶段的市场经济自然发展的过程中，必然出现的一个混合式的过渡型经济模式，是仅适合于社会主义中级阶段前的特殊历史性存在，并不能替代更加先进的共产主义经济。群体经济是科学的发展观，是顺应时代经济发展的方法论，是符合市场发展规律和经济发展规律的实践论。

在阐述共产主义基因的群体经济模式在历史中的特殊发展路径之前，我们先来客观地阐述一下社会主义中级阶段的基本含义和经济形式及结构。

社会主义中级阶段是相对于社会主义初级阶段提出来的一个哲学概念，是共产党领导、工农群众当家做主、依法治国的社会主义发展阶段，是工农群众组织起来、共同富裕的社会主义发展阶段，是基本没有城乡差距和贫富差距的阶段，是实现了五有社会的阶段。

社会主义中级阶段的经济是由充分竞争的市场经济与科学社会主义的计划经济完美结合而形成的第三种全新的经济分配和运作模式，是组织工农、城乡互动、计划生产的群体化联盟经济。社会主义公有制能够通过市场经济条件下的现代企业制度得到完美实现，绝大多数的工农群众都会成为生产资料的主人，按劳分配为主，共建共有共享，人民生产、经营活动的目的不是利润的最大化，而是全心全意为人民服务。社会主义中级阶段的经济要在社会上各个私有经济个体自愿加入的基础上建立起来，并逐渐完成经济体核心目标的转变。

在社会主义中级阶段的社会经济结构的组成上，国有经济会进一步增大占比，私有经济会进一步减少比重，私有经济对经济的补充作用进一步减小；到了社会主义高级阶段，私有经济基本消失；到了共产主义，则不存在私有经济。这是由我国的社会主义国家制度的根本原则所决定的。

回到共产主义基因的群体经济历史发展地位的话题。

我们所围绕讨论的群体经济不是一个独立的、创新的经济模式，而是在社会主义初级阶段向中级阶段的市场经济自然发展的过程中，必然出现的一个混合式的过渡型经济模式，是仅适合于社会主义中级阶段前的特殊历史性存在，并不能替代更加先进的共产主义经济。

社会文明是否进步的科学判定标准就是生产力发展水平，这是衡量社会进步最高的、根本的、客观的、科学的标准。而有序的群众性公共生活，则是社会文明的重要标志。

群体经济所阐述的基本含义已明确地说明了，它的基本建构就是为了适应社会文明的快速发展，为更广大群体谋取福利，为群众性的集体利益和生存争取更大更多的未来空间，实现群体化思想意识和精神觉悟的提升。

群体经济的延伸意义就是要带领和影响群体化的人民大众积极为践行社会主义核心价值观和中国梦、共同富裕去努力奋斗，为中华民族伟大复兴去奋斗，以更宏高的视角去思考人类存在之价值，把人类命运共同体的伟大历史创举带给全人类的同时造福全人类。

群体经济是科学的发展观，是顺应时代经济发展的方法论，是符合社会发展规律和经济发展规律的实践论。

时代经济发展呈现出复杂的多样化，人工智能、物联网、科技大爆炸、供给侧结构性改革、产业升级迭代、时代变迁进化等，都在大量释放劳动力。人类面临空前的时代难题，如何更有价值地体现人类本身的存在价值和创造力？如何更多地关注弱者，关注社会基层群体，把改善弱者和社会基层群体的生活质量作为社会经济发展的首选？这才是极大考验未来市场经济活动主体价值的最大问题，也是其生存和存在的前置条件。

一个仅以追求商品经济利益最大化的经济组织，在未来是很难获得社会和市场认可的。必须以群体化的价值视角去主动承担更多社会责任，为社会中的广大人民群众缔造更多福祉，而不是以更高效的生产去实现最大的个人财富，这样自私自利的行为在现在是不道德的，必将阻碍生产力和生产关系向前发展，在未来也必然会被无情淘汰。

在时代大变局和时代机遇面前，主动拥抱变化，适应时代的历史选择，得到的是新生；被动接受变化，抗拒时代的历史选择，换回的一定是被革新。

所有在伟大的特殊历史时期中思考，如何走进未来时代的人，应该以更加友善、更加博爱、更有担当和使命的态度去发展事业，而不是以狭隘的、自私的、抵触的负能量去顽固抵抗时代的变化。在时代向前发展的巨轮之下，任何消极的、停滞的、负能量的群体都会被无情淹没，甚至不会泛起一点浪花。

群体经济就是这样一种具有特殊存在意义的觉悟性理论思考，尤其是有益于私企、民企等建立正确发展观念的科学论述，是帮助其更快顺应时势、落实共同富裕、寻找新的发展增长极的指导性意见。无论作为少数个体利益体现的人和组织是否愿意，将来的文明社会中，这样的时代大变革都会到来，不同的无非就是主动性选择和被动性选择。

在未来，走向 21 世纪中叶的路程中，群体经济能够以更加前瞻性的视角，引导更加青年化的市场主角，以积极、乐观、开明、博爱的人生姿态，快速完成时代变革的交替，并以更快的发展速度向着社会主义中级阶段奋进。

个体创富到群体创富的必然转变

【章节核心】有助于全人类文明发展的事业，都需要有先知觉悟的一代人，以革命的奉献精神身体力行地去实践；走向群体经济发展的道路，就是要求有一批人能够用牺牲小我的精神去成就群体性的大我，在大我中体现更伟大的个人价值，这也是更高级的人类智慧的体现。

基于以上章节的理论支撑与分析，我们不难整理出一条更加具体的脉络，那就是在未来社会中，个人创富一定会转变为群体创富。

这是未来社会意识形态的大趋势，也符合社会主义市场经济向更高级阶段的逐步进化。这里所说的个体并非指个体户，而是指以少部分人的利益为核心体现的组织、单位、公司和集团，社会资源和财富通过金字塔顶端的极少数人实现控制，占据了资源和财富绝对值的个体化的新资产阶层；在未来的社会中，这部分人的可持续发展空间必然会逐步萎缩，并通过不同形式的再投资、自然挥散和市场蚕食，逐渐将其大量积累的社会资源和财富重新释放到社会中去。这个利益固化了的既得利益阶层，若想在未来获得新生或是通过其他形式获得更高阶的存在，就涉及个体组织的认知升级和思想觉悟。

所有的有助于全人类文明发展的事业，都需要有先知觉悟的一代人以革命的奉献精神身体力行地去实践。走向群体经济发展的道路就是要求有一批人能够用牺牲小我的精神去成就群体性的大我，在大我中体现更伟大的个人价值，这也是更高级的人类智慧的体现。

个体创富是社会主义初级阶段所选择的特殊时期的窗口政策，是改革开放以来大的政策方针下释放社会生产力、激活市场经济活力的具体鼓励措施，也符合改革开放四十多年来的社会生产关系的配置。个体创富因此实现了井喷式的高速增长，并积累了巨大的个体财富和社会资源，让我们国家填补了从封建社会到社会主义阶段缺失了的原始社会资本积累，为发展社会主义和实现现代化奠定了坚实的物质基础。尤其值得自豪的是，我们在发展市场经济的同时，坚定了社会主义的发展路线，以公有制为主体，多种所有制经济共同发展的基本经济制度，夯实了社会主义市场经济体制的根基。

但是个体创富有一个阶段性发展的瓶颈，那就是目前个体创富阶层在参与大部分经济活动的过程中，其思维意识里有巨大的局限性，强化了商品经济以利润为核心的追逐，并把资产累积和资产占有作为最大的追逐目标，而资源占有和财富占有是一切社会根本矛盾的所在，这必然导致严重的两极分化，和越来越失衡的社会资源配置，加上既得利益集团的狭隘的个体思维影响，很难实现先富带后富、最后实现共同富裕的伟大发展目标。这就给未来的社会和经济发展带来严重的后患。目前解决这个问题有两种方法：一是加大公有制、集体制的市场占比，但是会在一定程度上遏制市场活力，所以只能缓步推进；二是通过宏观调控手段，如税收、政策、混合所有制等去实现社会资源和财富的再分配，将社会资源和社会财富进行相对公平的配置。以上两条终归不是长久的、根本性办法，只有通过深化改革、体制改革、扶持和鼓励那些更加照顾群体性利益和主动承担社会责任的市场经济组织，才能更快地将社会资源和财富以更公平的方式最大限度地归还于人民。

在这些基础上，群体创富一定是遵从群体经济基因的群体经济基本法则先涌现出来的。在群体经济的基础规则上，所有商品的利润逐渐趋向于零，服务和衍生增值会逐步放大，并且创造的财富归群体所有，实现了群体性的相对公平，再通过社会的鼓励和传导作用，逐步加大更多群体化的创富转型，最终实现在社会经济中的相对体量，逐渐消除两级分化和社会矛盾的对立面成立的基础条件，形成类似于高阶合作公社的群体新贵。当然，鼓励群体创富并不是要立刻实现一刀切，而是要稳定推进，将社会资源和财富分配制度逐渐趋于公平化，在初期还是会有一定程度的分工差异和待遇差异，但是这已经极大地优于个体化创富带来的资源、资产和财富的过度聚集、沉淀和固化。群体创富是符合客观现实，符合渐进式经济发展规律的需要的，是具有上进性的未来经济发展思想。

我国从极度贫困到实行改革开放，再到深化改革开放和凝练人类命运共同体伟大设想，一切都是逐步实现中国梦的过程。

目前的社会，已经极度开明、开放、包容和自由，游弋在四十多年累积的巨大物质财富之上，我们需要精神文明的建设速度加快跟进。如果没有精神层面的、科学的理论哲学作为引导，过多的物质财富会阻碍人类文明的进一步发展，也会导致人类群体性信念和信仰的迷失。

相对于人民创造的巨大物质财富，已经绝对性地解决了温饱问题和贫困问题，只是由于区域发展的不均衡，导致少部分地区发展相对滞后，但是随着国家的政策性引导和照顾，相信不久的将来这些落后地区一定会奋力直追、迎头赶上，并以完全不同的新面貌呈现在世人面前。

在此之后，全社会的发展目标必然将很快迁移到向社会主义中级阶段的全面冲刺上。那么，贴近共产主义经济基本理念的经济体制和经济理论、经济模式，就会获得空前的发展机遇，对于那时更早期的现在来说，越早开展群体经济基本模式的群体创富事业，就会优先获得市场的极大先机，因为群体经济的群体创富是一次相对彻底的生产关系组织形式升级，是以群体的力量进入未来的蓝海领域，是最有生命力和成长空间的经济模式。

因此，个体创富到群体创富的转变是社会进步和经济发展的必然，是不可阻挡的大趋势，只有坚定社会主义理想和信念的人，才能更早地相信和遇见这样伟大的时代变革和时代机遇，也才能够在现在开始布局，并在不久的将来实现华丽的伟大转变，成为未来时代中的绝对领航者。

合伙人制是群体创富的重要途径

【章节核心】合伙人制就是实现群体创富的重要途径之一，也是在未来的市场经济中必然畅行的可持续发展模式。它是一种创新的人力关系和联动合作的市场经济组织形式，具有时代的先进性。

在理性而客观的思路之下才是出路，合伙人制就是实现群体创富的重要途径之一，是在未来的市场经济中必然畅行的可持续发展模式，更是实践共同富裕发展理念的最直接有效的方式。

有一部电影叫《白银帝国》，讲述的是晋商在清朝创造的票号业奇迹的故事：在晋商高光时刻的百余年，"天成元"经手的银两高达十几亿两，几乎垄断了大清朝的金融往来，却从来没有发生过贪污、诈骗、捐款逃跑的事件。这和晋商的营商智慧不无关系，它更依赖于晋商开创的"身股制"，也就是我们现在常说的"干股""分红股""期权激励"，这让每一个参与商号经营的掌柜和伙计都有机会获得较大的额外受益。由于有了类似"主人翁"和"家"文化的凝练，形成了良好的交叉互助监管机制，彼此之间就不再是单纯的雇佣关系，成为合伙人制的雏形，造就了晋商在一个时代中的历史传奇。

当今世界处于加速发展的特殊历史时期，国内外经济繁盛而动荡，经济行为带来资本的聚拢，企业内在驱动越来越乏力。作为企业核心资源的人才却怠于创新和拼搏，这无疑和落后的管理制度和分配制度有着极大关系，它不但桎梏了企业的活力，也限制了企业成员的内在创造力。

合伙人制，就是符合社会生产力发展的科学的市场组织新模式。

合伙人制不同于合伙制企业，它是一种创新的人力关系和联动合作的市场经济中的组织形式，是有先进性的商业模式。

我们最为熟知的合伙人制企业无外乎"华为"和"阿里巴巴"，也是最为成功和典型的合伙人制的天量级生态集团。华为从 1987 年创办至今没有引入过外部资本，其十几万人的庞大生态体系全依赖于创新的合伙人制"工会持股"，且分配了华为 98.99% 的股份给全体员工。这让作为知识资本化高达半数企业员工的华为成为典型的知识密集型企业，也为华为创造了极大的向心力和创造力，凭一己之力推动了世界通信产业的迭代发展，成为群体经济属性的伟大的民族企业。而阿里巴巴的合伙人制又有着其独特的地方，从创始团队的十八罗汉核心合伙人，到中期的分级合伙人制度，都有着合理且科学的股权分配和表决制度，让企业发展愿景成为整个集团成员的核心意愿，极大地推动了阿里巴巴集团生态体系的建立，逐渐成长为极其庞大却迅猛无比的互联网巨兽，深深影响了国内近 20 年的互联网商业格局。

除此之外，国内诸多企业都在推行或尝试合伙人制，如小米、海尔、碧桂园、爱尔眼科、芬尼等，且取得了巨大的成效和社会影响力。

企业的高速发展需要核心人才，在大众创业万众创新的伟大时代，仅仅靠"底薪＋提成"的粗陋业务模式是很难留住优秀人才的。想要解决这个局面，最好的方法是让员工成为企业的合伙人，配于其股权激励，让其真正进入企业体系，锁定优秀人才，并赋予其发挥开创性精神的动力。

合伙人制度会给企业发展带来新的机遇，它是一种对企业管理层进行权利结构改革的创新性机制，而在逐步确立合伙人机制的时候，制度的设计尤为重要，这里面包含了原始股权、期权、增发股权和分红权等的确立及分配问题，需要根据公司或企业的实际情况来判定，不能生搬硬套，对于初创机构和发展中机构，合伙人制是需要进行适配的，错配的合伙人机制甚至有可能制约发展。因此，要审慎对待，再逐步试行，在试行过程中实时修正遇到的具体问题，最终寻找到适配自身企业发展的柔性的合伙人制。

纵观国内改革开放以来的经济发展，我们国家的市场经济从人口红利正在朝向人才红利方向发展，市场正在从暴利阶段到微利时代转化，互联网和信息化的大爆炸，极大地放大了群体中个体的价值，个体的创造力和影响力在发挥作用，并逐渐成长为独特的小单位经济个体，这是时代发展的特色，是不可对抗的大趋势。如何发挥和组织这样的小单位经济个体，才是我们作为创新性机构和转型企业所要思考和面对的大问题。

同时，从宏观角度讲，国家税务改革和社保改革，规范化了企业经营中的乱象，极大地打击了人口红利时期的偷漏税行为，保护了个人在企业中应得的社保地位，整体都是利好的。但是从另一角度来讲，这也无形中加重了企业生存的压力和灵活性，人口密集型的企业必将转型为合伙制的业务输出型机构，否则就会成长为臃肿的恐龙型企业，行动缓慢、改革乏力、竞争力低下等。只有借助异常灵活的合伙人制，尤其是对外的合伙人制的建立，才能改变这种局面，增强企业活力、减轻企业综合税务和社保负担、合理分配企业收益、凝聚企业向心力，把企业的单体创富行为，转化为在企业带动下的共同创富和群体创富行为。

合伙人制无疑给出了我们更加公平且合理的未来路径。

制度永远是死的，变通地适应合伙人制才是智慧的选择。

在进行合伙人制落地实践的过程中，要加强系统学习，尤其是法律、政策、税务、财务等方面的深度学习，这并不是让我们成为此领域的专家，而是通过关键的系统性学习，懂得如何灵活使用合伙人制这个伟大的工具，为我们所从事的人生事业植入鲜活而先进的底层发展逻辑，进而更快地协同合作伙伴实现我们彼此的人生理想。

要想发挥合伙人制的能动性，还要多学习和了解利他型思维，懂得站在他人利益角度、共同利益角度去思考长远的协同发展路线，真正实现"我为人人，人人为我"的行动思想，以缔造符合长远互利的群体经济新发展模式。

"合伙人制"是一个很有魅力的词组，很值得我们去认真对待和研读，它一定会给我们带来异常丰富且多彩的人生收获。

共同富裕是社会主义的本质规定和奋斗目标

【章节核心】共同富裕是全体人民通过辛勤劳动和相互帮助最终达到丰衣足食的生活水平，也就是消除两极分化和贫穷基础上的普遍富裕。共同富裕是社会主义的本质规定和奋斗目标，也是我国社会主义的根本原则。

共同富裕是社会主义的本质规定和奋斗目标。

共同富裕是全体人民通过辛勤劳动和相互帮助最终达到丰衣足食的生活水平，也就是消除两极分化和贫穷基础上的普遍富裕。中国人多地广，共同富裕不是同时富裕，而是一部分人一部分地区先富起来，先富的帮助后富的，逐步实现共同富裕。共同富裕是社会主义的本质规定和奋斗目标，也是我国社会主义的根本原则。是邓小平同志建设有中国特色社会主义理论的重要内容之一。

从生产力和生产关系的结合上赋予共同富裕以科学的内涵。在共同富裕这个经济学概念中，"富裕"反映了社会财富的丰盈及对财富的拥有，是社会生产力发展水平的集中体现；"共同"则反映了社会成员对财富的占有方式，是社会生产关系性质的集中体现。共同富裕包含着生产力与生产关系两方面的特质，从本质的规定性上确定了共同富裕的社会理想地位，使之成为社会主义的本质规定和奋斗目标。

共同富裕是全体人民的富裕，不是少数人的富裕；是人民群众物质生活和精神生活双富裕，不是仅仅物质上富裕而精神上空虚；是仍然存在一定差距的共同富裕，不是整齐划一的平均主义同等富裕。

"共同富裕"是人民大众最终达到富裕，但绝不是"同时富裕、同步富裕、同等富裕"，我们要允许一部分人一部分地区先富起来，先富的帮助后富的，从而逐步实现共同富裕。所以，那些把共同富裕理解成"平均主义"式的大同之道，或声称共同富裕就是同步富裕、就是绝对平均主义的说法是错误而片面的，是不符合事物客观发展规律的。

"平均主义"是平均消费生存资料，或者说是平均拥有生存资料，也就是平均拥有社会财富。但在历史的事例中，李自成与洪秀全均尝试过实行基于农业社会主义空想的平均主义，以及近代的康有为也曾著述《大同书》以阐释其基于资产阶级维新革命的大同社会主义空想，还有孙中山先生开创的基于资产阶级革命派的民生主义空想，但是他们所推崇和实施的基于不同阶层站位的平均主义的原则是完全的同步富裕，其过分地追求了主观的完全同步性，而失去考量了社会总物质财富发展程度和社会成员文明素质程度。

共同富裕是以物质的共同富裕为基础的，这是共同富裕的最重要的内容，也是由此归于经济学范畴的主要因素。然而，仅有物质生活的富裕，这种富裕与现代文明的跃升性发展是相背离的。高度的物质文明和高度的精神文明，既是我国现代化的重要内容，也是我国共同富裕的主要内容。《邓小平文选》第三卷曾明确指出："要在建设高度物质文明的同时，提高全民族的科学文化水平，发展高尚的丰富多彩的文化生活，建设高度的社会主义精神文明。"邓小平同志认为，物质生活的富裕、精神文化生活的丰富、人的自身文明素质的提高，这几方面有机结合，才能构成社会主义共同富裕的鲜明特征。

共同富裕的动态过程性，是由人类追求富裕生活的无止境性决定的。

对未来的向往和憧憬，是推动人类社会不断发展的不竭动力。人类的历史在一定意义上就是一部追求富裕和文明的历史。所谓理想，在当下是实现低层次的初级阶段的共同富裕，在将来就是追求高层次的高级阶段的共同富裕。在历史发展的某个阶段，人类物质财富和精神文明发展到相对高的程度，最终实现社会普遍性的共产主义阶段。

"共同富裕"也就是让社会全体成员都过上富足、美好的生活。这是人类自人性觉醒、文明诞生以来恒远的向往。在中国，儒家经典《礼记·礼运》就有过"大道之行也，天下为公"的"大同"社会的美好设想，千年以来，它一直是历代哲人与万千基层大众孜孜以求的理想。

随着时代的巨轮滚动到当代的中国，我们在伟大的党和毛泽东思想的引领下，有了实现这一伟大理想的基础性条件，华夏民族对天下为公这一厚重理想的探求，终于有了种子和沃土，并在华夏大地生根发芽，幸甚至哉。

党的十九届五中全会向着更远的目标谋划共同富裕，提出了"全体人民共同富裕取得更为明显的实质性进展"的目标。①

习近平总书记指出："共同富裕本身就是社会主义现代化的一个重要目标。我们要始终把满足人民对美好生活的新期待作为发展的出发点和落脚点，在实现现代化过程中不断地、逐步地解决好这个问题。"②

国家"十四五"规划和2035年远景目标纲要提出，支持浙江高质量发展建设共同富裕示范区。③

2021年6月10日，《中共中央国务院关于支持浙江高质量发展建设共同富裕示范区的意见》发布，共同富裕示范区正式落地浙江。④

7月19日，《浙江高质量发展建设共同富裕示范区实施方案（2021—2025年）》（以下简称《方案》）正式发布。方案提出，率先基本建立推动共同富裕的体制机制和政策框架，努力成为共同富裕改革探索的省域范例。率先基本形成更富活力创新力竞争力的高质量发展模式，努力成为经济高质量发展的省域范例。率先基本形成以中等收入群体为主体的橄榄型社会结构，努力成为地区、城乡和收入差距持续缩小的省域范例。率先基本实现人的全生命周期公共服务优质共享，努力成为共建共享品质生活的省域范例。《方案》还提出，坚持以满足人民日益增长的美好生活需要为根本目的，以改革创新为根本动力，以解决地区差距、城乡差距、收入差距问题为主攻方向，更加注重向农村、基层、相对欠发达地区倾斜，向困难群众倾斜，在高质量发展中扎实推动共同富裕，加快突破发展不平衡不充分问题，率先在推动共同富裕方面实现理论创新、实践创新、制度创新、文化创新，到2025年推动高质量发展建设共同富裕示范区取得明显实质性进展，形成阶段性标志性成果。⑤

此前，党的十九大报告提出的2035年目标和2050年目标，也都鲜明地体

---

① 《习近平在中国共产党第十九次全国代表大会上的报告》，新华网2017年10月27日。
② 同上
③ 《中华人民共和国国民经济和社会发展第十四个五年规划和2035年远景目标纲要》，新华社2021年3月13日。
④ 《中共中央国务院关于支持浙江高质量发展建设共同富裕示范区的意见》，新华社2021年6月10日。
⑤ 《浙江高质量发展建设共同富裕示范区实施方案（2021-2025年）》，浙江省人民政府网2021年7月19日

现出了改善人民生活、缩小差距、实现共同富裕的具体要求。比如，到 2035 年的目标提出，"人民生活更为宽裕，中等收入群体比例明显提高，城乡区域发展差距和居民生活水平差距显著缩小，基本公共服务均等化基本实现，全体人民共同富裕迈出坚实步伐"；到 2050 年的目标提出，"全体人民共同富裕基本实现，我国人民将享有更加幸福安康的生活"。[①]

党的二十大报告中提到：中国式现代化是全体人民共同富裕的现代化。共同富裕是中国特色社会主义的本质要求，也是一个长期的历史过程。我们坚持把实现人民对美好生活的向往作为现代化建设的出发点和落脚点，着力维护和促进社会公平正义，着力促进全体人民共同富裕，坚决防止两极分化。[②]

共同富裕是社会主义的本质规定和奋斗目标。社会主义的本质规定决定了共同富裕是未来社会的必然构成，而这个伟大目标有了政策的保驾护航，只会更快地到来和实现。虽然这需要有一个过程，但我们要共同努力、不断推进。

共同富裕是未来社会的必要构成和主旋律

【章节核心】共同富裕将是未来社会的必然构成和主旋律，谁在主旋律上占据重要的音符，谁就会领唱未来市场乐篇中的主调，并成为社会乐篇中的和弦主音，而非不和谐的错音，这是一种超前的觉悟认知。

在上一小节我们已经明确地认知到这样一个坚定的民族核心信念和国家发展基调：共同富裕是社会主义的本质规定和奋斗目标。这是不可动摇的民族性的选择，是坚定地朝向为了谋求绝大多数人的利益而迈出的伟大的一步。现在，共同富裕不但有了翔实的实施计划，还有了以浙江省为实践探索的国家级的共同富裕示范区，并要在 2025 年后根据示范区的实践经验和结果，将共同富裕示范区的成功经验和实践成果向全国分布推广。这是何等的魄力和伟大创举，

---

① 《习近平在中国共产党第十九次全国代表大会上的报告》，新华网 2017 年 10 月 27 日。
② 《习近平在中国共产党第二十次全国代表大会上的报告》，新华网 2022 年 10 月 25 日。

才能把共同富裕推进一个全新的认知和实践的高度。

社会的发展是永恒向前的，人对美好生活的无穷渴望及对精神文明的无止境追求也呼唤和促使共享、共有型社会早日到来，共同富裕就是通向未来共产主义高度发展和高度文明大社会的天梯。

随着2021年8月17日中央财经委员会第十次会议的召开，会议明确表示，要分阶段促进共同富裕，允许一部分人先富起来，先富带后富、帮后富。

为践行国家对共同富裕这一重大宏观政策和发展使命的具体落地，国内诸多企业在2021年开始陆续上马相关主题研究及落地计划，并逐步投入实际当中。

企业既要有经济责任、法律责任，也要有社会责任、道德责任。

华为公司是业界楷模、民族企业的精神领袖，多年前就以"共同富裕"的群体经济发展思维定调企业全面发展，创始人任正非先生更是把98.99%股权都分配给了代表员工的工会，个人仅保留了极小的一部分，其终生贯行科技兴国、科技报国的纯朴信念，多次打破了资本主义国家以国家做支撑的市场围剿。华为不仅带给中国企业家坚定的民族信念，还树立了良好的爱国企业的榜样；华为还带给人们关于企业组织与成员、消费者、客户、社会、国家之间的辩证关系和哲学性的思考，这是值得所有人去认真学习的，华为必将成为我国最为传奇和伟大的民族企业之一，华为的企业路径是具有伟大时代意义的。

腾讯作为科技产业巨无霸型上市公司，在谋求高质量发展中也在促进共同富裕计划实施和落地，继投入500亿元启动"可持续社会价值创新"战略后，又随后宣布再次增加500亿元资金，启动"共同富裕专项计划"，并深入结合自身的数字和科技能力，在诸如乡村振兴、低收入人群增收、基层医疗体系完善、教育均衡发展等民生领域提供持续助力。腾讯连续规划投入1000亿元资金，一方面依托技术能力，为更多人增进福祉、创造机会，实现生活质量的跃迁；另一方面支持未来和未知领域探索，助力中国可持续发展。这些举措，切实体现了爱国和社会责任，充分发挥企业在"三次分配"中的主观能动性，在增进社会福祉、助力共同富裕方面进行持续探索，这一适时举措，正是对国家战略的积极响应。

吉利控股集团更是发布了共同富裕计划行动纲领，进一步完善和实施包括全员收入增长计划、全员家庭健康保险计划、全员职业提升计划等一系列举措。吉利方面的共同富裕计划中宣布：该计划将根据不同子公司、不同业务类别，建立事业合伙人机制，探索多种形式的股权、期权、收益权、奖金等激励组合。员工将基于业绩表现参与股权激励或收益分配，实现员工收入与企业效益的同步增长。将通过试点单位启动创新激励机制，并逐步覆盖到各业务集团，最终实现所有员工不论岗位和级别，都能共创、共担、共享和共富。

小米官方也正式宣布，启动"青年工程师激励计划"，将向集团3904名集团优秀青年工程师、应届生和团队核心岗位的优秀员工、以及年度技术大奖的优秀工程师等员工赠送70231664股激励股票，人均39万元。

阿里巴巴集团启动了"阿里巴巴助力共同富裕十大行动"，将在2025年前累计投入1000亿元，助力共同富裕。

美团在企业报告中称将促进全社会共同富裕。

房地产服务公司绿城在报告中宣布了员工共同富裕计划。

电商巨头拼多多宣布将把约合15亿美元的未来利润用于农业公益项目，全行业率先设立"百亿农研"基金。

京东创始人刘强东在采访中曾表示坚定地信仰共产主义世界的到来，并早就布局了共同富裕计划，以京东集团相关产业链实现近40万人就业，提出全面"奔富计划"，计划三年内带动农村实现10000亿元产值，带动更多农民实现共同富裕。

以上种种，无不是我国诸多爱国企业家们对共同富裕这一时代伟大号角吹响后的应援和积极响应。

这些拥有无比胆识和智慧的企业家们踊跃的行动力，无不透射着这样一个未来必然的场景，那就是共同富裕将是未来社会的必然构成和主旋律，谁在主旋律上占据重要的音符，谁就会领唱未来市场乐篇中的主调，并成为社会乐篇中的和弦主音，而非不和谐的错音，这是一种超前的觉悟认知，也是非常具有革命胆识的改革举动。

企业组织终是社会主义市场经济的活动主体，也是社会建设的重要力量，承担着社会大多数群体的就业安置，但是企业的社会责任问题也逐渐开始受到人们的关注。一方面，随着社会经济的深度发展和商业文化的演进，企业社会责任与经济责任逐渐呈现出一种融合发展的态势；另一方面，企业需要树立起强烈的社会责任意识和价值取向、道德传达的担当，推动社会经济和企业自身的可持续发展，这是时代的要求和现代觉知企业的重要特征之一，主动拥抱社会变化，主动进行一次、二次、三次分配。

三次分配这个概念在国内最早是由经济学家厉以宁于 1994 年提出。直到二十五年后，它才首次出现在官方话语体系中。在此之后，出现的频率开始变得越来越高。按照厉以宁的说法，从最朴素意义上解释三次分配就是：

一次分配是工资，由市场主导；

二次分配是社保，由政府主导；

三次分配是公益，由社会道德驱动。

三次分配的概念首次获得官方认定是在 2019 年 10 月的中共十九届四中全会上。会议在提到我国"以按劳分配为主体、多种分配方式并存"的分配制度时，提出："重视发挥第三次分配作用，发展慈善等社会公益事业。鼓励勤劳致富，保护合法收入，增加低收入者收入，扩大中等收入群体，调节过高收入，清理规范隐性收入，取缔非法收入。"①

"三次分配"被纳入中国基础性的制度安排，愈发明确。从概念的提出到对这个重大命题进行阐述，再到提出基础性的制度要安排上，我们可以感受到政策信号越来越密集。联系到同期共同富裕在 2021 年内被密集、高规格提及，这表明，第三次分配即将进入大规模的操作阶段。

前四十年，是让一部分人、一部分地区先富起来（先富带动后富）。在不久的将来，我们将迈入了均贫富的阶段。从"脱贫攻坚"到"共同富裕"，这既是同一个逻辑的自然延续，也是战略方向的重大转变。

此次国家提出第三次分配，就是要在高质量发展中促进共同富裕的实现路径。意味着要实现共同富裕，分配制度改革势在必行。而这个阶段的工作将会围绕到 2035 年"全体人民共同富裕取得更为明显的实质性进展"而迅速展开。

---

① 《中共中央关于坚持和完善中国特色社会主义制度推进国家治理体系和治理能力现代化若干重大问题的决定》，新华网 2019 年 11 月 5 日。

从经济发展角度看，共同富裕的重要性和必要性在于中国正走向"以国内大循环为主体、国内国际双循环相互促进"的新的市场发展阶段，这就意味着国内消费将成为核心增长动力。经过充分的理论和实践表明，社会中的分配差距越大，越不利于消费，一个中产阶层为主体的"橄榄型"国民财富结构最有利于消费，而贫富两极化的"哑铃型结构"最不利于消费，激活国内经济长久的活力，需要依赖于构建稳定而庞大的中产阶层群体，这个新中产阶层的倍增就是通过共同富裕去逐步实现的。

共同富裕是未来社会的必然构成和主旋律，这已经是不争的事实，我们要力争在主旋律上成为增加旋律的和弦，做好通向共同富裕之路上的社会主义的那一块砖。

共同富裕是新时代的必然选择和全新方向

【章节核心】社会终归会以不同发展时代为波涛向世界传达声音，每个不同的时代都具有这样一个相同的社会功能，筛选具有新生力和成长力的群体组织和优秀个体，以及符合时代特性和发展的生产关系。共同富裕从本质上来看就是就是这样一种符合时代要求的生产关系的组织方式。

每个不同的时代都具有这样一个相同的社会功能，筛选具有新生力和成长力的群体组织和优秀个体，以及符合时代特性和发展的生产关系。共同富裕从本质上来看就是这样一种符合时代要求的生产关系的组织方式。

共同富裕是未来社会的主旋律，必然带来时代弄潮儿的重新定位和全新选择，同时倒逼社会组织成员认真思考在新时代中的全新发展方向。这是不可抗拒的时代发展趋势，是符合社会发展阶段的升级转型，符合社会生产力提升后生产关系的对应性调整及跟进的。

社会终归会以不同发展时代为波涛向世界传达声音，每个时代的波浪都会拥有波峰和波谷，作为社会最小的组织成员或群体关系成员，充其量也不过是这个时代大波浪中的水分子或浪花，我们唯一能选择的是成为未来时代浪花的哪一部分，是中流击水、浪遏飞舟，还是千帆过尽皆不是。

今天的选择为我们带来明天的结果，时代永远是向前发展的，身处变革的伟大时代，我们只能决定自己是顺势而为还是倒行逆施，这将会在未来呈现完全不同的境遇。顺势而为必将会是乘风破浪、勇往直前，倒行逆施必然会是阻碍重重、停滞不前。相信任何一个人或组织都会在时代的路口做出明智的选择，其后的实践之路上，还会面临无数新的选择，只要坚守初心不改，一定能在时代选择的考验过程中持续向前。

每一个航行在市场经济大海中的群体组织都在不断寻找新的航向，这是为了全员的生存，有了正确航向的组织在茫茫的未来世界就有了清晰的航线，就能够带领组织成员共同努力去航向新的大陆。

这个航向就是共同富裕，这个航线就是先富带后富、最终实现共同富裕，这个新大陆就是共建、共享、共有、共富的共产主义社会。

时代发展选择了共同富裕，共同富裕也符合时代发展。这是辩证统一的，时代发展要根据有利于生产力提升去布局未来，有助于生产力发展的才是时代所需要的，而共同富裕理念的提出就恰如时机；共同富裕是在一定的社会物质基础和社会综合发展条件中逐渐凝练出来的符合社会发展需求的生产力调配方式，顺应了时代发展的要求和市场经济演化的要求，也符合广大的基层群众们向往共同富裕美好生活的呼声。

共同富裕这一概念的适时提出和落地，促进了社会生产关系的进步，符合生产力发展要求，是在当今时代自然而然出现的必然的历史发展阶段。

只有认识到与国家、民族、人民、时代同命运才是最终出路，才会真正明白共同富裕是时代必然选择的含义。

站在群体利益的人，才能获得群体的支持，才会获得最大的社会动能。

在未来的时代，我们会更多地体会到社会生活的丰富多彩，也会更多地融入社会与群体性的组织，并与之形成开放式的关系，不再固守自己的一方小天地，世界不仅是地球村，还是触手可及的，这都会重新改写我们对世界的看法和认知，也会促使我们重新选择和定义自己的社会角色，以适配这种巨大的社会关系的变化，获得更好的发展和生存空间。

现在，如果一个群体或组织依然对未来必然全面呈现的共同富裕主旋律处于观望和不解的迷茫状态，那将会是他们失去一个时代的前奏，在未来的社会中必然会被逐渐地福利性边缘化。

什么是福利性边缘化群体？

就是一些群体已经丧失对社会的贡献度，但是本着文明社会的人道主义和人性的光辉，保障其生存的权力，以庞大而富余的社会物质总财富去给予这个没落的群体以福利性观照，让其获得基本生存的福利性待遇，使其在无意义的一定时期的存在中逐渐消退出历史的舞台，给新生群体让出更多的无限可能的生存空间。这种社会现象，在未来一定会大概率出现。

改变或脱离未来这一群体现象的方法就是在当下的时代中，极力地跟上时代进化、变革的脚步，以持续的学习能力和认知更新应对保守、落后的思想观念，以全新的思维去主动拥抱时代的变迁，以全新的视角去主动做出应对和选择，选出符合自己及群体发展的全新方向，以在未来社会中能够缔造一定的社会存在价值，换取更加优质的生存空间。

那么，在当下我们又该如何去主动拥抱和主动选择呢？

首先，这就要求我们真正解读明白国家宏观政策所蕴含的远大时代意义，充分消化在不远的将来会出现的社会基本面貌和社会意识形态，并在这之前提前做好各种准备工作；再者，任何事物的进化和演变都是需要一个过程的，不是一蹴而就转眼便天翻地覆的，我们只要紧跟国家宏观政策倡导，持续学习和积极实践，以未来大局观和群体利益为主要导向，以产业全新变革为尝试方向，重新架构共同富裕的产业理论模型，并以此为全新实践方向，就一定能够找到新的发展之路。

作为社会组织成员的我们，要紧紧跟上时代的步伐和选择，从思想上不能掉队，从行动上不能惰后，要勇于接受改变，勇于拥抱变化，勇于进行实践探索，把个人的利益充分融入到为群体性的基层大众谋求利益中去，调动自己的智慧和能力，积极适应和迎接即将到来的全新时代，以矫健的身姿成为新时代的弄潮儿，前方不怕行路难，乘风破浪会有时，直挂云帆济沧海。

前进的方向是明晰的，前进的道路是宽广的，前进的路上是有同志的；我们要果敢地举起新时代变革的大旗，以共同富裕的伟大理念为导向，勇往直前地拥抱即将汹涌扑来的美好未来。

共同富裕是前瞻性的战略思维和广袤蓝海

【章节核心】共同富裕将会重新改写一切产业的格局，重新塑造符合群体性利益的全新产业模式，这将会给未来的社会实践组织带去更为广袤的伟大市场机遇，主动契合这种全新的市场经济变革的具有前瞻性战略思维的企业和组织，将会由此获得空前的发展机会，并快速进入具有更大群众基础的蓝海经济。

共同富裕虽然是经济学中关于社会总财富和生产关系的综合概念表达。站在市场经济中的组织成员的角度去看待，共同富裕更是一种对未来市场经济宏观的政策性调整和指导信号的释放，紧紧地捕捉住这种指导信号就会拥有前瞻性的思维，并以此带领我们迈进更加广袤的蓝海。

未雨绸缪一直是优秀企业家和社会实践组织带头人的核心素养，保护好改革开放的劳动成果和深化推进改革开放，结合共同富裕的新发展理念，将会是企业家们和社会组织带头人在未来进行重新布局的开始，也是判断其是否具备战略思维的重要条件，这也会影响到其关联企业和社会组织在未来社会中的生存和发展。

如何进行前瞻性的战略布局，这将是我们和所有企业家们都面临的考题。毕竟每个个人和企业所处的行业不同。尤其是企业的处境，由于各个企业发展阶段不同，发展理念也不同，这就给所有企业抛出一个具有难度的考题，如何才能调整企业发展思路以适应未来新时代的市场经济组织需求，并在未来获得更好的生存空间？我想只有贯彻和遵守国家指出的共同富裕这一历史性创举，才能获得企业和组织在未来的全面新生，否则当前的绝大多数企业都将逐渐被替代和消亡，并慢慢退出历史的舞台。

作为新生的市场经济中的组织和企业，拥有着高的起点和全新的思维，这有利于组织和企业进行更为快速的市场战略布局，也更容易接纳和融合共同富裕这一符合市场发展规律的宏观政策，并能够以此迅速调动组织和企业成员的积极性，以更加开放和奉献的精神，带领大家实现共建、共有、共享、共富的群体创富的美好理想。

共同富裕在基础模式上去除了追求个体利益最大化的生长土壤，把实现群体的、大众的、共同的利益最大化作为追求目标，是迈向未来的共产主义社会的坚实一步，是真正实现国家富强、民主、文明、和谐的必经途径，也是真正实现社会自由、平等、公正、法制的落地方式，更是实现公民群众的爱国、敬业、诚信、友善的民意基础。

共同富裕将会重新改写一切产业的格局，重新塑造符合群体性利益的全新产业模式，这将会给未来的社会实践组织带去更为广袤的伟大市场机遇。主动契合这种全新的市场经济变革的具有前瞻性战略思维的企业和组织，将会由此获得空前的发展机会，并快速进入具有更大群众基础的蓝海经济。

在未来，创造社会价值和服务群体利益将会是考核实践组织和实践成员的重要标准，一个新的产业必将是先有益于基层大众群体的利益，其次才是满足实践组织和成员的利益，这是完全不同于当今市场组织机构的核心价值观念的。作为市场主体的企业和组织，原本追逐自身利益最大化将会成为过去式，而追逐自身利益最大化也失去了本质的意义，因为企业和组织的财富终将通过不同的调控手段，逐渐被切分到群体大众的手中，这才符合共同富裕伟大命题和社会主义国家的本质规定和奋斗目标。

同时，未来社会中过度的财富聚集一定会伴随更大力度的政策调控，无论是组织财富还是个人财富，都将逐渐分割成为社会财富和群体财富，这有利于发展和推进共产主义社会的更早到来。

无论被动地还是主动地发展共同富裕产业新模式，这都是未来必然的市场新格局，具有前瞻性战略思维的人一定不会等到被改造的那一刻，他们一定会选择主动出击，以自我革命的牺牲精神去实现和换取产业在未来的全面新生，这是拥有智慧的人必然做出的选择。

新时代的到来从来不会等待观望者的态度，向前发展的雪球之下只有跟随和被碾压遗弃两种结局。观望和等待就意味着放弃主动改变，这就无形中等同于放弃了未来，其在未来的处境和结局就可想而知了。

无论我们做出何等选择和态度，世界的变化都会迅猛地出现在我们面前。我们没有任何退路可言，只有向前实践这一出路，主动迎接变化的出现总比被动改造来的更容易接受一些，否则我们就会进入被未来时代考验和淘换的被动局面，也就失去了最好的改变机会。在市场经济行为中，掌握主动权永远是正确的选择，主动才能实现积极而自然的应对姿态。

对于拥抱变化的人来说，这绝对是携带无数机遇的最好的时代，对于因循守旧的人来说，这是无端变化的最坏的时代。

在未来相对的时期内，共同富裕只是最基础和最基本的社会新常态，并会影响到社会的方方面面，其最终是惠及所有社会组织成员的，是我们作为社会主义国家必然走的正确的一条光明之路。

这条路上，有着我们无数的有志青年和改革探险家们，他们都是我们最好的战友和同志，他们都在用不同的方式去实践着对共同富裕的探索，他们会因此而被推到时代发展的前端，成为未来时代中新的弄潮儿，带领更多的群体去实现共同富裕的民族理想，这是具有自我牺牲精神的一代具有公知的新人，是觉醒了认知的充满了人性光辉和人类智慧的未来时代的主人。

时不我待，无限美好的全新生活即将拉开序幕，我们要尽快调整好认知和姿态，主动去拥抱这即将到来的伟大时代。

未来就在我们脚下，开始探索吧，这将会是一场人生中难得一遇的最美妙绝伦的伟大体验。

群体经济的创新组织概念
——互助成长模型

【章节核心】互助成长模型是基本按照群体经济理论的群体创富思维去实践的。由于各行各业的情况不同，发展阶段不同，商业架构和人员组建也都不同，所以在实践的过程中要活学活用，根据企业和团队的具体情况，认真考察和论证，小规模试行后加以修正，再去大规模应用，这样才是相对稳妥的转型、升级的改革方案。

本小节讨论的是群体经济中创新组织机构理论模型的建构。

由于过于理论化的概念不容易让大家消化吸收，为了便于理解和阐述，我们选取虚拟案例演化分析的方法进行铺叙讲解。

贸易公司是我们大众所熟知的市场经济中的基本商业组织，具有典型的商业组织特征，我们就以贸易公司作为讨论参照对象，考虑到更多青年群体读者的所熟知的商业场景，我们将虚拟案例场景设定在大学消费市场，并在最后去总结案例分析。

前情设定：某家针对大学为消费主体场景的中型贸易公司，注册资金500万元人民币，计划转型和组建创新的群体经济组织架构。其公司股权结构为7：2：1的三股塔式结构，公司年贸易额为1亿元人民币，年毛利润为2700万元，毛利润率为27%，净利润为1500万元，净利润率为15%；因地缘和综合管理成本制约，其市场覆盖省内大学院校约100所，平均每所大学年贸易额100万元，平均每所大学消费群体约1000名（1/10为在校生），总消费受众10万人，年人均消费1000元。基本运营情况相对符合大众化贸易公司的经营收支损益情况。

现在经过群体经济模式转化，先把公司由贸易公司转型为依托平台化的科技型贸易公司，注册资金保持不变，将公司股权改革为7：2：1。其中七成部分的绝对控股权在代持人手中，实现职业化管理及期权分配，此部分含括期权池五成（包括创始人、合伙人和群体配股，股权权益均为分红股，不享受工商股的其他权益待遇），公共福利两成；剩余的两成为股权分段融资，还有一成为原有股权人综合股。

可能会有人质疑，这样的股权架构会极大削弱创始人和合伙人的积极性，这是用停滞的思维去思考成长性问题，我们先继续分析和阐述商业理念，用更开放的姿态去理解未来的群体经济模式。

现在，将两成的公共福利部分的股权收益设立企业公益性事业基金，主要定向帮扶企业员工、事业外部合伙人、消费者的特殊救助，如大病、意外事故、助学、社区公益互动等，此部分股权收益率为27%（公益事业可免税）。在组织和使用资金的时候要形成科学的公示宣传，增强企业的社会关注度和美誉度，聚拢企业向心力和消费者忠诚度，扩大社会影响。

然后，将事业版图进行切割，实行更高效的城市及院校合伙人，将主体利润让给合伙人和消费者，扩大市场容量，扩增贸易额和用户基数，吸纳机构投资，将融资资金投入对供应链和流通渠道的优化，以及平台软件的开发，将以上数据和产品、服务转移到平台软件，实现高周转率和大数据流。

我们设想，经过以上动作，其原有市场从100所院校快速扩增到500所，原有每所院校消费者从1/10的1000名上升到2000名，消费额从原有的年人均1000元上升到1500元，那么可以初步核算其企业转型后的市场总额，即总贸易额为15亿元，比原有总贸易额增长了15倍，消费群体增长了10倍为百万基数的活跃用户，且整体市场仍然还有巨大的增长潜力。

以预期最低的毛利率15%为基数，其毛利润仍然可达2.25亿元，净利润率预估为7%，净利润仍然为1.05亿元。创始团队的一成股权收益为1000万元，加上期权池配股分红，与原有企业收益相差无几，却带动了更大的市场动能和受益群体，年可实现公益资金使用超过4500万元，企业创始人、合伙人、员工能够获得更大的超过原有固定收益若干倍的分红收益。

而且，以上这些还都是账面收益，还没有核算大数据的衍生收益和股权溢价，以及公司若实现首次公开募股IPO的资本化估值。

按照保守的科技型平台化贸易公司的股权溢价比例估算（按照市盈率 P/E 的 20 倍计算），那么新的平台化的公司估值约为 21 亿元，原始股权增值 420 倍，两成预留的股权融资额度会保守预估价在 4 亿元左右，且未考虑首次公开募股 IPO 之前的融资扩容。也就是说，创始团队手里的原始股权在首次公开募股 IPO 之后，其价值会超过 2 亿元，并随着市场的继续扩增还会高速溢价增值，这还仅仅是最基础的金融化操作，真正的发展空间远不止于此。

以上商业转型故事的分解，是典型的给团队和市场让利以创造更大市场，并加入资本杠杆的商业故事 IP 化的标准创新商业模式。理论建构是死的，商业应用是活的，大家千万别死套理论框架，最后贻误商机。

群体经济基本就是按照以上的商业例子进行多样化实践的。

由于各行各业的情况不同，发展阶段不同，商业架构和人员组建也都不同，所以要活学活用，根据自己企业和团队的具体情况，认真考察和论证，小规模试行后加以修正，再去大规模应用，这样才是相对稳妥的转型、升级的改革方案。不可贸然套用死板的理论，直接将其应用于转型中和探索中的企业，要量体裁衣，机制灵活地进行小实验、小尝试，最后得出真正适用于自己企业和团队的方法、战略，这样才能开展量化的普及推广。

商业案例仅为了说明理论问题，不能直接拿来应用，要变通地进行合理论证，寻找适配自己的那双鞋子。

通过商业例子的阐述，我们还应该发现一个最为明显且一直穿插在转型改革后的新企业中的主线，那就是利他型的商业模式和福利型的社会担当，这是以友善的商业模式建构去持续回报社会带来的必然的高附加收获。

古人的智慧早就告诉过我们这样的至理名言：爱出者爱返。

群体经济就是要在未来的社会主义新市场经济中，建构这样具有博爱基因的企业，并让造福群体和回报社会成为企业的核心目标，在博爱和奉献的光明大道上收获人生最伟大的价值和幸福。

群体经济的空中城市概念
——四维立体城市

【章节核心】未来城市的面貌，应是建立在更高的社会文明基础之上的高信息化的、多向链接的、承载复合化功能的智慧城市；要对未来城市进行本质化重构，就要把当前的城市构筑物和功能等环节，进行解构主义般的重塑，从而突破目前的认知水平和思想限制，才能构建一座真正意义上的未来智慧城市。

群体经济中的空中城市概念的设想源于本人专业知识领域。我多年从事不同项目的景观、建筑、规划、策划、环境艺术等工作，对于城市的未来可持续发展较为关注，加上本人比较喜欢科幻题材的影视著作，就斗胆以个人角度对本章中的群体经济所指向的未来社会的城市面貌略作设想，以飨读者。

未来城市的面貌，应是建立在更高的社会文明的基础之上的高信息化的、多向链接的、承载复合化功能的智慧城市。智慧城市的概念近几年已经被炒得如火如荼，但是目前社会中关于智慧城市的设想还多停留在城市功能的延伸和智能化上，并没有从城市的基础性建构上进行分解重组，也就是说大家都没有触碰到未来城市面貌的根本性塑造，只是传统城市建构的升级改良版。

要对未来城市进行本质化重构，就要把当前的城市构筑物和功能等环节，进行解构主义般的重塑，这也是为何很多人不敢去想象的原因，因为谁也不可能去幻想把一座城市像积木一样推倒重建一遍。但是，在这里，面对纯理论性研究，我们不妨大胆一些，假设一座全新的未来城市等待我们去规划和建设，我们应该如何不受当前认知水平和思想限制，规划和构建一座真正意义上的智慧城市呢？

我们从这个全新的思考视角出发，试着将空中城市和四维城市科幻般的概念阐述一二。先从城市的主体功能解构上说一下四维城市的基本概念。

第一个维度：主体城建区，承载城市主要住宅功能和商业活动。

主体城建区是实现城市基本功能的承载平台，主要是解决居住需求和商业活动、社会活动需求等，与目前的建筑基本功能差别不大。不过建筑物更加智慧和智能，整合了雨水回收、光伏发电、能源循环、被动式装配式建筑等低碳建筑形式，并集成了建筑物立体化监控网络，除去居民的隐私空间，所有建筑的公共空间和室内外空间都会生成立体成像的 VR 虚拟现实社区监控系统，将建筑的运行、维护和管理、空间安全、社区化救助等跨界链接起来，并以可视化的智能预警的方式呈现出来。

第二个维度：立体交通网，承载城市地上和地下、空中分层交通网络。

这里所说的立体交通网，并不是指我们传统上理解的海陆空交通枢纽，而是指把城市整体规划成真正的多层的空间结构，主体交通网络全部转入地下或半地下。把未来高度智能化的、可以实现完全自动驾驶的公共性和私人化的交通工具，都转移到地下多层交通体系；地上仅仅保留城市居民的非机动车辆的常规单双人出行系统，和在未来可能出现的单双人磁悬浮专用通行路网系统，让城市居民在专用通道直接踩上半坐的磁悬浮通行椅，自主感知居民目的地后就自动徜徉在没有任何机动车干扰的超生态森林城市。而空中的交通管道更多地是建构在巨大的楼宇间的中低空交通系统，主要解决城市跨楼群通行和跨区通行问题，也是新生的跨界交通方式。

第三个维度：生态循环系统，承载城市立体生态循环、海绵和呼吸城市。

由于城市中减除了机动车的交通路面占用，原有的机动车交通路面可直接转化升级为更丰富的多层混生的城市景观，让绿色在城市中成为环绕建筑物的大森林，结合建筑物的屋顶绿化、立体景观和挂壁景观，实现真正意义上的森林城市，让城市成为会呼吸的自然氧吧和海绵城市。在城市的所有建筑物体上建设高智能化的消防监控系统，并结合空中分层交通实现立体消防网络。

第四个维度：专用功能通廊，承载城市功能分解、物联网、社区链接。

城市建筑的一、二层留作公共活动空间，使用开敞式建筑，让城市生态景观直接投射进公共活动空间中。把城市的地下三米空间建设成专用的物联网信息和物资通路空间，将物资运输、物流配送、通信管道等集成在这个空间之中，在每栋楼的地下楼层设置中转层和接收层，并将配送物品通过专用提升电梯送达具体居住楼层房间，实现物体的自动化分拣和输送，这部分工作基本全是在无人值守的情况下通过智能物联网去完成的。

畅想完未来的四维城市设想，再来说一下关于空中城市的一些概念。

空中城市，就是将城市托建在一个整体化规划的地下城之上，不同的是这个地下城承载的是这个城市绝大多数的交通功能和绝大部分的物资运输、物流配送功能，以及城市物联网和通信管道等的集成。未来城市就像在一个地下功能城市之上又建了一座以生态和生存为核心的空中科幻城市，并且所有城市楼群的一、二层（甚至更多楼层）都留作开放式的公共活动空间和社区楼群的功能化配套空间，而真正用于居住功能的反而是城市中更高视野的中上空间部分，加上在各个社区和建筑物上链接起来的空中交通，远看就像一座在天空里实现全域连接的未来空中城市。

以上就是关于四维城市和空中城市的初步设想规划。

当然，未来绝不仅是这些变化，还会有更多我们跟本无法想象的地方，这就需要我们根据自己的理解去探索和尝试了。

未来是值得期待的，也一定是更加美好的。我们要真正敞开胸怀，积极拥抱一切到来的变化，把我们当下能做的做到最好，为未来的到来做好基础铺垫，才能让未来来得更快更早，也才能够快一点得见未来的光明。

对未来城市的想象，是不能依赖我们现有的认知水平的，要以穿越式的思维去理解未来社会中的人类所面对的文明高度和物质丰富程度，以及那个时代中的人类活动的本质意义和价值体现方式，这样才能真正跳脱思维的禁锢，以超前且客观的科学态度尝试理解未来的城市图景。

群体经济中的空中城市概念和四维立体城市设想，是反映未来特定社会意识的写照，更是突显将来的人类对尊重自然、回归自然、寻求与自然和谐共处的互生发展理念，体现了人文精神和自然情怀，是对人类存在的本质意义的思考，是人类社会文明形式的一种进化。

群体经济的创新社区概念
——幼年、青年与老年的叠生社区

【章节核心】当群体经济开始缓步到来的时刻，有很多新事物会源源不断地产生，也有很多我们所熟悉和热衷的事物会消失，如资产、产权、占有、投资、升值、增值、保值等字眼都会消失不见，所有的社会财富将以共有、共享的方式呈现，那么人类存在的意义，以及世界观、人生观、价值观等，都将会发生颠覆性的改变，同时也会由此获得空前的人性的光辉。

随着时代的快速变迁，未来的城市面貌和社区构建都将会发生巨大的变化，甚至是我们无法想象的高迭代进化。我们决不能以当前的认知和判断去构想未来城市社区的规划，而是要以未来社会生产关系的转变和人类协作分工，作为我们的基础思考条件，用变化和发展的眼光去尝试理解和设想创新社区概念。

在阐述未来群体经济中的创新社区概念之前，我们先来分析一下未来十年或二十年的新生社区中主体居民的生活及认知方面的差异化需求，由此再来铺开设想未来创新社区概念。

先说青年在未来社区中的基本需求。青年群体作为未来数十年的主要社会活动参与者，其最大的变化就是会随着生产力的提升，将自我的物质及精神需求更多带入生活中，甚至会出现大量不限制工作场景的新工作。比如，当前存在并会延伸变化地发展下去的直播、网销、电商、新媒体、内容创作者、作家、艺术家、自由工作者等，在未来的时代中，这些工作仍然会存续，只是会以更加智能和全新的方式出现，而类似于科技、软件、设计、虚拟交互、远程驾驶、教育培训、专业辅导等会通过 5G 和虚拟现实等技术实现全息虚拟交互、远程操控、全维协作。

那么，在未来青年群体的家庭中的各种场景和功能布局就会产生巨大的变化。客厅会成为综合区域，除了家庭娱乐休闲外，还会增加全息虚拟场景和基础办公。家庭厨房会极大弱化为就餐沟通区，由于很多青年的时间相对紧张和家政能力退化，厨房和保洁会成为外挂服务，厨房内会有虚拟交互场景，可以实现不同空间内的多人超现实远程就餐，而通过基础配送可以同步餐饮类别和菜品，通过厨房内独有的配送电梯直达厨房，餐桌就成为另外的休闲餐饮沟通平台，除了不能感知全息投影的触感和热度，其余的就与真实别无二致。还有卧室及厕所，会成为全息立体投影的重要场所，整个空间会随着人的意愿变化不同场景和风格，如用以放松的森林场景、用以浪漫的太空极光、用以娱乐的沉浸式剧场等。

这一切应用在未来都是及其平常和标配的存在。

对于老年人来说，在未来社区中的需求，就显得尤为独特，因为他们就是现在的我们及中年人群。这批人经历过很多跨越式的不同时代，体验过不同时代中各种具象化的事物，他们晚年会经常回忆起来这些独特的跨越式人生经历，并会对未来过于虚拟化的世界表现出很多难以适应的地方，且会与未来的时代脱节脱钩。这就非常需要其生活场景中家庭智能照料机器人的存在，以及可以随时切换时代场景的家庭背景陈设，用以安抚和安慰他们难以适从环境巨变的晚年心情。要建立很健全的全场景健康监控系统，可以全天候跟踪和监控老年人的健康状况，并通过家庭智能照料机器人的内置控制系统，实现对老年人的意外情况的救助，在老年公寓中建立起与社会、子女、邻里间的交互沟通平台，解决其晚年的孤独感和失落感。

对于幼儿群体来说，在未来社区中的需求就相对复杂一点，既要有教育场景，还要有嬉戏娱乐的场景，以及用于与小朋友共处的集中场地。在未来的社区中，幼儿群体的教育是混杂在生活中的，不会像现在这样成为独立而刻板的教育系统场景。幼儿早期的知识是通过游戏及娱乐传递出去的，只是在进入少年时期才会根据其兴趣和爱好切入相对系统和专业的教育，但是这也与现在的教育体制和教育方式有着天壤之别，未来的幼儿群体的教育会是以超越地域限制和场景限制的超体验教育。

未来时代中的创新社区，应该是开放式架构的，是以小组团楼群为生态社区，并通过空间通廊实现跨区连接。每个社区中的楼群都是三个圈层围合而成，最外圈层的超高层为青年群体的居住区，就像细胞壁一样成为社区中的保护层，并与相邻社区实现类似于细胞间的交互关系；中间圈层为老年群体居住区，布局规划为类似于细胞质的小高层，此区域内的公寓都是基于人性化的老年便利性设施，辅助以社区救护照料中心；中心圈层为幼儿、少年综合区域，并附加社区公共活动场所，类似于细胞核的多层小建筑、花园和广场组团，实现幼儿、少年基础教育和青年、老年的室外综合活动。

这种类似于大碗形状的社区就构成了一个个类似于细胞的智慧社区组合，这些碗形细胞社区再通过空中通廊以网状连接起来，结合分布在城市关键节点的综合控制中心，最终形成生态的、有机的智慧城市，就像一个庞大而有机的生命体一样，可以实现自主循环和呼吸。

在群体经济时代，社会的两极分化极大削弱，人民实现了更加公平的社会资源和财富的配置，所有市民的基础生活硬件和基础生活物资都实现了相对标准化和部分差异化的供给，不再会出现高落差的富人区和平民区。人们工作的意义会发生巨大变化，分工、兴趣爱好、个人价值体现都会有差别，但是所有人给社会创造的价值和财富没有差别，人们在未来的群体经济时代，追逐的梦想不再是个人物质财富的最大化，而是个人价值实现的最大化，以及对社会贡献的最大化。

群体经济中的创新社区的概念设想，是基于对未来发展的客观理性分析，要去实现它还需要一个相对漫长的过程。我们只是要明白，时间相对于人类来说是缓慢的，而对于世界和时代的发展维度来说却是一瞬间。

当群体经济缓步到来的时刻，有很多新事物会源源不断地产生，也有很多我们所熟悉和热衷的事物会消失，如资产、产权、占有、投资、升值、增值、保值等字眼都会消失不见，所有的社会财富将以共创、共有、共享的方式呈现，在解脱物质财富的束缚后，人类的精神文明将获得空前的发展。

到那个时刻，人类存在的意义，以及世界观、人生观、价值观等，都将会发生颠覆性的改变，同时也会由此获得空前的人性的光辉。

番外篇结束语

本章是《群体经济 成长智慧 共享蓝海》这本书核心诉求的升华和概括性总结，是对未来世界、新生态群体及群体创富等概念的群体经济发展角度的理论化解读，是建立在伟大的马克思主义和社会主义政治经济学理论框架上的具体化应用，有助于读者朋友们加深对未来社会文明进化和社会主义市场经济发展的理解和预判。

本章的群体经济概念和社会经济描述，不代表和代指国家政治及理论表述，读者朋友们要深入结合国家主流政策和发展理论，客观而科学地学习和应用国家为广大人民利益保驾护航而设定的中国特色社会主义基本方针，遵从社会主义的本质规定和奋斗目标，这才是所有社会理论得以立存的根源。

由于本书篇幅限制和本章理论指向的复杂性，故不能将群体经济的所有思考内容均陈列阐述，只能以相对梗概和笼统的方式描述一二，承望各位读者朋友们在阅读完本章节后，能够激发出自己的深度思考，并期望能够带给读者朋友们一些不同的思考参照角度，若能在各位日后的事业中起到些许借鉴意义和某些积极的正面影响，那作者就无比欣慰了。

卷 后 语

回顾撰写本书的十个月历程和反复删减、校对修改的近两年时间，自己都不敢相信能够把这件异常艰辛磨砺人的事情坚持下来并完成。

从 2019 年 8 月某个晚上与同事们的一次闲聊中的临时起意，到极快地构思本书内容框架，再到落笔开始漫长的撰写和其后更加漫长的推敲、修正、删减、校对、付印，期间历经了诸多波折和变化，尤其是内文多达 9000 余处的多次修整和原定开篇的科幻引导故事《蓝叶战争》近 70 页 3 万多字内容的删除和替换，直至延误两年时间后的易社出版、重新审校。接连的打击近乎使我陷入进退维谷的崩溃状态，其艰难过程远超我最初简单的写作想法，甚至几度想要搁置，回望那无数个呕心沥血通宵写作的夜晚和身边诸多朋友对本书写作的关注、鼓励，才让它最终与读者朋友们见面了。

这本书似乎就像我多个梦中的场景一样，竟然断断续续地在我的工作夹缝时间中成书了，这于我来说也算是一种心灵上的慰藉。

写作期间，遇到了很多的问题，让我发现了自我知识体系中原有的紊乱性和空白区，由此推动进行了自我知识体系和思想框架的梳理。我从华北理工大学图书馆、新华书店等地借阅和翻阅了大量书籍，还从网上购买了百十本各类书籍，以补充自己知识体系的部分缺失；同时，在持续的写作过程中，还通过在线查阅、对比、论证繁多的知识内容，保障了专业术语、著述引用和理论知识、观念主义的正确性，这也在很大程度上健全了自我的社科及哲科思维认知，也是借由本书写作斩获的最大个人收获。

基于系统性地阅读、写作和思考带来的内观自我的思维升级，以及由此带来的更加完整和连贯的思维体系，是促使我具备独立思想的开始，并会对自我的人生产生极大的指导意义。这也是我希望传达给新青年群体的核心内容，只有持续性的学习，才能让我们保持更快向前的清晰步伐。

当然，本书写作带来的好处不止于对自我的提升，很多思考和理论也更多地应用在我们自己的新事业上，加速了理想的更快落地。

现在，我们的新事业有了思想意识上的高度统一性，有了精神 IP，有了更加清晰的发展方向和路线。同时，我们把对共产主义基因的群体经济模式科学而客观的理解进行了更多实践落地，构建了基于此理念的社群化助业减负物联网、大学生互助成长平台、百城千校公益行动、心理健康陪护计划等，将青年群体与社群化互助成长真正地结合起来，充分发挥了新生代的青年群体对新事物的快速理解和驾驭能力。再结合中年群体对社会性和传统事物的稳妥把控，高效地凝聚了身边分散的革新力量，将中青年群体有机结合起来，在创新事业的实践中形成互补关系，将合作创造的共同价值在初步分配后的留存部分，以公益和慈善的创新帮扶方式反哺给校园、社区和社会，这种对共产主义基因的群体经济创新模式的灵活应用带来了良好且可复制的循环示范效应。

本书虽然是写给新青年群体的一本思想跃升的书籍，但是青年群体却也不仅限于年龄上的界定，任何人在自己人生中发掘了生命的本质意义，并渴望以全新的意义和价值灌注给自己未来的人生，这都是从思想上重获自由和新生的新青年，也是更具有理性梦想和行动力的未来时代的新青年。

诚愿本书能够给读者朋友们带去一些思维的波澜，并通过思维的涟漪开始认真思考未来人生的新意义。

让我们给未来以光明，给奋斗以希冀。

让未来善待那些努力奋进、热爱生活、乐于奉献的人。

致　谢

感恩长期关注、支持和助力我持续向前的人们。

本书完稿并得以出版，其间得到了来自家人、朋友、同事、前辈、企业家、协会、商会、出版社等诸多人和组织的大力支持，是与大家长期而愉快地沟通、互动、交流所带给我的连续思考，让我萌生了写作本书的想法，并在大家持续的关注和支持下将人生的处女作面世。

人生本是一场追寻存在及探索未知的苦难之旅，是在人生路上有了围绕在身边的人和他们带给我们的爱和成长，才给原本孤旅的人生以斑斓的姿彩，请让我们以更多的爱和感恩的心回报他们。

恪守对自然万物尊崇和博爱的心，是我们始建美好人生的基础，无分别心地对待一切事物更是难得的悯物主义者。这种对自然万物的敬畏之心，也让我们能够以谦卑、兼爱、并存的态度善待一切，并会承恩造物主的庇佑。

花有重开日，人无再少年。

拥有一颗青春的心，以青春的心行走世间，探索生命之伟大和璀璨，并给世间带来更多希望和活力，最后以不老之童心分享完自己手中的糖果，笑看身边溢生更多欢乐，该是我们人生多么美好的存在。

我愿意把这样的人生理想奉为圭臬，以谢举爱。

王　飞

2021.11.10 夜耕待霞于唐山

2023.05.15 易社微调于东旭

2023.08.15 定稿于燕邻心理

参考文献

1. [德] 马克思 . 资本论 [M]. 中共中央马克思恩格斯列宁斯大林著作编译局译 . 北京：人民出
版社，2018.

2. [德] 马克思，[德] 恩格斯 . 共产党宣言 [M]. 中共中央马克思恩格斯列宁斯大林著作编译
局译 . 北京：人民出版社，2015.

3. [俄] 列宁 . 国家与革命 [M]. 中共中央马克思恩格斯列宁斯大林著作编译局译 . 北京：人民
出版社，2015.

4. 毛泽东 . 毛泽东选集 [M]. 第二版 . 北京：人民出版社，1991.

5. 邓小平 . 邓小平文选 [M]. 第二版 . 北京：人民出版社，1994.

6. 习近平 . 习近平谈治国理政 . 第三卷 [M]. 北京：外文出版社，2020.

7. 中华人民共和国民法典 [M]. 北京：中国法制出版社，2020.

8. [英] 威尔逊 . 毛泽东 [M]. 中共中央文献研究室《国外研究毛泽东思想资料选辑》编辑组译 .
北京：中央文献出版社，2000.

9. [英] 理查德·伊文思 . 邓小平传 [M]. 田山译 . 北京：国际文化出版社，2013.

10. 吴敬琏等 . 供给侧改革 [M]. 北京：中国文史出版社，2016.

11. 李忠杰 . 共和国之路 [M]. 北京：中共中央党校出版社，2019.

12. [英] 波特兰·罗素 . 哲学简史 [M]. 伯庸译 . 北京：台海出版社，2017.

13. [英] 赫伯特·乔治·威尔斯 . 世界简史 [M]. 谢凯译 . 北京：民主与建设出版社，2015.

14. [印] 阿比吉特·班纳吉，[法] 埃斯特·迪弗洛 . 贫穷的本质 [M] 修订版 . 景芳译 . 北京：
中信出版社，2018.

15. [英] 理查德·布兰森 . 当行善统治商业 [M]. 胡丽英译 . 北京：东方出版社，2013.

16. [日] 稻盛和夫 . 活法 [M]. 曹岫云译 . 北京：东方出版社，2012.

17. [美] 艾·里斯 . 聚焦 [M]. 寿雯译 . 北京：机械工业出版社，2014.

18. [美] 艾·里斯，[美] 杰克·特劳特 . 定位 [M]. 谢伟山，苑爱东译 . 北京：机械工业出版社，
2011.

19. [法] 古斯塔夫·勒庞 . 乌合之众 [M]. 戴光年译 . 北京：新世界出版社，2010.

20. [美] 沃尔特·艾萨克森 . 史蒂夫·乔布斯传 [M]. 管延圻等译 . 北京：中信出版社 2011.

21. [奥] 西格蒙德·弗洛伊德. 梦的解析 [M] 英汉对照. 听泉译. 天津：天津社会科学院出版社，2013.

22. [美] 彼得·蒂尔，[美] 布莱克·马斯特斯. 从 0 到 1：开启商业与未来的秘密 [M]. 高玉芳译. 北京：中信出版社，2015.

23. [美] 本·霍洛维茨. 创业维艰：如何完成比难更难的事 [M]. 杨晓红，钟莉婷译. 北京：中信出版社，2015.

24. [美] 贾森·弗里德，[丹] 戴维·海涅迈尔·汉森. 重来：更为简单有效的商业思维 [M]. 李瑜偲译. 北京：中信出版社，2010.

25. [美] 托马斯·科里. 富有的习惯 [M]. 程静，刘勇军译. 北京：民主与建设出版社，2018.

26. [美] 詹姆斯·P. 沃麦克，[英] 丹尼尔·T. 琼斯. 精益思想 [M]. 沈希瑾，张文杰译. 北京：机械工业出版社，2015.

27. 论语·大学·中庸 [M]. 陈晓芬，徐儒宗译注. 北京：中华书局，2015.

28. 马化腾. 互联网 +[M]. 北京：中信出版社，2015.

29. 陈瑜. 消费资本论 [M]. 第三版. 北京：中国商业出版社，2018

30. 宗毅，小泽. 裂变式创业：无边界组织的失控实践 [M]. 北京：机械工业出版社，2015.

31. 宗毅，张文跃. 非对称思维：富足人生训练手册 [M]. 北京：机械工业出版社，2019.

32. 李文，苗青. 触变：混序管理再造组织和人才 [M]. 北京：中信出版社，2015.

33. 戈志辉. 共享革命 [M]. 北京：中国发展出版社，2017.

34. 司马光. 资治通鉴精读 [M]. 北京：中国纺织出版社，2012.

35. 李耳，庄周. 老子·庄子 [M]. 北京：北京出版社，2006.

36. 梅寒. 曾国藩传 [M]. 南京：江苏凤凰文艺出版社，2018.

37. 俞敏洪. 在绝望中寻找希望 [M]. 北京：中信出版社，2014.

38. [英] 约翰·翰兹. 宇宙简史 [M]. 李海宁，吴晓姝，王靓译. 北京：机械工业出版社，2017.

39. [法] 克里斯托弗·加尔法德. 极简宇宙史 [M]. 童文煦译. 上海：上海三联书店，2016.

40. [英] 佩雷罗·G. 费雷拉. 完美理论 [M]. 王文浩译. 长沙：湖南科学技术出版社，2018.

41. [日] 佐藤胜彦. 图说相对论与量子论 [M]. 孙羽译. 北京：人民邮电出版社，2016.

42. [美] 弗兰克·维尔切克. 存在之轻：质量、以太和力的统一性 [M]. 王文浩译. 长沙：湖南科学技术出版社，2010.

43. [加] 蓝志成. 现代宇宙学中的禅：从万物皆空到无中生有 [M]. 胡华雨译. 上海：上海辞

书出版社，2013.

44. [美] 李·斯莫林. 宇宙的本源：通向量子引力的三条途径 [M]. 李新洲，翟向华，刘道军译. 上海：上海科学技术出版社，2009.

45. [美] 加来道雄. 超越时空：通过平行宇宙、时间卷曲和第十维度的科学之旅 [M]. 刘玉玺，曹志良译. 上海：上海科技教育出版社，2009.

46. [英] 史蒂芬·霍金. 时间简史 [M]. 许明贤，吴忠超译. 长沙：湖南科学技术出版社，2003.

47. 生物学 [M]. 第六版. 北京：清华大学出版社，2002.

48. 马炜梁. 植物学 [M]. 北京：高等教育出版社，2009.

49 李然. 漫步到宇宙尽头 [M]. 长沙：湖南科学技术出版社，2017.

50. 刘慈欣. 三体 [M]. 重庆：重庆出版社，2008.

51. 李淼. 三体中的物理学 [M]. 成都：四川科学技术出版社，2015.

52. 方鸣. 中国书法一本通 [M]. 北京：中国华侨出版社，2011.

53. [英] 亚当·斯密. 图解国富论 [M]. 高格译. 北京：中国华侨出版社，2014.

54. [美] 斯蒂芬·P. 罗宾斯，玛丽·库尔特. 管理学 [M]. 第 11 版. 李原，孙健敏，黄小勇译. 北京：中国人民大学出版社，2012.

55. [美] 查尔斯·哈奈尔. 硅谷禁书 [M]. 黄晓艳译. 哈尔滨：哈尔滨出版社，2010.

56. [美] 埃里克·施密特，乔纳森·罗森伯格，艾伦·伊戈尔. 重新定义公司：谷歌是如何运营的 [M]. 靳婷婷，陈序，何晔译. 北京：中信出版社，2015.

57. [美] 迈克尔·沃特金斯. 创始人：新管理者如何度过第一个 90 天 [M]. 徐卓译. 北京：中信出版社，2016.

58. [美] 罗伯特·迪尔茨. 归属感 [M]. 庞洋译. 长春：北方妇女儿童出版社，2015.

59. [美] 威廉·德雷谢维奇. 优秀的绵羊 [M]. 林杰译. 北京：九州出版社，2016.

60. [美] 吉姆·西诺雷利. 认同感：用故事包装事实的艺术 [M]. 刘巍巍，孟艳，李佳译. 北京：九州出版社，2015.

61. [英] 理查德·怀斯曼. 正能量 [M]. 李磊译. 长沙：湖南文艺出版社，2012.

62. 磨剑. 普京传 [M]. 北京：中国法制出版社，2014.

63. [苏] 叶·维·塔尔列. 拿破仑传 [M]. 任田升，陈国雄译. 北京：商务印书馆，2019.

64. [美] 罗杰·洛温斯坦. 巴菲特传 [M]. 蒋旭峰，王丽萍译. 北京：中信出版社，2010.

65. [美] 罗伯特·斯莱特. 索罗斯传 [M]. 陶娟译. 北京：中国人民大学出版社，2015.

66. 李忠海 . 李嘉诚传：峥嵘 [M]. 北京：国际文化出版公司，2014.

67. 朱东润 . 张居正大传 [M]. 西安：陕西师范大学出版社，2009.

68. 李原 . 墨菲定律 [M]. 北京：中国华侨出版社，2014.

69. 韩子勇 . 黄河、长城、大运河、长征论纲 [M]. 北京：文化艺术出版社，2020.

70. [美] 琳赛·吉布森 . 不成熟的父母 [M]. 魏宁，况辉译 . 北京：机械工业出版社，2017.

71. [美] 约瑟夫·J. 卢斯亚尼 . 改变自己：心理健康自我训练 [M]. 迟梦筠，孙燕译 . 重庆：重庆大学出版社，2012.

72. [美] 马丁·塞利格曼 . 习得性无助 [M]. 李倩译 . 北京：中国人民大学出版社，2020.

73. [美] 卡伦·霍妮 . 我们内心的冲突 [M]. 李娟译 . 湖北：长江文艺出版社，2016.

74. [美] 安妮·费舍尔 . 青少年家庭治疗 [M]. 姚玉红，魏珊丽译 . 上海：华东师范大学出版社，2016.

75. 边玉芳等著 . 青少年心理危机干预 [M]. 上海：华东师范大学出版社，2010.

76. 江晓兴著 . 青少年行为心理学 [M]. 北京：中国商业出版社，2018.

77. 李玫瑾著 . 幽微的人性 [M]. 北京：北京联合出版公司，2019.

78. [美] 苏珊·福沃德，克雷格·巴克 . 原生家庭 [M]. 黄姝，王婷译 . 北京：北京时代华文书局，2018.

79. [奥] 阿德勒 . 阿德勒心理学 [M]. 康源，盛宁译 . 北京：台海出版社，2018.

80. [奥] 弗洛伊德 . 精神分析 [M]. 凌霄译 . 北京：中国商业出版社，2017.

81. [澳] 乔治·戴德 . 自我边界 [M]. 李菲译 . 江苏：江苏凤凰文艺出版社，2019.

82. [美] 莫琳·希凯 . 深度思考 [M]. 孙锐才译 . 江苏：江苏凤凰文艺出版社，2018.

83. [美] 埃米尼亚·伊贝拉 . 能力陷阱 [M]. 王臻译 . 北京：北京联合出版公司，2019.

84. [日] 稻盛和夫 . 心：稻盛和夫的一生嘱托 [M]. 曹寓刚，曹岫云译 . 北京：人民邮电出版社，2020.

85. 尹红心，李伟著 . 费曼学习法 [M]. 江苏：江苏凤凰文艺出版社，2021.

86. 张磊著 . 价值 [M]. 杭州：浙江教育出版社，2020.

87. 李开复，王咏刚著 . 人工智能 [M]. 北京：文化发展出版社，2017.

88. [以] 尤瓦尔·赫拉利 . 未来简史 [M]. 林俊宏译 . 北京：中信出版社，2017.

89. [以] 尤瓦尔·赫拉利 . 人类简史 [M]. 林俊宏译 . 北京：中信出版社，2014.

90. [美] 威廉·格雷德 . 美联储 [M]. 耿丹译 . 北京：中国友谊出版社，2013.

91. [美] 朱·弗登博格 . 博弈论 [M]. 黄涛，姚洋译 . 北京：中国人民大学出版社，2010.

92. [美] 海斯，[美] 穆恩，[美] 韦兰. 世界史 [M]. 冰心，吴文藻，费孝通译. 天津：天津人民出版社，2016.

93. [英] 西蒙·蒙蒂菲奥里. 耶路撒冷三千年 [M]. 张倩红，马丹静译. 北京：民主与建设出版社，2014.

94. [美] 阿尔弗雷德·阿德勒. 在自我启发中成长 [M]. 王晓琳译. 南京：江苏凤凰文艺出版社，2019.

95. [瑞典] 汉斯·罗斯林，[瑞典] 范妮·黑尔格斯坦. 人生的选择 [M]. 舍其译. 北京：中信出版社，2022.

96. [美] 瑞·达利欧. 原则 [M]. 刘波，綦相译. 北京：中信出版社，2018.

97. [奥] 斯蒂芬·茨威格. 人类群星闪耀时 [M]. 姜乙译. 上海：上海文艺出版社，2019.

98. [美] 亨利·基辛格. 世界秩序 [M]. 胡利平译. 北京：中信出版社，2015.

99. [美] 索甲仁波切著，郑振煌译. 西藏生死书 [M]. 浙江：浙江大学出版社，2011.

100. 张淑东，刘艳萍等著. 社会主义社会观 [M]. 吉林：吉林文史出版社，2016.

101. 王绍臣编著. 未来中国：科学发展之路 [M]. 北京：华艺出版社，2010.

102. 周建明主编. 共享发展共同富裕：上海郊区集体经济新发展、新实践 [M]. 上海：上海人民出版社，2014.

103. 中共浙江省委党校编著. 共同富裕看浙江 [M]. 浙江：浙江人民出版社，2021.

104. [美] 戴维·迈克斯. 社会心理学 [M]. 侯玉波，乐国安，张志勇译. 北京：人民邮电出版社，2014.

105. [匈] 雅诺什·科尔奈. 社会主义体制：共产主义政治经济学 [M]. 张安译. 北京：中央编译出版社，2007.